本书获得中华人民共和国科学技术部创新方法工作专项项目资助
（项目编号：2014IM020300）

Chuangxin Siwei Yü Faming Wenti Jiejue Fangfa
创新思维与发明问题解决方法

赵 锋 主编

西北工业大学出版社

【内容简介】 本书通过大量的发明创新案例,图文并茂,深入浅出地讲解发明问题解决理论的基础知识。发明问题解决理论(TRIZ)是苏联伟大的发明家根里奇·阿奇舒勒提出的一系列解决各种发明问题的有效工具和方法论,不仅适用于工程技术领域,而且适用于科学研究、公共管理、人文社会等几乎所有需要创新性解决问题的领域。本书力图打破发明问题的学科界限,引导人们重新审视发明问题的本质,激发人们发明创新的兴趣,让发明创新成为人们在各学科、各领域的生活及工作常态。

本书可作为高等院校各专业学生学习创新思维与发明问题解决方法的通识课教材,也可作为各领域专业技术人员的继续教育教材。同时还可满足各行业工程技术人员、技术研发人员以及设计人员对创新方法学习的需求。

本书通过"微信学习平台"(二维码见封底)向读者提供习题解答、案例分析、自学题库、TRIZ研究进展以及各学科领域的发明方法应用案例。请扫描二维码,关注本书微信学习公众号"创新思维与发明问题解决方法"。

图书在版编目(CIP)数据

创新思维与发明问题解决方法 / 赵锋主编. — 西安:西北工业大学出版社,2017.4(2022.4 重印)
ISBN 978-7-5612-5286-4

Ⅰ.①创⋯ Ⅱ.①赵⋯ Ⅲ.①创造性思维 ②创造发明
Ⅳ.①B804.4 ②G305

中国版本图书馆 CIP 数据核字(2017)第 072342 号

CHUANGXIN SIWEI YU FAMING WENTI JIEJUE FANGFA
创 新 思 维 与 发 明 问 题 解 决 方 法
赵锋　主编

责任编辑:雷　军		策划编辑:雷　军	
责任校对:杜　莉		装帧设计:李　飞	

出版发行:西北工业大学出版社
通信地址:西安市友谊西路127号　　邮编:710072
电　　话:(029)88491757,88493844
网　　址:www.nwpup.com
印 刷 者:兴平市博闻印务有限公司
开　　本:787 mm×1 092 mm　　1/16
印　　张:17.125
字　　数:391千字
版　　次:2017年4月第1版　　2022年4月第2次印刷
书　　号:ISBN 978-7-5612-5286-4
定　　价:58.00元

如有印装问题请与出版社联系调换

前 言

中华民族从来不缺乏创新精神,千百年来,创新及其精神文化价值,若隐若现地徘徊于历史的发展进程中,创新思想在潜移默化地影响着中华文明的进程。中国人的发明创新在世界范围内产生了重要而深刻的影响。然而,如果以时间为横轴,沿着历史的长河在世界范围内仔细梳理,我们会发现,在世界科技史上对人类社会进步产生重大影响的科技发明中,由中国人提出的科技发明的数量呈现出明显的下降趋势,尤其是 16 世纪以后,中国人在科技创新的道路上几乎顿足不前,这是一个奇怪而可怕的现象。

中国教育学家蔡元培在对中国的历史文化进行分析之后得出一个结论:中国没有科学的原因在于没有科学的方法。中国科技史学家李约瑟认为,在整个中国历史上,儒家反对对自然进行科学探索,并反对对技术进行科学的解释和推广。一个比较典型的例子就是樊迟学稼:"礼义与信足以成德,何用稼以教民乎?"在儒家看来,道德的养成比技能的学习重要得多。作为创新能力重要发挥领域的科技便在儒家思想统治的时代里拥有了"奇技淫巧"的贬称,得不到重视。

新时期的中国面临着全球的挑战,不断创新才能够保持快速的发展,而传统文化的这种抑制力量就愈发地突显出来。当然,无论对于创新,还是对于传统文化,盲目崇拜都是不可取的。怎样取其精华,去其糟粕,摆脱抑制,引导国人自主创新就成了新时期需要认真考虑的问题。唯一可以肯定的是,中国人在创新方面的落后是由于缺乏方法而非缺乏能力。

那么,当人们进行发明创造、解决技术难题时,是否有可遵循的科学方法和法则,从而能迅速地实现新的发明创造或解决技术难题呢?回答是肯定的,那就是默默地发展近 50 年,近几年在西方国家爆发,并正在迅速普及的被称为"超发明术"的 TRIZ。一度被作为苏联国家机密的 TRIZ 理论是由发明家 G. S. Altshuller 等人通过对世界近 250 万件高水平发明专利的分析研究,总结出人类进行发明创造解决技术问题过程所遵循的原理和法则,并建立了一个由解决技术问题,实现创新开发的各种方法、算法组成的综合理论体系。TRIZ 的理论方法不是针对某个具体的学科、机构或过程,而是要建立解决问题的模型及指明问题解决对策的探索方向。TRIZ 的原理、算法也不局限于任何特定的应用领域,它是引导人们创造性地解决问题并提供科学的方法、法则。因此,TRIZ 可以广泛地应用于各个领域创造性地解决问题。

笔者 2003 年首次接触 TRIZ 理论,即被其提出的系统、具体、高效甚至有点儿神秘的创新方法所吸引。在经过一年多较为深入的学习后便迫不及待地将其引入高校,作为本科生的选修课在全校讲授,获得了学生的广泛欢迎。经过多年对 TRIZ 的探索与学习,笔者认为,TRIZ 理论的推广与普及必将为我国建设创新型国家发挥重要的推动作用。

本书在编写过程中参考、引用了大量的相关书籍,特别是赵敏、张武城、孙永伟、杨清亮、檀润华、赵新军、成思源等几位专家的著作,他们都为 TRIZ 理论在中国的引入及普及做出了非常重要的贡献,在此向他们表示深深的感谢和敬意。

向陕西师范大学的张中月教授,西安交通大学的朱爱斌博士,火箭军工程大学的秦忠宝副教授,西安理工大学的王建磊博士以及西安隆基硅材料股份有限公司的王向东先生表示感谢。多年来,在国家科技部创新方法专项等项目资助下,在对陕西省内外大型企业和研究院所进行以 TRIZ 为核心的创新方法培训及企业技术难题公关的过程中,作为陕西省创新方法研究会专家组成员,大家一起在研究、学习中开展了愉快的合作和探讨,结下了深厚的友谊。

本书各章内容的编者依次为:第 1 章至第 3 章,赵锋(西安建筑科技大学);第 4 章至第 6 章,赵锋、王建磊(西安理工大学),邓晗(西安建筑科技大学);第 7 章至第 8 章,秦忠宝(中国人民解放军火箭军工程大学),邓晗,姚恒(西安建筑科技大学)。此外,陕西省科技资源统筹中心的韩保民、雷鸣老师,结合多年来在继续教育领域的经验,对本书的编写提出了指导和建议并参与了本书附录相关资料的收集与整理工作。

限于经验和水平,疏漏欠妥之处在所难免,敬请读者批评指正。

赵　锋

2017 年 1 月

目 录

第1章 绪论 … 1

1.1 创新与创新思维 … 1
- 1.1.1 创新、创造、发现、发明 … 1
- 1.1.2 思维惯性与创新思维 … 3

1.2 TRIZ概述 … 8
- 1.2.1 TRIZ的概念及发展历程 … 8
- 1.2.2 TRIZ理论体系 … 13
- 1.2.3 TRIZ解决问题的方法及流程 … 16

1.3 TRIZ中的基本概念 … 17
- 1.3.1 发明的级别 … 17
- 1.3.2 理想化、理想度与最终理想解 … 19
- 1.3.3 技术系统中的矛盾 … 20
- 1.3.4 资源 … 20

思考题 … 22

参考文献 … 22

第2章 解决发明问题的创新思维方法 … 23

2.1 传统的创新思维方法 … 23
- 2.1.1 KJ法 … 23
- 2.1.2 形态分析法 … 24
- 2.1.3 信息交合法 … 26
- 2.1.4 奥斯本检核表法 … 28
- 2.1.5 5W2H法 … 31
- 2.1.6 头脑风暴法 … 33

2.2 TRIZ中的几种创新思维方法 … 35
- 2.2.1 最终理想解(IFR) … 35
- 2.2.2 九屏幕法 … 37
- 2.2.3 小人法 … 39
- 2.2.4 金鱼法 … 40
- 2.2.5 STC算子 … 40
- 2.2.6 RTC算子 … 41

2.3 TRIZ的创新思维方法与传统创新思维方法的比较 ·············· 42
2.4 创新思维法综合应用案例 ·············· 42
  案例1 KJ法在企业管理中的应用 ·············· 42
  案例2 KJ法在生态环境综合治理中的应用 ·············· 43
  案例3 运用形态分析法进行新型单缸洗衣机的创意 ·············· 46
  案例4 运用形态分析法进行汽车前照灯的创意 ·············· 46
  案例5 应用奥斯本检核表法寻找杯子和保温瓶的设计创意灵感 ·············· 47
  案例6 应用最终理想解解决酸液对容器腐蚀的问题 ·············· 48
  案例7 农场中兔子喂养问题的解决 ·············· 49
  案例8 运用九屏幕法测量毒蛇的长度 ·············· 49
  案例9 运用"小人法"解决水计量器失效的问题 ·············· 50
  案例10 运用"金鱼法"解决游泳池太小的问题 ·············· 51
  案例11 用"STC算子法"设想采摘苹果的便捷方法 ·············· 52
思考题 ·············· 53
参考文献 ·············· 53

第3章 发明问题的描述与分析 ·············· 54

3.1 技术系统 ·············· 54
  3.1.1 技术系统的定义 ·············· 54
  3.1.2 子系统和超系统 ·············· 55
3.2 功能分析 ·············· 56
  3.2.1 功能分析及其目的 ·············· 56
  3.2.2 功能的直觉表达和本质表达 ·············· 57
  3.2.3 功能定义 ·············· 58
  3.2.4 功能模型 ·············· 63
3.3 因果分析 ·············· 68
  3.3.1 5W分析法 ·············· 68
  3.3.2 因果链分析法 ·············· 69
3.4 系统裁剪 ·············· 70
  3.4.1 系统裁剪的概念 ·············· 70
  3.4.2 裁剪对象的选择 ·············· 71
  3.4.3 裁剪的规则及实施步骤 ·············· 71
3.5 系统分析综合案例 ·············· 73
  案例1 丰田汽车生产线上机器停转的根本原因分析 ·············· 73
  案例2 美国林肯纪念堂外墙瓷砖脱落问题的根本原因分析 ·············· 73
  案例3 大楼火灾原因分析 ·············· 74

案例 4　冬天静电对人身体造成刺痛感的原因分析 …………………………… 74
　　案例 5　"零件浸漆系统"的功能模型 …………………………………………… 76
　　案例 6　通过裁剪产生"零件浸漆系统"的创新方案 ………………………… 78
思考题 …………………………………………………………………………………… 81
参考文献 ………………………………………………………………………………… 83

第 4 章　40 个发明原理 …………………………………………………………… 84

4.1　发明原理的由来 ………………………………………………………………… 84
4.2　TRIZ 中的 40 个发明原理 ……………………………………………………… 85
　　4.2.1　TRIZ 发明原理的特点 ……………………………………………………… 85
　　4.2.2　40 个发明原理详解 ………………………………………………………… 86
思考题 ………………………………………………………………………………… 104
参考文献 ……………………………………………………………………………… 105

第 5 章　发明问题中的矛盾及其解决方法 …………………………………… 106

5.1　技术矛盾与物理矛盾 …………………………………………………………… 106
　　5.1.1　技术矛盾与物理矛盾的概念 ……………………………………………… 106
　　5.1.2　技术矛盾与物理矛盾的区别 ……………………………………………… 107
5.2　技术矛盾及其解决方法 ………………………………………………………… 108
　　5.2.1　39 个通用工程参数 ………………………………………………………… 108
　　5.2.2　技术矛盾的描述 …………………………………………………………… 111
　　5.2.3　阿奇舒勒矛盾矩阵表 ……………………………………………………… 112
　　5.2.4　技术矛盾的解决方法及步骤 ……………………………………………… 113
5.3　技术矛盾解决案例 ……………………………………………………………… 114
　　案例 1　波音 737 飞机发动机整流罩改进设计 ……………………………… 114
　　案例 2　安全便捷的信封设计 ………………………………………………… 115
　　案例 3　纺织工艺流程的改进 ………………………………………………… 117
　　案例 4　菲利普灯泡的创新设计 ……………………………………………… 119
　　案例 5　开口扳手的改良设计 ………………………………………………… 120
　　案例 6　新型排污管道的设计 ………………………………………………… 121
5.4　物理矛盾及其解决方法 ………………………………………………………… 123
　　5.4.1　物理矛盾的描述 …………………………………………………………… 123
　　5.4.2　解决物理矛盾的分离原理 ………………………………………………… 125
　　5.4.3　解决物理矛盾的通用工程参数法 ………………………………………… 130
5.5　物理矛盾解决案例 ……………………………………………………………… 132
　　案例 1　十字路口的物理矛盾及其解决 ……………………………………… 132
　　案例 2　老年人眼镜的创新设计 ……………………………………………… 133

5.6 将技术矛盾转化为物理矛盾 ……………………………………………… 135

思考题 ……………………………………………………………………………… 136

参考文献 …………………………………………………………………………… 137

第6章 发明问题的物-场分析和76个标准解法 ………………………… 138

6.1 物-场分析法 …………………………………………………………… 138
6.1.1 物-场分析法及其特点 …………………………………………… 138
6.1.2 物-场模型中的基本概念 ………………………………………… 139
6.1.3 物-场模型与功能模型间的关系 ………………………………… 142
6.1.4 物-场模型的分类 ………………………………………………… 142

6.2 应用物-场分析法的步骤 ……………………………………………… 144
6.2.1 物-场模型的一般解法 …………………………………………… 145
6.2.2 物-场模型的标准解法 …………………………………………… 147

6.3 76个标准解法详解及实例说明 ……………………………………… 148
6.3.1 第一类标准解:建立或完善物-场模型 ………………………… 149
6.3.2 第二类标准解:强化物-场模型 ………………………………… 153
6.3.3 第三类标准解:向超系统或微观级系统进化 ………………… 159
6.3.4 第四类标准解:测量与检测的标准解 ………………………… 161
6.3.5 第五类标准解:应用标准解的策略与准则 …………………… 165

6.4 物-场分析和标准解法的应用实例 …………………………………… 172
案例1 用"标准解法"解决金属颗粒对输送管路磨损的问题 ……… 172
案例2 用"标准解法"解决高压管道破裂问题 ……………………… 174
案例3 用"一般解法"解决汽车清洗问题 …………………………… 175
案例4 用"一般解法"解决纯铜板的清洗问题 ……………………… 176

思考题 ……………………………………………………………………………… 177

参考文献 …………………………………………………………………………… 178

第7章 发明问题中的进化理论及其应用 …………………………………… 179

7.1 技术系统的进化与发展趋势预测 …………………………………… 179
7.1.1 技术系统的S型进化曲线 ……………………………………… 180
7.1.2 S-曲线族 ………………………………………………………… 181
7.1.3 S-曲线在技术发展趋势预测中的作用 ………………………… 182

7.2 经典TRIZ的八大进化法则 …………………………………………… 184
7.2.1 完备性法则 ……………………………………………………… 185
7.2.2 能量传递法则 …………………………………………………… 186
7.2.3 动态性进化法则 ………………………………………………… 188
7.2.4 提高理想度法则 ………………………………………………… 190

目录

    7.2.5 子系统不均衡进化法则 ······················· 191
    7.2.6 向超系统进化法则 ························· 192
    7.2.7 向微观级进化法则 ························· 192
    7.2.8 协调性进化法则 ··························· 193
    7.2.9 用经典 TRIZ 进化理论进行技术发展预测的方法 ··········· 195
  7.3 现代 TRIZ 的系统进化理论 ······················· 195
    7.3.1 俄罗斯圣彼得堡学派的 11 个进化法则 ··············· 196
    7.3.2 进化潜能雷达图 ··························· 198
    7.3.3 Yury 提出的与发明原理相关联的进化法则 ············· 200
    7.3.4 美国 Ideation 公司提出的直接进化理论 ··············· 201
  7.4 进化法则应用案例 ··························· 201
    案例 1 洗衣机技术成熟度分析 ······················ 201
    案例 2 TRIZ 进化法则在"林木生物质粉碎机"创新安全设计中的应用 ··· 203
    案例 3 进化法则在问题求解搜索中的应用 ················ 205
    案例 4 打夯机技术预测 ························· 207
  思考题 ································· 210
  参考文献 ································ 211

第 8 章 科学效应及其在发明问题中的应用 ···················· 212

  8.1 科学效应的概念及其应用 ······················· 212
  8.2 应用科学效应解决发明问题的方法及步骤 ················ 214
  8.3 应用科学效应解决发明问题的案例 ···················· 220
    案例 1 利用物理效应测定灯泡内部的压力 ················ 220
    案例 2 应用科学效应提高传统肾结石提取器"碎石"能力 ········ 220
    案例 3 运用科学效应发明可测量温度的儿童汤匙 ············ 221
    案例 4 运用科学效应解决输电线结冰问题 ················ 221
  思考题 ································· 223
  参考文献 ································ 223

附录 ··································· 224

  附录 1 奥斯本创新检核表 ························· 224
  附录 2 阿奇舒勒矛盾矩阵表 ······················· 226
  附录 3 TRIZ 推荐的 100 个科学效应 ··················· 236

第1章 绪 论

做科学研究,必须注重科学方法,方法是帮助人们"做什么"、"怎么做"以及"怎样做得更好"的问题。正如沈志云院士所言:"比之于智商和勤奋,对于科学研究而言,方法恐怕是一个更为重要的问题。"科学研究的灵魂是创新,创新必须注重创新方法的学习和运用。"工欲善其事,必先利其器"说的就是这个道理。

长期以来,人们一直在寻求更好、更具效率的解决问题的知识化工具——发明方法,从简单的发明技法到体系化的发明方法论,走过了一条漫长、曲折的道路。20世纪50年代,风靡欧美各国并至今不衰的创造教育运动,对人类的创造心理和创造思维过程有了新的阐发;一些行之有效的创造技法,如美国的头脑风暴法、综摄法、检核表法,日本的KJ法等,已为各领域开展创造活动时所采用,以致产生了"创造学"新学科。目前,这类发明技法已有200余种,它们在发明创新活动中曾被广泛运用,并取得了一定效果。但是,如我国TRIZ理论专家赵敏所言,这类传统的发明技法存在以下共性问题:①没有把发明活动建立在物理世界的客观规律上;②没有把发明知识显性化、发明过程模型化;③绝大多数技法就是三两句话或者一两个小流程,缺乏成套的、相互印证的分析问题、解决问题的工具集。

从20世纪50年代开始,苏联发明家阿奇舒勒另辟蹊径,尝试寻找更好的发明方法。在分析归纳了数万份高水平的发明专利之后,他本人和他的学生们总结出了技术系统发展进化的方向、路径与规律,提出了符合客观规律、模型化的、成套的解决疑难复杂问题的发明方法论——TRIZ。作为发明方法论,TRIZ与传统的发明技法有明显区别:一是发明方法"工具集"非常丰富且成套,并可以相互印证;二是具有模型化的分析、解决问题流程;三是解题效率远超传统发明技法。

无论是传统创新技法还是作为发明方法论的TRIZ,都试图利用人的智力和在实践中总结出来的规律性知识,以"非试错"的脑力过程快速思考出有效的解决问题方案。从此,人类在从事发明活动时,有了较多的方法和选择,发明效率逐步提升。

1.1 创新与创新思维

1.1.1 创新、创造、发现、发明

翻检中国古籍史料,关于创新的说法随处可见。在商汤的盛水铜盘上就刻着"苟日新,日日新,又日新"的铭辞,用来警示人们真诚地自我要求每天都有新的表现。真正出现"创新"一词的,则最早见于《魏书》:"革弊创者,先皇之志也。"尽管中文"创新"一词出现较早,不过,词

意与现代不同,主要是指制度方面的改革、革新和改造,并不包括科学技术等现代意义上的创新。

在西方语系中,"创新(Innovation)"一词源于拉丁语。它原义有三层含义,一是更新;二是创造新的东西;三是改变。早在1848年《共产党宣言》中,马克思和恩格斯就指出:"资产阶级除非对生产工具,从而对生产关系,从而对全部社会关系不断地进行'创新'革命,否则就不能生存下去。"《资本论》中专门研究了近代资本主义兴起时期的科技创新活动,在题为"机器、自然力和科学的应用(蒸汽、电、机械的和化学的因素)"的笔记中,研究了1500年至1850年间以蒸汽机为代表的技术创新,以流体力学为代表的科学创新,并研究了从手工作坊到大机器工业转变的制度创新,为创新研究首开先河。

国际上比较公认的是,现代意义上的"创新"一词源于美籍奥地利经济学家熊彼特(J. A. Schumpeter)于1912年所写的《经济发展理论》一书。熊彼特被认为是技术变革经济学的创始人,他提出的"创新"是指采用发明的手段,并使发明的成果转化为生产力。

至于创造与创新,学者们有两种不同看法。一种看法是,创造和创新在本质上没有什么区别,都是指通过革新、发明,产生新的思想、技术和产品。另一种看法是,创造的意思是原来没有的,通过创造,产生出新的,可称为"无中生有";而创新则是指对现有的东西进行变革,使其成为新的东西,可称为"有中生新"。

创造与创新的联系在于,创造性最重要的表征是创新,亦即创造概念包含着创新。既然创造具备了新颖、独特的属性,那么,表征创造核心价值的创新,就更应该表现出"首创"和"前所未有"的特点,这是不言而喻的。

将创新与发明区别开来,被认为是熊彼特的另一大贡献。熊彼特认为,只要发明还没有得到实际上的应用,那么经济上就是不起作用的。无论是科学发明还是技术发明,在发明未能转化为商品之前,发明只是一个新观念、新设想,在它们没有转化为新装置、新产品、新的工艺系统之前,不能创造任何经济价值。他还认为,作为企业家职能而要付诸实际的创新,也根本不一定必然是任何一种发明。因此,可以说发明是创新的必要条件之一,但不是充分条件。

人们经常将发明和创造作为同一个概念使用,并统称"发明创造",指运用现有的科学知识和科学技术,首创出先进、新颖、独特的具有社会意义的事物及方法,来有效地解决某一实际需要。如果单独使用的话,"发明"一般用于具体事物,如蔡伦发明了造纸术,中国人首先发明了火药,等等;"创造"一般用于抽象事物,如创造新纪录,创造物质财富和精神财富等。

如果没有发现,便不会有人类的发明。人类的每项发明都是建立在发明者对某种特定自然规律的发现性认识的基础之上的。如果溯人类文明之河而上,就会发现古代社会时期的发明大都是在自发发现的基础上获得的,而近代的发明则多是自觉的发现。然而,我们也应看到,对于理性的科学发现来说,发明起着极其重要的决定性作用,科学发展史也同样证明发明亦为发现之母。从这个意义上说,发现与发明是互相促进、互相发展、紧密联系的两种过程。发现引发新的发明,发明同时导致新的科学发现。发明是科学发现的基础。

我们可以对"创造""创新""发现"以及"发明"这些概念不做严格的区分,而只需注重它们的共性:非教条性、非守旧性、非封闭性、非片面性和狭隘性。

无论是创新,还是发明创造所遇到的问题,对其加以解决的思维方法都是相通的。"创新与发明创造"的能力既源于天赋，更来自于后天的教育培养，来自于通过各种形式的启发和引导，包括从创新与发明创造思维方法、认知障碍及其克服，到创新的非认知调控和创造性人格特征分析等。总之，用一种新的方式、比较高的效率培养创新与发明创造型人才也是本书希望达到的目的。

1.1.2 思维惯性与创新思维

1. 思维的含义及其特点

思维（Thinking）是一种复杂的心理现象，心理学家与哲学家都认为，思维是人脑经过长期进化而形成的特有机能，并将思维定义为："人脑对客观事物的本质属性和事物之间内在联系的规律性所做出的概括与间接的反映。"例如，我们经常见到刮风、下雨，这只是对这些自然现象的"感知觉"，即仅仅是对直接作用于感官的一些事物表面现象的认识。但如果我们要研究为什么会刮风、下雨，并把这些现象跟扇扇子、玻璃窗上结水珠、壶盖上滴下水珠等现象联系在一起，发现它们都是"空气对流"的表现或"水蒸气遇冷凝结"的结果，这就是深入到事物的内里与把握因果关系的思维了。在认识过程中，思维实现着从现象到本质、从感性到理性的转化，使人达到对客观事物的理性认识，从而构成了人类认识的高级阶段。

概括性和超越性是思维的两个最基本属性。

概括性包含有两层意思。首先，借助思维，人可以把形状、大小各不相同而能结出苹果的树木归为一类，称之为"苹果树"；把苹果树、枣树、槐树等依据其有根、木质茎、叶等共性归在一起，称之为"树"。这种不同层次的概括，不仅扩大了人对事物的认识范围，而且也加深了人对事物本质的了解。其次，借助思维，人可以认识植物与动物、动植物与人类的生态平衡关系，认识温度的升降与金属胀缩的关系，认识体温、生物电及血液成分等变化与人体健康状况之间的联系，等等。这种概括加深了人对客观事物的内在关系与规律性的认识，有助于人对现实环境的适应、控制与改造。

思维的超越性是指思维能够超越具体的时间和空间，能够超越具体的客观事物。正是由于思维具有超越性，人类才可以超越时空和超越现实，去认识那些并没有直接作用于人的事物的本质，从而开拓创新。如在学习历史的过程中，我们可以根据史书记载，回溯相关历史情景；又如，人类不能直接感知天体运行规律，却能借助思维创造出预测未来的历书；德国气象学家魏格纳卧病在床却能发现"大陆漂移"。

2. 思维的分类

对思维的分类，根据不同分类标准而有所不同。

（1）按照思维的逻辑性，可将思维分为逻辑思维和非逻辑思维。

"逻辑"一词是由"Logic"音译而来的，具有思想、原则、理性以及规律等意思。因此，逻辑思维是严格遵循逻辑规律，逐步分析与推导，最后得出合乎逻辑的正确答案和结论的逻辑活动。非逻辑思维则是一种没有完整的分析过程与逻辑程序，依靠灵感和顿悟，快速地做出判断与结论的思维活动。逻辑思维和非逻辑思维是性质、特点、作用完全不同的两种思维方法，两者常常交替使用，但在思考的不同阶段，它们所起的作用又有主次之分。

一般地讲，逻辑思维讲究准确性、严密性和条理性，是人们在日常生活和学习实践中用得较多、掌握较好的一种常规思维方法；非逻辑思维则有流畅性、灵活性和独特性等特点，常被人们所忽视。面对难题，当人们陷入逻辑思维、苦苦不得其解时，非逻辑思维往往有奇效。

在创新过程中，逻辑思维与非逻辑思维是相互促进、相互联系的。逻辑思维是非逻辑思维的基础，非逻辑思维是高度成熟的逻辑思维的产物。没有非逻辑思维做先导，难以提出新问题、新设想。非逻辑思维在创新活动中起着决定性作用，是创新思维的主要形式，但在新思想、新设想提出之后，仍需要运用逻辑思维进行推理和论证。

(2) 按照思维的方向，可将思维划分为发散思维、收敛思维、逆向思维和侧向思维。

发散思维是指在解决问题时，思维从仅有的信息中尽可能扩展开去，朝着各个方向去探寻各种不同的解决途径和答案；收敛思维则指在对事物或问题的研究中，既要思想活跃和开放，又要扎根于科学的立场和方法的思维。

发散思维使思想首先得到充分解放和自由，从而在开放状态下寻找解决问题的所有可能的方案，即不放过任何可能的选择；通过发散思维之后，经过对所有可能的方案进行比较和论证，再根据科学发展或事物发展的一般规律及特殊规律，最后确认最有科学性的可行性方案。这是在科学研究和技术发明、社会经济发展和企业经营甚至人生事业发展中常常用到的创新思维的重要方式。

逆向思维是指对现有事物或理论的相反方向思考的思维方式，与正向思维相对。正向思维是一种合情合理的思维方式，而逆向思维则常有悖情理，甚至离经叛道。由于客观事物之间相互联系、相互影响、相互制约、相互作用，并在一定条件下相互转化，这就决定了逆向思维方法在创新活动中有着不可替代的重要作用。它能够从两极世界中的另一极揭示事物本质，从而弥补单向思维的不足；它有利于人们突破传统的"思维定势"，开拓科学的新领域，创造出新的科学理论。

侧向思维是指思维的方向既不与一般思维分析相同，也不与之相反，而是从旁侧向外延伸。这是利用"局外"信息发现和解决问题的思维途径，这与人眼睛的侧视能力相类似。侧向思维往往是通过横向渗透的方式、经过联想的作用而达到目的。在发明创造过程中，侧向思维有时体现为吸取、借用某一研究对象的概念、原理、方法或其他方面的成果来作为研究另一研究对象的基本思想、方法和手段，从而取得成功。"他山之石，可以攻玉"就是对侧向思维的生动写照。

【案例1-1】

英国医生邓禄普发明自行车轮胎就是侧向思维促成的。他儿子常在卵石路上骑自行车，那时还没有充气的轮胎，因此自行车颠簸得非常厉害。一次，他在花园里浇水，手中橡胶水管的弹性突然触发了他的灵感，使他想到可以给车胎充气来缓解自行车的颠簸。于是，他用水管制成了世界上第一个充气车胎。又比如有科学家由动物的血型想到："植物是否也有血型？"于是，采用研究动物血型的方法和手段居然从500多种植物中发现了60多种不同的"血型"。20世纪60年代兴起的"仿生学"，其思维的根源也就在于侧向性。

3. 思维惯性

思维惯性又称思维定势，就是人们反复思考同类问题，在头脑中形成的一种固定的思维程序和思维模式，若再遇到类似的问题，思维活动便会自然地沿着形成的思维程序和思维模式进行思考。

心理学研究认为,思维惯性是心理活动的一种准备状态,是过去的感知影响当前的感知。思维惯性说明了众所周知"抗拒变化"的现象,人们常局限"在一个固定的轨迹上",不能够跳出"框框"之外进行思考。这个现象的一个后果就是当科技发生变化时,或当新的想法被提出时,常常被一些阻力所妨碍,只能缓慢地被接受。

思维惯性对人们思考问题是有好处的,思维惯性可以大大缩短人们思考的时间,使人们能够"驾轻就熟"而迅速地解决相似的问题。据统计,思维惯性可以帮助人们解决每天所碰到的90%以上的问题。

但基于思考以往同类问题所形成的思维惯性必然会对创新思考产生一种妨碍、束缚作用,使人难以进行新的试探和尝试。在创新活动中,它是影响创新思维的主要思维障碍。

常见的思维惯性包括经验型、权威型、从众型、书本型、术语的思维惯性、功能固着的思维惯性以及专业知识的思维惯性等。

(1)经验型思维惯性。经验型思维惯性是指人们处理问题时按照以往的经验去办的一种思维习惯,实际上是照搬经验,忽略了经验的相对性和片面性。经验型思维有助于人们在处理常规事物时少走弯路,提高办事效率,但在创造性思维运用过程中阻碍了创新。

经验是人类在实践中获得的主观体验和感受,是理性认识的基础,在人类的认识与实践中发挥着重要作用,是人类宝贵的精神财富。但经验并未充分反映出事物发展的本质和规律,在思维过程中,人们经常习惯性地根据已有经验去思考问题,制约了创造性思维的发挥。要把经验与经验型思维惯性区分开来,提高思维灵活变通的能力。

(2)权威型思维惯性。权威型思维惯性是指这样一种思维方式:凡是权威所讲的观点、意见或思想,不论对与错,一般人多不加思考地予以接受。在思维领域,不少人习惯引证权威的观点,甚至以权威作为判定事物是非的唯一标准,一旦发现与权威相违背的观点,就唯权威是瞻,这种思维习惯就是权威型思维惯性。权威型思维惯性是思维惰性的表现,是对权威的迷信、盲目崇拜与夸大,属于权威的泛化。

【案例1-2】
英国大哲学家罗素(1872—1970年)1920年来中国讲学,听众大都为学者。罗素登上讲台,在黑板上写了一个问题:2+2=?听众认为这绝不是一道简单的数学题,台下鸦雀无声,无人敢贸然作答。在沉默许久后,罗素写出了这道题的答案"4",台下哗然。罗素这位崇尚创新的大哲学家并非故弄玄虚,而是幽默地告诉人们,过于崇尚权威会束缚人的思想,扼杀人的智慧。

(3)从众型思维惯性。从众是一种普遍存在的心理现象,从众型思维惯性是没有或不敢坚持自己的主见,总是顺从多数人的意志。例如我们走到十字路口,看到红灯已经亮了,本应该停下来,但看到大家都在往前冲,自己也会随着人群往前冲。从众型思维惯性对于一般的生活、工作是可以接受的,但对于创新性思维来说却必须警惕和破除。破除从众型思维惯性,需要在思维过程中不盲目跟随,具备心理抗压能力,在科学研究和发明过程中,要有独立的思维意识。

(4)书本型思维惯性。书本型思维惯性就是认为书本上的一切都是正确的,不能有任何怀疑和违反,把书本知识夸大化、绝对化的片面观点。书本知识对人类所起的积极作用是显而易见的。但对于书本知识的学习需要掌握其精神实质,活学活用,不能当作教条死记硬背,不能作为万事皆准的绝对真理,否则将形成书本型思维惯性。

随着社会的不断发展,书本知识未得到及时和有效的更新,导致书本知识与客观事实之间存在一定程度的滞后性,如果一味地认为书本知识都是正确的或严格按照书本知识指导实践,将严重束缚、禁锢创造性思维的发挥。

(5)术语的思维惯性。术语的思维惯性是指,在不同的科学技术领域,人们往往遵循本行业对术语的定义和理解。例如术语"B-19",在军人看来可能是一种军用飞机的型号,而在医生看来则代表一种治疗心血管病的药物。

术语是在特定学科领域用来表示概念的称谓的集合,是通过语音或文字来表达或限定科学概念的约定性语言符号,是思想和认识交流的工具。根据术语被人们理解的难易程度,可以简单地分为专业性很强的术语(例如:跳水动作305D)、通用性工程术语(例如:传感器、对流器)、功能术语(例如:支撑物、切割器、储存罐)以及日常术语(例如:锅、棍子、绳子、日常习惯用语)等。

语言学研究表明,不同的语言表达可以强迫人们以不同的方式组织信息。因此,在对发明问题进行阐释的过程中,应避免过多地使用专业性强的术语,否则不仅会对不同领域专家造成理解上的困难,而且可能会使人们对问题的理解陷入术语的惯性思维。

【案例1-3】

假如需要对一块木板进行加工,使其上面能有一个孔,而对孔的大小、形状没有特殊的要求。如果对该问题的描述为"请在木板上钻一个孔",那么该描述就可能让大多数的人陷入术语的思维惯性。因为"钻"作为一个特殊的专业术语,会强迫人们来思考"钻"的方式和动作,而忽视了可以让木板上出现一个孔的其他很多种方法。例如可以"凿一个孔""用火烧一个孔""用化学药剂腐蚀出一个孔"甚至"用子弹射一个孔"。

(6)功能固着的思维惯性。功能固着也属于思维惯性的一种,是指人们把某种功能赋予某种物体的倾向,而忽略了物体的多用功能。功能固着影响人的思维,不利于新假设的提出和问题的解决。例如,对于电吹风,一般人只认为它是吹头发用的,其实它还有多种功能,例如可以做烘干器;再例如砖,它的主要功能是用来当建筑材料,然而还可以用来当武器、坐凳等。

【案例1-4】

美国心理学家迈克曾经做过这样一个实验:他从天花板上悬下两根绳子,两根绳子之间的距离超过人的两臂长,如果你用一只手抓住一根绳子,那么另一只手无论如何也抓不到另外一根。在这种情况下,他要求一个人把两根绳子系在一起。不过他在离绳子不远的地方放了一个滑轮,意思是想给系绳的人以帮助。然而尽管系绳的人早就看到了这个滑轮,却没有想到它的用处,没有想到滑轮会与系绳活动有关,结果没有完成任务和解决问题。其实,这个问题也很简单。如果系绳的人将滑轮系到一根绳子的末端,用力使它荡起来,然后抓住另一根绳子的末端,待滑轮荡到他面前时抓住它,就能把两根绳子系在一起,问题就解决了。

(7)专业知识的思维惯性。专业知识的思维惯性是指由于受"知识面"的限制,大多数人在解决问题时总是局限于本领域或少数相关的几个领域内的知识。

【案例1-5】

1953年4月25日，《自然》杂志发表了一篇由沃森及克里克合著的论文，这篇具有里程碑意义的论文介绍了DNA的双螺旋结构（见图1-1）。DNA双螺旋结构的发现之所以如此具有吸引力，正是因为它并不符合科学成就所强调的传统套路。克里克是一位晶体学家，而沃森既是一位遗传学者又是一位野鸟观察家。在化学领域，他们俩都不是专家，谁也不清楚解开DNA结构所需的基本化学知识。由于不清楚到底应该怎样解决这一难题，他们尝试了所有可行的方案。他们愿意为解开这一结构之谜而做任何事情，其中就包括建立模型。而要构建一个令人满意的模型往往需要了解来自不同领域的专业知识和数据，而当时同样致力于解决该问题的其他人却没有意识到。那些没有取得成功的人并不缺乏智慧，但他们却缺乏探索与深究，没有竭力寻找可能解决问题的途径，尤其是陷于自己所熟知的专业领域而没有将不同专业领域的知识、信息相结合。

图1-1 沃森和克里克以及他们发现的DNA双螺旋结构

4. 创新思维及其特点

创新思维是指对事物间的联系进行前所未有的思考，从而创造出新事物的思维方法，是比一般逻辑思维更高级的思维形式。创新思维的实质是以不合时宜的现实事物的否定性评价为前提，或者是以"零"为起点，提出对未来事物产生和发展的新理念，从而引导、促进和催发事物的更新、变革、发展和创新的思维。

自然科学的发现、技术领域的发明和社会科学的探索都需要创新思维。与常规思维相比，创新思维的最大特点是它的流畅性、变通性和独创性。

流畅性又称非单一性，是思维对外界刺激做出反应的能力，它是以思维的量来衡量的，要求思维活动畅通无阻、灵敏迅速，能在短时间内表达更多的概念。

思维的变通性又称灵活性，是指思路开阔，善于迅速灵活地从一个思路跳到另一个思路，多角度、多方位地探索、解决问题。

思维的独特性，又称新颖性、求异性，是指与别人看到同样的东西却能想出不同的事物。思维的独特性是以独立思考、大胆怀疑，不盲从、不迷信权威为前提的，能超越固定的、习惯的认知方式，以前所未有的新角度、新观点去认识事物，提出不为一般人所有的、超乎寻常的新观念。

思维的变通性是以思维的流畅性为前提的，思维不流畅，自然谈不上变通。从创新的角度讲，变通是关键，也是人们学习和工作成功的捷径。思维的变通性是创新人才不可缺少的重要素质，它要求我们在出现问题时要做到触类旁通、举一反三。思维的独特性是流畅性和变通性的归宿，是创新思维的最高层次。

1.2 TRIZ 概述

1.2.1 TRIZ 的概念及发展历程

1. TRIZ 的概念及其来源

TRIZ 只是一个特殊缩略语,既不是俄文,也不是英文。TRIZ 是由原俄文"теории решения изобретательских задач"的缩写"ТРИЗ",按照"ISO/R9—1968E"的规定,把俄文转换成拉丁字母即 TRIZ。TRIZ 的英文同义语为"Theory of Inventive Problem Solving",缩写为"TIPS"。不管是俄文的 ТРИЗ,拉丁文的 TRIZ,还是英文的 TIPS,说的都是同一个意思——"发明问题解决理论"。TRIZ 的中文翻译有很多种版本,最早将俄文原著《创造是精确的科学》一书引进中国的魏相和徐明泽两位专家将其翻译为"发明课题解决程序",此外还有"创新问题解决理论"以及"发明家式的解决任务理论"等。国内部分创新问题专家也将 TRIZ 音译为"萃智"理论,取"萃取智慧"之意。

TRIZ 是苏联发明家根里奇·阿奇舒勒(G. S. Altshuller,1926—1998 年,见图 1-2)为首的研究团队通过对大量的高水平发明专利进行分析和提炼后形成的关于如何发明创造的方法论。TRIZ 作为一种"解决发明问题"尤其是各种疑难复杂问题效率较高、推广范围较大的系统化的方法论,其精髓是:用有限的原理与方法,解决无限的发明问题。TRIZ 被认为是最全面、系统地论述发明和实现技术创新的新理论,被欧美等国的专家认为是"超级发明术"。一些创造学专家甚至认为:阿奇舒勒所创建的 TRIZ 是 20 世纪最伟大的发明。

图 1-2 TRIZ 创始人根里奇·阿奇舒勒

2. TRIZ 理论的发展历程

1946—1985 年间的 TRIZ 理论由创始人阿奇舒勒主导,该阶段的研究成果被称为经典 TRIZ 理论。这一时期,创立了 TRIZ 理论最重要、最基本的体系、法则和工具。苏联解体后,随着大批 TRIZ 专家移居国外,该理论开始在欧美国家和亚洲的日本、韩国等国家传播并得到迅速普及和进一步发展。这一时期,虽然主要是企业主体的微观模式,但却使 TRIZ 理论脱离了苏联体制,在现代市场经济中得到检验和发展。研究者将这一阶段的研究成果称为后经典时期TRIZ理论或现代TRIZ理论。这一时期的研究成果不多,却是TRIZ理论体系的重要补充。

TRIZ的发明人根里奇·阿奇舒勒是苏联的一位天才发明家和创造学家。他在14岁时就获得了首个专利证书,专利作品是水下呼吸器。15岁的时候,他制作了一条船,船上装有使用碳化物作燃料的喷气发动机。从1946年开始,经过研究成千上万的专利,阿奇舒勒发现了发明背后存在的模式并形成TRIZ理论的原始基础。为了验证这些理论,他相继做出了多项发明。他发明的排雷装置获得苏联发明竞赛的一等奖,发明了船上的火箭引擎,发明了无法移动潜水艇的逃生方法等。阿奇舒勒的多项发明被列为军事机密,他也因此被安排到海军专利局工作。

专利局的局长非常喜欢奇思妙想,一次,他让阿奇舒勒为他的一个念头想出答案:给困在敌区的士兵找出不用任何外界支援而逃脱的办法。为解决这个问题,阿奇舒勒发明了一种新型武器——一种由普通药物制作的剧毒化学品,这是一项很好的发明,他有幸得到克格勃首领贝利亚的接见。

很多人到他的办公室跟他说:"请看一下这个问题,"他们说,"我解决不了,怎么办?"为了回答这些人,阿奇舒勒查遍了所有的图书馆,哪怕是最初级的有关发明的课本。科学家们声称发明是偶然的结果,甚至跟一个人的情绪或血型有关。阿奇舒勒不能接受这种说法——如果还不曾有发明创造法的话,总要有人来做这件事。阿奇舒勒说:"我不但自己发明,我还有责任帮助那些想发明创造的人。"在当时,阿奇舒勒已经意识到发明只不过是利用一些原则将技术矛盾消除。如果发明者了解并运用这些原理,发明就水到渠成。

1946年,阿奇舒勒开始研究隐藏在发明背后的规律,提出了识别专利的理论框架,并定义了5个发明等级,初步提出了技术进化的理念。

阿奇舒勒将这个想法和他的同学拉菲尔·沙佩罗讲了。沙佩罗也想成为发明家。1950年,阿奇舒勒和沙佩罗被指控利用发明技术进行阴谋破坏,被判刑25年。这一从天而降的祸事几乎毁掉了阿奇舒勒的事业,但也为他在TRIZ领域的发展和突破提供了历练和学习的机会。在被捕以后,为了保存生命,阿奇舒勒利用TRIZ应对各种恶劣情况来做自我保护,其中的很多故事都充满传奇色彩。在古拉格集中营瓦库塔煤矿的时候,他每天利用12~14小时开发TRIZ理论,并不断地为煤矿发生的紧急技术问题出谋献策。没有人相信这个年轻人第一次在煤矿工作,他们都认为他在骗人,矿长不想相信是TRIZ理论和方法在帮助解决问题。1954年,阿奇舒勒重获自由。

1956年,阿奇舒勒和沙佩罗合写的文章《发明创造心理学》在《心理学问题》杂志上发表了。对研究创造性心理过程的科学家来说,这篇文章无疑像一枚重磅炸弹。直到那时,苏联和其他国家的心理学家还都在认为,发明是由偶然顿悟产生的——来源于突然产生的思想火花。

1957—1959年,阿奇舒勒在阿塞拜疆建筑部工作。1958年他举办了关于TRIZ理论的第一次学习讨论,在这次讨论上第一次阐述了"理想化最终结果"这个概念。1959年他提出了解决发明问题程序(ARIZ)的概念。

阿奇舒勒在研究了大量的世界范围的专利后,依赖人类发明活动的结果,提出了不同的发明办法,即发明是从对问题的分析以找出矛盾而产生的。在研究了近20万项专利后,阿奇舒勒得出结论,有1 500对技术矛盾可以通过运用基本原理而相对容易地解决。他说:"你可以等待100年获得顿悟,也可以利用这些原理用15分钟解决问题。"

1961年,阿奇舒勒写出了他的第一本书《如何学会发明》,在这本书里他批判了用错误尝试法去进行发明,并指出人们普遍认为的"只有天生的发明家"的看法是错误的。

1959年,为了使他的理论得到认可,阿奇舒勒向苏联最高专利机构VOIR(苏联发明创造者联合会)写了一封信,他要求得到一个证明自己理论的机会。9年后,在写了上百封信后,他终于得到了回信,信中要求他在1968年12月之前到格鲁吉亚的津塔里举行一个关于发明方法的研讨会。这是TRIZ的第一个研讨会,也是他第一次遇到了认为是他的学生的人。一些年轻的工程师(以后还有很多其他的人)在各自的城市开创了TRIZ学校,成百上千的从阿奇舒勒学校进行过培训的人,邀请他去苏联不同的城市举办研讨会和TRIZ学习班,图1-3所示为阿奇舒勒授课的场景。

图1-3 阿奇舒勒在授课

1969年,阿奇舒勒出版了他的新作《发明大全》。在这本书中,他给读者提供了40个创新基本措施——第一套解决复杂问题的完整法则。同一年,阿奇舒勒正式提出了专利评价体系,它是TRIZ理论的基础。

1970年,在阿塞拜疆的巴库市设立了青年发明家学校,该学校在1971年改成了阿塞拜疆发明创新社会学院,是世界上第一个TRIZ学习中心。之后在很多的城市设立了发明创新学校、科技创新社会学院,这样的学校在20世纪80年代超过了500所。

1973年,阿奇舒勒把"物场分析"引入到了解决发明问题的实践中,1974年阿奇舒勒在阿塞拜疆发明创新社会学院所授的课被拍成了纪录片《发明算法》。

从1970年到1986年,阿奇舒勒从事小学生TRIZ教学,从事《青年真理报》上创新栏目的指导工作。基于从事12年的10~17岁学生的TRIZ教学经验,阿奇舒勒从发明解决问题的角度写出了10多万字的分析。在此经验的基础上,《哇,发明家这样诞生了》这本书问世了。

1977年,阿奇舒勒提出了物-场分析模型;1979年发表了有关解决物理矛盾的4个分离原理;经7年的努力于1980年推出了第一代TRIZ软件。1989年,苏联TRIZ协会正式成立,即后来的最权威的 TRIZ 学术研究机构——国际 TRIZ 协会,根里奇·阿奇舒勒成了当之无愧的 TRIZ 协会主席。

1985 年,在物-场分析模型的基础上,阿奇舒勒及其合作者提出了 76 个标准解;同年推出了发明问题解决程序 ARIZ-85,这标志着 TRIZ 理论体系的进一步完善,TRIZ 理论开始从专家的研究应用走向教育普及。从 1985 年到 20 世纪 90 年代末是 TRIZ 发展的成熟期。

1986 年为 TRIZ 理论发展的分水岭。在这年,因身体缘故,阿奇舒勒无法再继续从事 TRIZ 的研究,后续的 TRIZ 研究都由其他专家完成。随着 1991 年苏联解体,许多优秀的 TRIZ 专家移居欧美,TRIZ 理论开始面向世界,在此期间它的现代化逐步显现。因此,将 1986 年之前的 TRIZ 理论称为经典 TRIZ,此部分主要是由阿奇舒勒一个人来完成的,1986 年之后的为现代 TRIZ。

较长时期以来,由于冷战,TRIZ 理论不为西方国家所知。直至苏联解体后,随着研究人员移居到欧美等西方国家,TRIZ 理论很快引起世界各国学术界和企业界的极大关注。特别是传入美国后,成立了 TRIZ 研究咨询机构,在密歇根州等地继续进行研究,使 TRIZ 理论得到了广泛深入的应用和发展。

一批基于 TRIZ 理论的发明咨询专业公司迅速崛起,1995 年完成了增强型 ARIZ,1999 年美国阿奇舒勒 TRIZ 研究院和欧洲 TRIZ 协会相继成立,TRIZ 理论体系获得了进一步充实和发展,尤其在美国相继开发出效应知识库等第三代计算机辅助创新(CAI)软件,有力地推动了 TRIZ 理论在世界各国的传播和应用。

伴随着 TRIZ 在欧洲、日本、韩国及中国台湾地区的大规模研究与应用的兴起,世界各地的 TRIZ 研究者和应用者们广泛吸收产品研发与技术创新的最新专利成果,TRIZ 的技术创新理论体系将会得到更进一步的充实和发展。

张武城教授按照 TRIZ 理论的产生、发展直到成熟的过程对 TRIZ 理论的发展历程进行了概括,见图 1-4(张武城,2009)。

我国 TRIZ 理论的研究和应用还刚刚开始起步。在 20 世纪,我国几乎没有 TRIZ 理论方面的论文发表。进入 21 世纪,特别是最近几年,我国少数大学和企业的专家学者开始引进 TRIZ 理论,开展了相关的研究和应用工作并取得了令人可喜的成果。尤其值得一提的是,著名的 TRIZ 理论专家赵敏、张武城等人提出的"以功能为导向、以属性为核心"的 U-TRIZ 理论,为整合经典 TRIZ 庞大的知识体系提供了一个非常好的方法。其独创的"物质、属性、参数、量值(SAPV)"模型为统一经典 TRIZ 中各个工具提供了框架,其研究成果为现代 TRIZ 的发展注入了新的动力。

3. 世界范围内的 TRIZ 效应

目前,TRIZ 在美国的很多企业,特别是大企业的新产品开发中得到了全面的应用,取得了可观的经济效益。美国的一些世界级公司,如波音、福特、通用汽车、克莱斯勒、罗克维尔、强生、摩托罗拉、惠普、3M、宝洁、施乐等,在技术产品创新中都开展了 TRIZ 理论的研究和应用,取得了显著的效果。

自 20 世纪 90 年代中期以来,美国供应商协会(American Supplier Institute, ASI)一直致力于把 TRIZ、质量功能展开方法(Method of Quality Function Deployment, QFD)和田口法

(Taguchi Method)一起推荐给世界500强企业。2001年,波音公司邀请25名苏联时期的TRIZ专家,对波音公司的450名工程师进行了两个星期的培训和讨论,结合波音767机型改装成空中加油机的实际研发课题,利用TRIZ思想作为指导,获得了重要的技术创新启示,取得了关键性技术的突破,大大缩短了研发周期。由此,波音公司在投标中战胜空中客车公司,赢得15亿美元空中加油机订单。

图1-4　TRIZ发展历程

2003年,当"非典型肺炎"肆虐中国及全球的许多国家时,新加坡的研究人员利用TRIZ的发明原理,提出了预防、检测和治疗"非典型肺炎"的一系列创新型方法和措施,其中不少措施被新加坡政府实际采用,收到了非常好的防治效果。

2005年,中兴通讯公司对来自研发一线的25名技术骨干进行了为期5周的TRIZ理论与方法学培训,结果有21个技术项目取得了突破性进展,8个项目已申请相关专利。有专家评价到:"一次培训25位学员,得到21个创新方案,其中能实现改进的估计在60%~70%,是很成功的。"

特别值得一提的是韩国的三星公司,它是世界范围内利用TRIZ取得成功的最为典型的企业之一。1998年,三星公司首席执行官尹钟龙制订了具有战略意义的价值创新计划,并在距首尔20英里(1英里=1.609千米)的水原市建立了三星公司的VIP(Value Innovation Program)中心,其目的是"为顾客创造新价值,降低研发成本"。而实现这一战略目标的核心技术之一就是TRIZ。

三星公司引入TRIZ主要用于解决以下四个方面的问题:①解决三星专家无法解决的技术问题;②对三星公司的产品进行进化预测;③进行专利对抗,即建立专利保护,以及设法绕过竞争对手申请专利；④构建创新的企业文化，指导三星公司研发人员将 TRIZ 思维方式、方法及工具应用于日常研发工作中。三星公司在下属多个集团公司进行了技术创新理论培训与推广，推行 TRIZ 的领域涉及三星公司的预研部门、先进技术研究院、微电子家用电器生产企业及微电子设备生产企业、显示器生产企业、机械工具与装备企业、玻璃和塑胶产品企业等核心层企业。1998—2002 年，三星公司共获得了美国工业设计协会颁发的 17 项工业设计奖，连续 5 年成为获奖最多的公司。2003 年，三星电子在 67 个开发项目中使用了 TRIZ，为三星电子节约了 1.5 亿美元，并产生了 52 项专利技术。2004 年，三星公司以 1 604 项发明专利超过英特尔名列第六位，领先于竞争对手日本的日立、索尼、东芝和富士通公司。当时，三星公司首席执行官尹钟龙表示，要在 2005 年和 2006 年分别注册 2 000 多件专利技术（以申请美国专利为准）进入世界前五大专利企业排行榜，并于 2007 年进入前三位。三星公司从技术引进到技术创新的成功之路给渴望在经济全球化竞争中占有一席之地的中国企业提供了很多有益的、可借鉴的启示。

TRIZ 普遍应用的结果，不仅提高了发明的成功率，缩短了发明的周期，还使发明问题具有可预见性。调查资料显示，TRIZ 在欧美和亚洲发达国家和地区的企业，得到广泛的应用，大大提高了创新的效率。据统计，应用 TRIZ 的理论与方法，可以增加 80%~100% 的专利数量并提高专利质量；可以提高 60%~70% 的新产品开发效率；可以缩短 50% 的产品上市时间。目前，TRIZ 已逐渐由原来擅长的工程技术领域，向自然科学、社会科学、管理科学、生物科学等多种领域逐渐渗透，尝试解决这些领域遇到的问题。

1.2.2 TRIZ 理论体系

TRIZ 理论包含着许多系统、科学并富有可操作性的创造性思维方法和发明问题的分析以及解决工具、方法。经过半个多世纪的发展，TRIZ 理论已经成为一套成熟的解决各领域发明问题的经典理论体系，如图 1-5 所示。

图 1-5 TRIZ 理论体系框架

1. 技术系统进化法则

阿奇舒勒的技术系统进化论可以与自然科学中的达尔文生物进化论和斯宾塞的社会达尔文主义齐肩,被称为"三大进化论"。技术系统的八大进化法可以应用于产生市场需求、定性技术预测、产生新技术、专利布局和选择企业战略制定的时机等。它可以用来解决发明问题,预测技术系统,产生并加强创造性问题的解决工具。

2. 理想度与最终理想解

TRIZ 理论在解决问题之初,首先抛开各种客观限制条件,通过理想度来定义问题的最终理想解(Ideal Final Result,IFR),以明确"理想解"所在的方向和位置,保证在问题解决过程中沿着此目标前进并获得最终理想解,从而避免了传统创新设计方法中缺乏目标的弊端,提升了解决发明问题的效率。

3. 40 个发明原理

在经典 TRIZ 创立之初,阿奇舒勒坚信解决发明问题的基本"原理"(有些文献翻译为"措施")是客观存在的。阿奇舒勒在对大量的发明专利进行研究、分析、归纳、精炼的基础上,总结出了 TRIZ 中最重要的、具有广泛用途的 40 个发明原理。40 个发明原理是人类长期与物质世界相互作用的结果,是人类发明智慧的结晶,是全人类发明知识体系中的璀璨篇章。研发人员掌握这些发明措施,可以大大提高发明的效率、缩短发明的周期,而且能使发明过程更具有可预见性。用有限的发明措施来指导发明者几乎无限的发明问题,是 TRIZ 的精髓之一。

4. 39 个通用工程参数和阿奇舒勒矛盾矩阵

阿奇舒勒在对大量专利进行分析的同时还发现,几乎所有的发明问题,包括各种工程技术问题都可以用一系列有限的"通用工程参数"来描述。在学习 TRIZ 理论之前,我们所用到的各种"参数"可能是行业特定的具体参数,这些参数不仅太多,而且部分参数的定义模糊,在本体语义上重复。阿奇舒勒对数量众多的工程参数进行了一般化处理,最终确定了 39 种能够表达几乎所有技术问题(技术矛盾)的通用工程参数,并对它们进行了编号。

在 40 个发明原理以及 39 个通用工程参数的基础上构建了阿奇舒勒矛盾矩阵,可以根据系统中产生矛盾的两个通用工程参数,从矩阵表中直接查找化解该矛盾的发明原理来解决问题。

5. 物理矛盾和四大分离原理

当一个技术系统的工程参数具有相反的需求,就出现了物理矛盾。比如说,要求系统的某个参数既要出现又不存在,或既要高又要低,或既要大又要小,等等。相对于技术矛盾,物理矛盾是一种更尖锐的矛盾,创新中需要加以解决。分离原理是阿奇舒勒针对物理矛盾的解决而提出的,分别是空间分离、时间分离、条件分离和整体与部分分离等。

6. 物-场模型

在物-场模型的定义中,物质是指某种物体或过程,可以是整个系统,也可以是系统内的子系统或单个的物体,甚至可以是环境,这取决于实际情况。场是指完成某种功能所需的手法或手段,通常是一些能量形式,如磁场、重力场、电能、热能、化学能、机械能、声能、光能等等。物-场分析是 TRIZ 理论中的一种分析工具,用以建立与系统问题相联系的功能模型。

7. 发明问题的标准解法

标准解法共有 76 个,分成 5 级,各级中解法的先后顺序也反映了技术系统必然的进化过程和进化方向。标准解法可以将标准问题在一两步中快速解决,标准解法是阿奇舒勒后期进行 TRIZ 理论研究的最重要的成果,同时也是 TRIZ 高级理论的精华。标准解法也是解决非标准问题的基础,非标准问题主要应用发明问题解决算法(ARIZ)来进行解决,而 ARIZ 的主要思路是将非标准问题通过各种方法进行变化,转化为标准问题,然后应用标准解法来获得解决方案。

8. 发明问题解决算法(ARIZ)

同 TRIZ 一样,ARIZ 也是将俄文发明问题解决算法按照"ISO/R9—1968E"的规定转换成拉丁字母并取其首字母缩写而得的,英文缩写为 AIPS(Algorithm for Inventive Problem Solving),中文为"发明问题解决算法"。ARIZ 是发明问题解决过程中应遵循的理论方法和步骤,ARIZ 是基于技术系统进化法则的一套完整问题解决的程序,是针对非标准问题而提出的一套解决算法。ARIZ 的理论基础由以下 3 条原则构成:① ARIZ 通过确定和解决引起问题的技术矛盾;② 问题解决者一旦采用了 ARIZ 来解决问题,其惯性思维因素必须被加以控制;③ ARIZ 也不断地获得广泛的、最新的知识基础的支持。

9. 科学效应和现象知识库

科学原理,尤其是科学效应和现象的应用,对发明问题的解决具有超乎想象的、强有力的帮助。解决发明问题时会经常遇到需要实现的 30 种功能,依据这 30 种功能的代码可以查找 TRIZ 推荐的科学效应和现象。经典 TRIZ 理论推荐了 100 个常用的科学效应和现象。

图 1-6 所示更加直观地展示了经典 TRIZ 理论解决发明问题的方法、工具以及相关术语,有利于读者更好地理解 TRIZ 理论的体系结构以及各种方法、工具之间的逻辑关系。

图 1-6 TRIZ 中各种方法(工具)之间的关系

此外，研究者将 TRIZ 理论与哲学、自然科学、系统科学等融为一体，提出了更为科学、完整的 TRIZ 理论体系，如图 1-7 所示。该体系以辩证法、系统论、认识论为理论指导，以自然科学、系统科学和思维科学为支撑，以技术系统进化法则作为理论主干，以技术系统/技术过程、矛盾、资源、最终理想解为基本概念，以解决技术系统问题和复杂发明问题所需的各种问题分析工具、问题求解工具和解题流程为操作工具。这一 TRIZ 理论体系不仅体现了 TRIZ 理论在整个人类知识体系中的地位，而且阐明了 TRIZ 理论与哲学、自然科学、思维科学以及系统科学间的关系。

图 1-7 TRIZ 理论体系框架

1.2.3 TRIZ 解决问题的方法及流程

TRIZ 理论体系是以技术系统功能分析、矛盾分析、资源分析和物-场模型等为分析工具，对于一般性（标准性）发明问题可以运用发明问题标准解法、效应知识库、技术矛盾创新原理和物理矛盾分离方法四大工具予以求解；对非标准性问题则可运用发明问题解决程序（ARIZ）工具予以求解。由此，将一个复杂的、不确定因素丛生的解题过程，转化为一门精确的科学运作过程。

应用 TRIZ 理论解决发明问题的基本思路是：首先将实际问题归结为 TRIZ 的标准问题，应用 TRIZ 理论寻求标准解法，然后演绎成初始实际问题的具体解法，如图 1-8 所示。

图 1-8 TRIZ 理论解决问题的思路

应用 TRIZ 理论解决发明问题的基本流程如图 1-9 所示,包括以下四个步骤:

(1) 通过系统功能分析、资源分析以及矛盾分析,可以直接运用效应知识库获得高水平的解决方案。

(2) 通过物-场分析,如发现是标准问题,则从 76 个标准解中获得解决方案。

(3) 通过矛盾矩阵分析,运用 40 个发明原理获得解决方案。

(4) 对于非标准复杂发明问题,则应用发明问题解决算法工具来选择和描述问题,如果一次不能解决,则反复进行描述,以求准确地描述问题和定义矛盾,将初始问题转换为标准问题,然后通过综合运用 40 个发明原理、76 个标准解和效应知识库获得高水平的解决方案。

图 1-9 TRIZ 解决发明问题的基本流程

技术系统进化法则是 TRIZ 的理论基础。在应用 TRIZ 理论方法工具解题过程中,始终要以技术系统进化法则为指导,并以实现理想化为目标,为消除系统无用的及有害的功能,实行及提升有用功能,运用 40 个发明原理、76 个标准解及分离原理等工具来获得高水平的解决方案。

1.3 TRIZ 中的基本概念

1.3.1 发明的级别

阿奇舒勒通过对大量的专利进行分析后发现,各国不同的发明专利内部蕴涵的科学知识、技术水平,都存在着很大的区别和差异。以往,在没有分析这些发明专利的具体内容时,很难区分出不同发明专利存在的知识含量、技术水平、应用范围、对人类的贡献大小等问题。明显的结论是:不同级别的发明专利来自不同水平的发明,二者互相对应。因此,把各种不同的发明专利,依据其对科学的贡献程度、技术的应用范围及为社会带来的经济效益等情况,划分一定的等级加以区别,就可以更好地应用和推广这些不同级别的专利。在 TRIZ 理论中,阿奇舒勒把发明划分为以下五个等级(见表 1-1)。

表 1-1 发明等级及其特点

发明等级	标准	问题来源及解题所需知识范围	实验次数	解题后引起的变化	比例/(%)
一级发明	使用某一组件实现设计任务,并为解决系统的矛盾	问题明显且解题容易;所需知识来源于某一狭窄的知识领域	数次	在相应特性上产生明显的变化	32
二级发明	对现有系统稍加改进,通过移植相似系统的方案解决了系统矛盾	存在于系统中的问题不明确;所需知识属于某一技术的分支	数十次	在作用原理不变的情况下解决了原系统的功能和结构问题	45
三级发明	从根本上改变或消除至少一个主要系统组件来解决系统的矛盾,解决方案存在于某一个工程学科	通常由其他等级系统中衍生而来;所需知识属于其他技术分支	数百次	在转换作用原理的情况下使系统成为有价值的、较高效能的发明	18
四级发明	运用跨学科的方法解决了系统矛盾,开发了新系统	来源于不同的知识领域,包括一些鲜为人知的物理、化学现象等	数千次	使系统产生极高的效能,并将会明显地导致相近技术系统改变的"高级发明"	<4
五级发明	解决了系统矛盾,导致了一个开创性的发明(往往是根据最新发现的现象)	来源或用途均不确定,选择的动力没有先例;其知识范围超越了科学的界限	数百万次	使系统产生突变、并将会导致社会文化变革的"卓越发明"	<0.3

值得指出的是,某些一级发明和五级发明尽管都是"首次"出现的事物,但是一级发明仅仅是首次复现了自然界中已经存在的功能,例如竹筒、椰子壳等可以有"盛水"的功能,根据既有的原理,用不同的材料把它们做成了产品而已。而五级发明则是创造出自然界从未有过的东西;二到四级发明是对一级发明的"逐步升级与再造"。以杯子为例,有盖子的杯子、能保温的杯子可以算作二级发明(改进了几个组件),有内胆、有密封饮嘴的保温杯可以算作三级发明(改进了多个组件),如果有属于四级发明的杯子,那么这个杯子在"盛水"的基本功能方面必须要有原理上的变化。例如,显微镜、蒸汽机车、复印机等应属于四级发明;X 光射线、激光、青霉素、超导材料等则应属于五级发明。

【案例1-6】
休·摩尔为解决他的哥哥劳伦斯发明的纯净水自动售卖机的"陶瓷杯易碎"以及"疾病传染"问题而发明的"一次性纸杯",尽管在今天看起来似乎很简单,但克伦宾博士认为一次性纸杯是一项非常伟大的发明,因为其不仅创造性地采用了"不被水浸湿的纸",而且在当时的医疗和生活环境下,一次性纸杯是"将人类从病毒中解救出来的一个有效方法"。根据不同发明等级的特点,尤其是从"问题来源及解题所需知识范围"判断,这个看似简单的发明甚至可以属于四级发明的范畴。

TRIZ 源于专利,充分领会和认识专利发明的等级可以让我们更好地学习和领悟 TRIZ 的知识体系。阿奇舒勒认为,一级发明过于简单,大量低水平的一级发明抵不上一项高水平的发明,因此不具有参考价值。五级发明对于一般科研人员来说又过于困难,可遇不可求,因此也不具有参考价值。TRIZ 是在分析二级、三级和四级发明专利的基础上归纳、总结出来的。因此,利用 TRIZ 可以解决一级到四级的发明问题,对于五级发明来说,是无法利用 TRIZ 来解决的。这也是 TRIZ 自身的一个局限性。

1.3.2 理想化、理想度与最终理想解

创新过程从本质上说是一种不断追求"理想化"的过程。TRIZ 理论中引入了"理想化""理想度"和"最终理想解"等概念,目的是进一步克服思维惯性,开拓研发人员的思维,拓展解决问题可用的资源。

1. 理想化

理想化方法是科学研究中创造性思维的基本方法之一。它主要是在大脑中设立理想的模型,通过思想实验的方法来研究、揭示对象的固有规律。理想化方法最为关键的部分是思想实验,它是从一定的原理出发,在观念中按照实验的模型展开的思维活动。思想实验还不是科学实践活动,它的结论还需要科学实验等实践活动来检验。

理想化模型包含所需要解决的问题中所涉及的所有要素,可以是理想系统、理想过程、理想资源、理想方法、理想机器、理想物质等。其中,理想系统可以是没有实体,没有物质,也不消耗资源,但能实现所有需要的功能,而且不传递、不产生有害的作用(如废弃物、噪声等)。理想过程可以是只有过程的结果,而没有过程本身,突然获得所需要的结果。理想资源是指存在无穷无尽的资源,供随意使用,而且不必受其他条件约束,不必付费(如空气、重力、阳光、潮汐、风、地磁等)。理想方法是不消耗能量和时间,只是通过自身调节,获得所需的功能。理想机器就是没有质量、体积,但能完成所需要的工作。理想物质是指即使没有物质,功能仍然可以实现。因为理想化包含多种要素,系统的理想化程度需要对各个方面进行衡量。

理想化下建立起来的优化模型往往具有超前性,这是创新的天然标志。理想模型的建立可以促进人们想象力的提高,活跃人的思维,它在一定程度上为科学的发展指明了方向。利用理想模型,可以使复杂问题的处理方法更为简单而不发生大的偏差,还有助于培养人的创造思维能力,使人们更清楚地认识自然、改造自然,使之更好地为人类服务。

2. 理想度

理想度是衡量理想化水平的标尺。一个技术系统在实现功能的同时,必然有两个方面的作用,即"有用功能"与"有害功能",理想度通常是指有用功能与有害功能和成本之和的比值。一个系统的理想度可以表示为

$$理想度 = \frac{\sum 有用功能}{\sum 有害功能 + \sum 成本}$$

由公式可以看出,技术系统的理想化水平与有用功能之和成正比,与有害功能之和成反比。理想化水平越高,产品的竞争能力越强。创新中以理想化水平增加的方向作为设计目标。

通常在使用过程中不直接计算理想度水平,而是比较当前系统和未来系统或其他系统。技术系统改进的一般方向是提升理想度的比值,努力提升其理想度水平。

3. 最终理想解

最终理想解(Ideal Final Result,IFR)是 TRIZ 理论中一个非常重要的概念。最终理想解是一种解决技术系统问题的具体方法或者是技术系统最理想化的运行状态。

最终理想解只关注于顾客的需要或者功能的需要。在最终理想解的条件下,系统没有实体和能源消耗,不占有更大的空间,没有多余的重量,也不需要额外的维护,技术系统只有有用的功能而没有无用的或有害的功能,但能够完成技术系统的功能,也就是物理实体趋于零,功能无穷大,简单说,就是"功能俱全,结构消失"。因此,最理想化的技术系统应该是:最终理想解是理想化水平最高、理想度无穷大的一种技术状态。

综上所述,理想化是技术系统所处的一种状态,理想度是衡量理想化的一个标志和比值,最终理想解是在理想化状态下解决问题的方案。

1.3.3 技术系统中的矛盾

马克思哲学认为事物发展的源泉和动力是矛盾。矛盾是反映事物内部对立和统一关系的哲学范畴,简言之,矛盾就是对立统一。在 TRIZ 理论中,阿奇舒勒认为大量发明所面临和需要解决的问题也正是矛盾。在把 TRIZ 词汇从俄文翻译成英文时,也有人把"矛盾"翻译为"冲突"。

在一个技术系统中,当改变某个零件或部件的设计,即提高产品某些方面的性能时,可能会影响到与这些被改进设计零部件相关联的零部件,结果可能使另一方面的性能受到影响。如果这些影响是负面影响,则该技术系统中出现了矛盾(冲突)。

解决矛盾所应遵循的规则是:"改进系统中的一个零部件或性能的同时,不能对系统或相邻系统中的其他零部件或性能造成负面影响。"

技术系统中存在两种矛盾:技术矛盾和物理矛盾。具体将在本书第 3 章介绍。

1.3.4 资源

简单地说,资源就是一切可以被人类开发和利用的物质、能量、信息的总称。我们通常所

说的"完成……(任务/功能),用到了……(资源)"就是一种对资源的描述方式。在 TRIZ 中,资源可以分为以下六类:

(1)物质资源:系统内或超系统中的任何物质。如原材料、组件、废料,以及一些免费或廉价物质,如水、空气、砂子等。例如,渔夫把湖底的泥土堆积到一端,用其上的生物和蚯蚓来吸引鱼类。在这个例子中,湖底的泥土就成为一种有用的物质资源。

(2)能量资源:系统中存在或能够产生的能量流、场(关于场的概念将在第 6 章介绍)。系统中或超系统中任何可用的场都属于能量资源。例如机械能(旋转、压力、压强等)、热能(加热、冷却等)、化学能(化学反应产生热、生成新物质等)、电能以及磁能等。我们通常所说的利用风能产生电,利用太阳能提高水温,利用冰降低温度等都是对能量资源的利用。

(3)信息资源:一切可以帮助人们做出各种判断、决策的信息。例如,在森林中利用树叶的浓密等信息判定方向,中医通过"望、闻、问、切"获得的信息判断病情,西医通过各种化验所得到的信息判断病情,冶炼厂的工人根据钢水的颜色判断钢水的温度,司机可以根据汽车尾气的颜色判断发动机的状况,有经验的工人可以根据加工时飞溅的火花判断钢号和加工参数等。

(4)空间资源:系统及周围可用的闲置空间,诸如系统内、外、上、下、正、反,组件之间以及系统中未用的空间等一切可利用的空间。例如人们把平房改成高楼,利用高层建筑扩展生存空间。在日本,人们利用既定空间改变西瓜形状,种出了方形的西瓜,不仅很好地利用了空间资源,而且便于运输。

(5)时间资源:一切可以利用的空闲时间都可能成为一种可供利用的时间资源。在系统的各种流程、操作过程中,利用一些时间提供有用作用以及考虑系统运行之前、之中、之后的时间等,都是对时间资源的发现和利用。例如,利用手机未通话时间播放音乐,在运输的过程中进行加工等,都可以帮助我们发现一些可以利用的时间资源。

(6)功能资源:利用系统的已有组件,产生新的功能。例如,利用手机屏幕照亮漆黑的楼梯,铅笔可以当筷子使。

我们可以从成本和功能两方面来定义并寻找"理想的资源"。从成本上考虑,那些免费的、廉价的、足够用、无限量的属于最理想的资源,例如阳光、空气等。从功能角度考虑,那些能够带来有用作用的或减少有害作用的资源都属于理想的资源。

寻找资源的目的就是尽可能地寻找一切可以利用的资源,降低解决问题的成本,尤其是发现一些"隐性资源"并使其显性化。那些在惯性思维引导下不易被发现的资源,往往是问题得以解决的关键。有以下几种不易发现的资源:

(1)可转变(化)的资源。例如可以通过将水转变为冰,从而实现一些"水"所不能实现的功能;将空气进行压缩,运用压缩空气为汽车提供动力;将泥土烧制成砖,起到更好的支撑作用。这类资源也可称为派生资源。

(2)虚物("空"物质)资源。例如"真空"作为一种属性,一种不存在的"虚物质",具有隔热的功能。此外,"空隙""透明"等属性往往也可以成为一种可供利用的资源。

(3)免费的资源。如空气、阳光等,都有一些容易被人们忽略掉的功能。例如,利用空气的对流可以对物体进行降温,空气可以产生浮力等。

思 考 题

1. 请举例说明创造、创新、发现以及发明的概念及其关系。
2. 请举例说明功能固着的思维惯性的特点。如何能在定义某个系统或产品的功能时避免惯性思维的影响?
3. TRIZ 解决问题的思路和普通思路有何不同?
4. TRIZ 都有哪些主要的工具和方法?
5. 理想解有哪几个特点?什么是理想度和 IFR?
6. 发明可以分为几个级别?划分发明级别的意义是什么?
7. 什么是资源?资源有哪些种类?请分别举例说明。
8. 请举例说明可转化的资源(派生资源)。

参 考 文 献

[1] 赵锋. TRIZ 理论及应用教程[M]. 西安:西北工业大学出版社,2010.
[2] 赵敏,张武城,王冠殊. TRIZ 进阶及实战:大道至简的发明方法[M]. 北京:机械工业出版社,2016.
[3] 杜永平. 创新思维与创造技法[M]. 北京:北京交通大学出版社,2003.
[4] 韩博. TRIZ 理论中若干概念的辨析[J]. 科技创新与品牌,2014(9):90 – 92.
[5] 葛格方. 创新思维与创新技术的内在互动[D]. 长春:吉林大学,2007.
[6] 赵光武. 思维科学研究[M]. 北京:中国人民大学出版社,1999.
[7] 创新方法研究会,中国 21 世纪议程管理中心. 创新方法教程(初级)[M]. 北京:高等教育出版社,2012.
[8] 张武城. 技术创新方法概论[M]. 北京:科学出版社,2009.

第2章
解决发明问题的创新思维方法

在长期的自然与社会实践中,人们已经创造和发展了很多解决发明问题的传统的创新思维方法。20世纪70年代早期,认知心理学家在研究创造性的过程中建立了衡量创造性的量化尺度:在单元时间能够产生大量创新想法的人的创造性要高于普通人。创造性强的人能够从广泛的创意中精选出高质量的创意。基于以上假设,产生了一系列增强创造性的方法,例如人们习惯使用的头脑风暴法、形态分析法、KJ法等。

TRIZ理论在发展过程中,也产生了一些特有的创新思维方法,与传统创新思维方法相比有着明显的区别。如果将传统的创新思维方法与TRIZ方法,尤其是TRIZ特有的创新性思维方法相结合使用,往往能收到更好的效果。例如,在由具体问题抽象成TRIZ的问题模型时,以及将TRIZ的解决方案模型演绎成具体解决方案时,都或多或少地需要应用头脑风暴法、形态分析法等传统创新法。因此,在学习TRIZ创新理论的同时,还应该了解和掌握常用的传统创新思维方法,力求做到TRIZ创新理论与传统创新思维方法的有机结合,以获取更好的效果。

2.1 传统的创新思维方法

2.1.1 KJ法

1. KJ法的概念及特点

KJ法是日本东京工业大学的川喜田二郎(Kauakida Jir)教授提出的一种直观的定性分析方法,KJ是他英文姓名缩写。川喜田二郎从多年野外考察中总结出一套方法,把大量事实如实地捕捉下来,通过对这些事实进行有机的组合和归纳,发现问题的全貌,建立假说或创立新学说。后来他把这套方法与头脑风暴(Brain-storming)相结合,发展成包括"提出设想"和"整理设想"两种功能的方法,这就是KJ法。

KJ法是从很多具体信息中归纳出问题整体含义的一种分析方法,故又称信息卡片归类法。KJ法的工具是A型图解,是将收集到的资料和信息,根据它们之间的相近性进行分类综合分析的一种方法。它的基本原理是:把一个个信息做成卡片,将这些卡片摊在桌子上观察其全部,把有"亲近性"的卡片集中起来合并,依次做下去,依据信息的相关性("亲近性")逐渐合并成"小组""中组"直至"大组",然后画出问题的整体结构图,分析其含义,取得对问题的明确认识,最后求得问题整体的构成。

KJ法是一种创造性思考问题的方法。人的大脑分左、右两个半球,人类的思维行动受大脑左半球的支配,是理性的,不是创造性的;如果抑制左半球的功能,有意识地使人脑右半球活跃起来,就可以进行创造性的思考。KJ分析法正是基于以上原理来分析解决问题的。KJ法把人们对图形的思考功能与直觉的综合能力很好地结合起来,不需要特别的手段和知识,不论是个人或者团体都能简便地实行,因此,是分析复杂问题的一种有效的方法。

2. KJ法的操作方法

第一步,制作卡片。首先由4～7人组成一个小组,其中一个人任组长,根据有关课题,由小组的每个人搜集资料,把材料的各种信息分解,并将基础要素分别写在一张张卡片上,制作成100～300张卡片。卡片中所列基础要素应简明、易懂,一般20～30个字。

第二步,将卡片分组。由组长召集会议并宣读卡片,经集体研究后,将内容相近的或同类的卡片归为一组。卡片分组完毕后,概括各组的内容,拟定分组卡片的标题,并附以"小标签"。待这一工作完成后,再将这些小卡片组重新分类,归纳为"中组",拟定"中组"卡片标题,并附上"中标签"。完成"中组"卡片分类后,如果有必要还可以继续采用上述方法对中组卡片进行分类,形成"大组"卡片。依此类推一直编下去,直至课题明朗,便于思考为止。

第三步,图解。将这些分组卡片按其属性关系合理地排列在一张图纸上,寻找其相互之间的联系,用线条把它们联接起来,并用符号表示连线的意义,如因果关系、并列关系等。这样就形成了一张概念化的综合方案。

第四步,形成分析报告。这是创造性思维阶段,其具体做法是:认真阅读各组卡片,并作补充修改,根据预先规定的顺序抽象出关键词,同时运用创新思维,提出新的设想,按其图解和内容,用流畅的文字表示出来,并撰写成分析报告。

KJ法的一大优点在于可以整合专家学者、规划决策管理人员、普通市民等不同身份阶层、不同专业领域的意见,并且可以帮助研究者从一大堆纷繁无序的信息中整理出有序化的系统结构。特别是在规划设计的公众参与越来越广泛深入的现实背景中,有着良好的应用前景。

2.1.2 形态分析法

1. 形态分析法的概念

1943年第二次世界大战期间,兹维基参加了美国火箭研制小组,他把数学中常用的排列组合原理应用于新技术方案的设计中,即将火箭的各个主要部件可能具有的各种形态进行了不同的组合,得到了令人惊奇的结果。他在一周之内交出了576种不同的火箭设计方案,这些方案几乎包括了当时所有制造火箭的可能设计方案。后来才知道,就连美国情报局挖空心思都没能弄到手的德国正在研制的带脉冲发动机的F-1型和F-2型巡航导弹的设计方案也包括在其中。于是,兹维基的方法受到人们的关注并得到推广应用。

形态分析法是一种从系统论的观点看待事物,借助形态学中的概念和原理进行系统搜索和程式化求解的创新思维方法。其特点是,首先把研究的对象或问题分为一些基本组成部分。然后,对每一个基本组成部分单独地进行处理,分别提出解决问题的办法或方案。最后通过不同的组合,形成若干个解决整个问题的总体方案。为了确定各个总体方案是否都可行,必须采用形态学方法进行分析。

因素和形态是运用形态分析法时要用到的两个非常重要的基本概念。所谓因素,就是指构成某种事物各种功能的特性因子;所谓形态,是指实现事物各种功能的技术手段。例如,对于一种工业产品,可将反映该产品特定用途或特定功能的性能指标作为基本因素,而将实现该产品特定用途或特定功能的技术手段作为基本形态。以"离合器"为例,可将其"传递动力"这个功能作为基本因素,那么"摩擦力""电磁结合力"等技术手段,就是该基本因素所对应的基本形态。

2. 形态分析法的操作程序

形态分析法的操作程序如下:

(1)确定研究课题。这并不是提出一个准确的、具体的设想方案。

(2)因素分析与提取。就是确定发明对象的主要组成即基本因素,把问题分解成若干个基本组成部分,它是获取创造性设想的基础。在因素分析时,要使确定的因素满足三个基本要求:首先,各因素在逻辑上彼此独立;其次,各因素在本质上是重要的;第三,各因素在数量上是全面的。如果确定的因素不满足第一、二条,就会影响最终聚合方案的质量,使数量无谓增加,为评选工作带来困难。如果不满足第三条,则会导致有价值的创造性设想的遗漏。此外,因素的数目不宜太多,也不宜太少,一般3~7个为宜。

(3)形态分析。形态分析是按照创造对象对因素所要求的功能属性,用发散思维列出各因素可能的全部技术手段,无论是本专业领域还是其他领域的。完成这一步需要有很好的知识基础和丰富的工作经验,对本行业及其他行业的各种技术手段了解得越多越好。

(4)编制形态表,进行形态组合。按照对发明对象的总体功能要求,分别将各因素的不同形态方式进行组合而获得尽可能多的方案。在聚合后的全体方案中,既包含了有意义的方案,也包含了不可能聚合成有意义的虚假方案。

(5)方案评选。聚合后的方案往往很大,要进行评选,以找出最佳方案。评选时,首先要制定评选标准,一般用新颖性、先进性和实用性三个标准进行初评;再用技术经济指标进行综合评价;最后,用收敛思维选出最优方案。

3. 形态分析法的特点

形态分析法最大的优点是对每个总体方案都要进行可行性分析,这有利于找到最佳的解决方案。形态分析法的主要缺点是使用不便,工作量大。如果一个系统由10个部件组成(因素),而每个部件又有10种不同的制造方法(形态),那么,组合的数目就会达到100。如果使用手工的方法来进行形态分析,则费时费力,极不方便。计算机可以完成这样数量级的组合,而人则无法分析数量如此巨大的信息。对大量的方案进行可行性分析往往会使发明的目标变模糊。如果采用选择性形态分析,就可忽略不恰当的组合。例如,在前述确定汽车前照灯的设计方案的例子中,可以根据车型和消费定位,去掉某些不合适的组合。

若为微型家庭轿车设计前照灯,应尽量降低成本,所以氙气灯(气体放电灯)和光感应的自动开关控制这些高档配置就不需要考虑了。

形态分析法特别适用于下列几个方面的观念创新:①新产品或新型服务模式;②新材料应用;③新的市场分割及市场用途;④开发具有竞争优势的新方法;⑤产品或服务的新颖推销技巧。

2.1.3 信息交合法

1. 信息交合法的概念

我们所处的世界,看似复杂,但其基本组成却非常简单,无非是100多种元素的排列组合。由此看来,我们可以将整个世界的任何元素、任何结构、任何时空作为自由相干、自由组合的基本素材。

信息交合论认为:不同信息的交合可以产生新的信息;不同联系的交合可以产生新的联系。信息交合法以信息交合论为基础,在掌握一定信息的基础上,利用已有的和引进的信息进行交合或联系而获得新信息,实现新创造的一种创新思维方法。

2. 信息交合法使用方法

信息交合的方法包括成对列举交合法、平面坐标交合法和信息场立体交合法。

(1) 成对列举交合法。

明确创造意图后,列举出所需的各种信息,按照如图2-1所示新式家具创意的例子中的方式使所列信合一一交合,强制联想产生新的信息。这种方法可以用于定向交合,也可以用于随机交合。

图2-1 新式家具的创意

(2) 平面坐标交合法。

平面坐标交合法,就是从两个方向列出信息元素后进行成对交合思考,如图2-2所示。这种方法利用坐标系促使人们从意义上缩小不同事物之间的差距,使原来无缘的事物建立起了联系,并演变为新事物。

平面坐标交合法的操作可按下列步骤进行:

1) 列出交合元素。所列相交元素的范围要广,不能局限在某一专业领域,应包括名词、形容词等有关产品特性的词汇及1/2左右的非商品元素和非人造元素。另外,还应加入一些新材料、新产品等以得到新颖的设想。

2) 用坐标线使横、纵两轴上的所有元素彼此相交和自身相交,得到若干个相交点。

3) 进行相交和判断,并将相交和判断的结果按照图示的标记符号画在相交点处,相交时,可以互换两个元素的位置。

解决发明问题的创新思维方法 第2章

图2-2 平面坐标交合

4)从坐标图中摘取有意义的相交结果。

5)对有意义的相交结果进行可行性分析,从中找出可行、自己又有能力承担的项目作为近期或长期的研究课题。

(3)信息场立体交合法。

信息场立体交合就是在确立了一个问题点以后,以此为中心分解拉出许多不同的各种量变坐标,而每一变量坐标又可以不断分解设置下去,然后用线线相干或面面相干的办法以寻找新的创意的创造技法。其操作步骤如下:

1)确定立体信息场的原点。

2)根据信息基点的需要画几条坐标线。

3)在各信息坐标上注明有关信息。

4)以一个坐标线上的信息为"母体",另一个坐标线上的信息为"父体",相交后即产生新信息。从这些信息中可以发现某些有价值的新设想。

例如,生产玩具的创意可以通过如图2-3所示的信息场立体交合得到。

同样,我们可以通过信息交合法的使用获得千万种新武器的创意,即以武器为问题点,拉出一条动物线、一条植物线、一条药物线、一条信息线、一条细菌线,使武器分别与上述各系统交合相干,从而得到千万种新式武器的创意。与一万种动物相干,可以产生一万种仿生武器的创意;与一万种植物相干,可以产生一万种植物武器的创意;与一万种药物相干,可以产生一万种药物武器的创意;与一万种信息相干,可以产生一万种信息武器的创意;与一万种细菌相干,可以产生一万种细菌武器的创意;不排除这些创意中有不少废品,但其中也必有一定量的好的创意。

3. 信息交合法的特点

信息交合法采用强制联想的思维方式,借助于多维坐标系作为信息反应场,能够促使人们在原来无缘的事物之间建立起联系,不但是人的思维在信息变幻莫测的交合中变得更富有发散性,而且使人的发散思维能按照一定的顺序推进。此法不但可以用于产品设计,也可用于生产设备的技术改造,事业开发、管理、教育及各类事物的处理,还可以作为文学创作、论文编写、思考问题、整理思路的辅助手段,常用于发明创新的初期阶段。

图 2-3　立体交合

2.1.4　奥斯本检核表法

1. 奥斯本检核表法的概念及特点

检核表法是现代创造学的奠基人奥斯本(见图 2-4)创立的一种发明创造技法。检核表法是一种产生创意的方法。因为奥斯本提出的检核表思路比较清晰,内容比较齐全,在产品开发方面适用性很强,得到广泛应用,被誉为"创造技法之母"。

检核表法的基本内容是围绕一定的主题,将有可能涉及的有关方面罗列出来,设计成表格形式,逐项检查核对,并从中选择重点,深入开发创造性思维。用以罗列有关问题供检查核对用的表格即为检核表。在研究对象比较简单、需要检核的内容不甚复杂时,也可列成检核清单形式。

图 2-4　亚历克斯·奥斯本

典型的检核表一般包括以下几种信息:

(1)物理属性,如形状、大小、重量、位置、速度、加速度、力(力矩)、功率、效率、温度等。

(2)功能、材料、应用、加工等的差异变化。

(3)外型、感受、式样、维修特性、组合方法、能源等特性。

(4)社会观点,如时机、花费、回收、人际调和、复杂程度等。

(5)重新规划、再组合、修改、精简细节及特性的可能性。

2.奥斯本利用检核表的内容

奥斯本利用检核表的方法提出了很多的创意技巧,后被美国创造工程研究所从中选择9个项目进行归纳总结,编制了《新创意检核表》,这种建立在奥斯本创意检核表基础上的创造技法,被称为奥斯本检核表法。奥斯本检核表的内容共分为9大类,75个问题,具体见附录1。

奥斯本检核表中的9组问题对于任何领域创造性地解决问题都是适用的,这75个问题不是奥斯本凭空想象的,而是他在研究和总结大量近、现代科学发现、发明、创造事例的基础上归纳出来的。奥斯本检核表主要包括以下9组问题。

(1)能否他用?

现有的产品(或事物)有无其他的用途?保持不变能否扩大用途?稍加改变有无其他用途?

例如,中国汉朝发明的"被中香炉"是一个铜制的容器,里头放入火炭,置于被中,用于冬天取暖、薰香,如图2-5所示。这个神奇的铜制容器在被子里怎么翻滚,其四周的环形支架都能保证香炉呈水平放置,丝毫不用担心火炭会倾覆。这个2 000多年前的发明,若将其加以改进,则其用途与现代陀螺仪的原理是相同的。

图2-5 中国汉朝发明的"被中香炉"与现代"陀螺仪"

(2)能否借用?

能否引入其他的创造性设想?能否模仿别的东西?能否从其他领域、产品、方案中引入新的元素、材料、造型、原理、工艺、思路?现有事物的原理、方法、功能能否转移或移植到别的领域中去应用?将某一领域问题的解决方法应用到其他领域的类似问题上,或借用别的经验,进行模仿引用等。

例如,在摩托车中使用的前悬挂系统,则来源于飞机的鼻端起落架;跑车尾翼的设计是从空气动力学中飞机尾翼的概念引用而来的;根据电吹风的原理,开发出被褥烘干机。

(3)能否改变?

现有的产品(或事物)可否通过改变获得新品?典型的问题为:改变运动,改变轮廓,改变颜色,改变重量,改变形状,改变形式,改变气味,改变声音,改变种类,改变意义,改变动力,其他改变。

例如,火柴引入新设想后,开发出一系列新产品,包括防风火柴、长效火柴、磁性火柴、保险火柴等；将电炉改变成"电热毯"；将普通燃油汽车改为太阳能驱动的汽车等。

(4)能否增加(放大,扩大)？

现有产品(或事物)能否增加(放大,扩大)？现有事物可否扩大适用范围？能否添加零部件？能否增加时间、频度、强度、高度、长度、厚度、频率、速度、数量？材料能否增加？能否扩展？使用寿命可否延长？对现有事物能否稍加改造以提高其使用价值？使用价值的提高包括增加功能、延长寿命、降低成本等方面。这一思路尤其适用于老产品的改造更新。

例如，在普通牙膏中掺入药物就可创造一种具有防治口腔、牙齿疾病的药物牙膏；自行车链罩。

(5)能否减少(缩小,省略)？

现有产品(或事物)能否缩小体积？能否浓缩、微型化？能否减轻重量？能否减小尺寸？能否省略？能否分割、内装？但前提必须是保持原有功能,其结果往往是降低成本甚至增加功能。

例如，现行铁路线上的铁轨,其横截面为"工"字型；笔记本电脑就是将台式电脑缩小的产品。

(6)能否替代？

现有产品(或事物)有无替代品？能否利用其他资源、成分、材料、工艺、原理或者方法替代？使用场合能否代用？有什么可以替代？现有事物能否用其他材料作为代用品来制造？这样做的结果不仅能节约成本,而且往往能简化工艺,简便操作。

例如，我们知道黄金、钻石、珠宝等饰品非常漂亮但价格很贵,于是就有了镀金首饰及各种仿真饰品；木筷要消耗大量森林资源,可以用塑料筷子来替代；用纸代替木料做铅笔芯外围的材料；用塑料代替金属制造某些机器零件；等等。

(7)能否调整？

现有产品(或事物)能否重新调整？可否更换元件？可否对型号、设计方案、顺序、速度等进行调整？可否调整布局、连接方式？可否交换组件？可否调换因果？现有事物的程序能否更改变化？这个问题主要用于打破习惯性思维造成的恶性循环。

例如，生产和生活中有不少同步现象引起一定的社会问题,企业、机关同时上下班给交通、能源都带来很大压力,从能否更换的思路出发,采取错开上下班时间和轮休的办法,就能解决大问题。

(8)能否颠倒？

现有产品(或事物)可否颠倒？借助对现有设计的操纵、配置或者动作进行反向操作,看可否变换正负？可否反转角色？可否反转类型？可否反转顺序？可否颠倒方位？可改变前后？现有事物的原理、功能、工艺能否颠倒过来？这个问题主要用来引导逆向思维。这些问题对创造性思维有时会起到画龙点睛的作用。

例如，人类根据电对磁的效应发明了电动机,反之,又根据磁对电的效应发明了发电机。

(9)能否组合？

现有的产品(或事物)可否组合？可否进行原理组合？可否进行功能组合？可否进行目标组合？可否进行材料组合？可否进行方法组合？可否进行元件组合？可否混合、搭配、合成？

混合品、成套东西能否统一协调？目的、主张、创造设想能否综合？现有的若干种事物或事物的若干部分能否组合起来，使之成为功能更大的新成果？这一思路追求的是整体化效应和综合效果。

例如，坦克就是攻击性武器（大炮）、防御性设施（堡垒）和运载工具（机动车）三者的组合；复合材料是多种材料的组合；现代传真机则组合了传真、电话、复印等功能。

3. 奥斯本检核表法的特点

奥斯本检核表可以使人们学会从多角度、多渠道、多侧面看问题，突破各种框框的约束，使思维进入新的领域。其特点主要体现在以下几个方面：

首先，检核思考是一种强制性思考，有利于突破不愿提问的心理障碍。一个人能不能提出问题，与其对问题的思考有关，而检核表可以引导我们强制思考。检核表这种有序的自问自答显然比随机地胡思乱想要规范，目的性更强。只有提出自己的疑问，才能够发现前人的不足、现有事物的不足，才能够提出自己的新观点，也才有可能创新。

其次，检核思考是一种多角度发散性思考，广思之后再深思和精思是创造性思考的规律。检核表可以用多条提示引导我们去发散思考，从9个角度考虑问题，可以在一定程度上帮助我们克服广思障碍，有助于确定哪些问题对于解答方法起主要作用，哪些是次要问题，从中选其一两条集中思考，这样更有利于产生创新的构想。

再次，检核表法可以使发明创造者集中精力朝提示的目标和方向思考。检核表法将一个人必须做的事情具体化，并且不会忽略掉某些重要的东西，避免漏失重要的属性，使其不需要把各种问题都时刻铭记在心，可以集中精力进行创造性思考。

如何进行检核思考是利用检核表法进行发明创造的核心，运用检核思考时应注意以下几点：

第一，检核对象的分析是检核创造的基础，通过分析产品的功能、性能、市场环境、产品的现状和发展趋势、消费者的愿望、同类产品的竞争情况等，做到心中有数，避免闭门造车式的检核思考。

第二，将每一条检核项目视为单独的一种创造技法，并按照创造性思考方式进行广思和深思。

第三，结合其他创造技法使用。

第四，要对设想进行可行性检核，尽可能检核思考出有价值的新构思。

2.1.5　5W2H法

1. 5W2H法的概念及特点

5W2H法是由第二次世界大战中美国陆军兵器修理部首创的。5W2H法，简单、方便，易于理解、使用，富有启发意义，广泛用于企业管理和技术创新活动，对于决策和执行性的活动措施也非常有帮助，也有助于弥补考虑问题的疏漏。

5W2H法从7个方面进行设问以得到创造方案的方法，这7个方面的问题如下：

Who——谁？（由谁来承担？谁来完成？谁负责？）

When——何时？（什么时间完成？什么时机最适宜？）

Where——何处？（在哪里做？从哪里入手？）

What——做什么？（目的是什么？做什么工作？）

Why——为什么？（为什么要这么做？理由何在？原因是什么？）

How to——怎么做？（如何提高效率？如何实施？方法怎样？）

How much——多少？（做到什么程度？数量如何？质量水平如何？费用产出如何？）

取7个英文单词的首字母缩写5W2H作为技法的名称，即为5W2H法。5W2H法的特点是抓住问题发展的7个基本要素进行思考，通过强制性的提问促使人们进行创造性思考，并力图获得某种新的解决办法。

2. 5W2H法的应用方法和步骤

(1)确定实施5W2H法的对象。

5W2H法适合所有问题的求解，尤其适用于技术革新和合理化建议等方面的创造性思考。

(2)按5W2H的7要素逐个分析。

对以上7个方面的提问——审核，将发现的难点、疑问列出来，使创造性的问题更明确。

1)为什么(Why)？

为什么采用这个技术参数？为什么不能有响声？为什么停用？为什么变成红色？为什么要做成这个形状？为什么采用机器代替人力？为什么产品的制造要经过这么多的环节？为什么非做不可？

2)做什么(What)？

条件是什么？哪一部分工作要做？目的是什么？重点是什么？与什么有关系？功能是什么？规范是什么？工作对象是什么？

3)谁(Who)？

谁来办最方便？谁会生产？谁可以办？谁是顾客？谁被忽略了？谁是决策人？谁会受益？

4)何时(When)？

何时要完成？何时安装？何时销售？何时是最佳营业时间？何时工作人员容易疲劳？何时产量最高？何时完成最为适宜？需要几天才算合理？

5)何地(Where)？

何地最适宜某物生长？何处生产最经济？从何处买？还有什么地方可以作为销售点？安装在什么地方最合适？何地有资源？

6)怎样(How to)？

怎样做省力？怎样做最快？怎样做效率最高？怎样改进？怎样得到？怎样避免失败？怎样求发展？怎样增加销路？怎样达到效率？怎样才能使产品更加美观大方？怎样使产品用起来方便？

7)多少(How much)？

功能指标达到多少？销售多少？成本多少？输出功率多少？效率多高？尺寸多少？重量多少？

(3) 提出疑问、发现原因。

提出能引发创意的疑问,发现其中的因果关系,从而悟出解决问题的新点子或新方案。

(4) 寻找改进措施或新设想。

5W2H法中的7要素已经包括任何一个事物所需的要素,如果现行的做法或产品经过7个问题的审核已无懈可击,便可认为这一做法或产品可取。如果7个问题中有一个答复不能令人满意,则表示这方面有改进余地,要据此进行改进或提出新构想。如果哪方面的答复有独创的优点,则可以扩大产品这方面的效用。

2.1.6 头脑风暴法

1. 头脑风暴法的概念及基本原则

头脑风暴法(Brain-Storming)简称BS法,又名智力激励法、脑轰法、畅谈会法等,发明者是美国创造学家阿历克斯·奥斯本,他也是本书提到的奥斯本检核表法的发明人。

"头脑风暴"的概念源于医学,原指精神病患者头脑中短时间出现的思维紊乱现象,称为脑猝变。病人发生脑猝变时会产生大量各种各样的胡乱想法。创造学中借用这个概念比喻思维高度活跃、打破常规的思维方式而产生大量创造性设想的状况。

头脑风暴法是运用群体创造原理,通过召开智力激励会的形式,充分发挥集体创造力来解决问题的一种创新思维方法。其中心思想是,激发每个人的直觉、灵感和想象力,让大家在和睦、融洽的气氛中自由思考。不论什么想法,都可以原原本本地讲出来,不必顾虑这个想法是否"荒唐可笑"。

头脑风暴法规定了4项基本原则。

(1) 自由思考原则。要求与会者尽可能地解放思想,无拘无束地思考问题,不必介意自己的想法是否荒唐可笑,不允许用集体提出的意见来阻碍个人的创造性思维。

(2) 延迟评判原则。会议期间绝对不允许批评别人提出的设想,任何人不能做判断性的结论。等大家畅谈结束后,再组织有关人士来分析。美国心理学家经过试验后发现:采用延迟评判,在集体思考问题时可多产生70%的新设想,在个人思考问题时可多产生90%的新设想。

(3) 以量求质原则。参加会议人员不分上下级,平等相待;提出的设想越多越好,各类设想不分好坏,一律记录下来,以大量的设想来保证质量较高设想的存在。

(4) 结合改善原则。与会者要仔细倾听别人的发言,注意在他人启发下及时修正自己不完善的设想或将自己的想法与他人的想法加以综合,再提出更完善的创意或方案。

2. 头脑风暴法的运用方法与步骤

(1) 会前准备。根据要解决的问题,选择会议主持人,确定设想的议题,确定参加会议的人员。

1) 确定会议主持人。

智力激励会开的效果如何与主持人有很大的关系,所以应选好主持人。主持人一般应具备以下4个条件:

第一,熟悉智力激励法的基本原理与召开智力激励会的程序与方法,有一定的组织能力。

第二,对所要解决的问题有比较明确的理解,以便在会议中作启发诱导。

第三,能坚持智力激励会规定的原则,以充分发挥激励作用机制。

第四,能灵活地处理会议中出现的各种情况,以保证会议按规定程序进行到底。

2) 确定会议主题。

根据要解决的问题,由问题提出者与主持人共同分析研究来确定本次智力激励会的议题。确定议题时,必须把握好两条,一是议题要集中,不得分散;二是议题明确,不许含糊。遇到较为复杂和重大的技术创造问题,要视其复杂程度,结构层次或组成部分,酌情分解为若干专门议题,通过多次互激设想活动逐个解决。议题越专门化,互激思考就越能深入、越具体。最好是解决比较单一的问题。

3) 确定参会的人员。

a. 与会人数。与会人数要合理,一般以 5~15 人为宜。人数过少会造成知识面过窄,难以达到知识互补;人数过多,使思维的目标分散,无法保证与会者充分发表设想。情绪的激昂或者消沉都会影响人的思维活动,直接关系到思考和设想的质量和效率。

b. 人员的专业构成。参与智力互激人员的专业构成要合理,应根据议题内容确定,要有代表性,要保证与会者大多数对议题熟悉,适当吸收外行参加,突破专业思考的约束。参加互激设想的人员,代表性愈强,设想到的问题就愈周全。

c. 人员的知识水准。同一次激励会,尽量注意与会人员知识水准的同一性,即学历、资历、级别、职称等尽量一致。

d. 尽量吸收有实践经验的人参加。

4) 确定举行互激设想活动的地点和日期。

为了提高会议的效果,使与会人员思想上有所准备,提前酝酿解决问题的设想。应该给与会人员提前下达书面通知,写明会议内容及背景、开会时间和地点等。

(2) 热身活动。准备工作安排就绪后,届时即可召集参加智力激会的人员进入会场。为了激发创造性思考的气氛,使与会者把精力集中到会议上来,可安排一些热身活动。热身活动的形式可多样化,可以通过看有关创造的录像、回答脑筋急转弯问题、讲一个创造技法灵活运用的小故事等形式,使大家的思维活跃起来。

(3) 明确问题。主持人首先向与会者说明会议必须遵守的四项基本原则,该原则最好事先写成大标题,贴在显眼的地方。然后简明扼要、带有启发性地向大家介绍有关问题的最低数量信息,使与会者对所要解决的问题有明确的全面了解。介绍不要过多,更不要把自己的初步设想和盘托出,以免形成限制框架。主持人以启发为原则,诱导与会者提出自己的创意,并在会议出现停滞时及时引导。

(4) 自由畅谈。在遵守会议规定的四项原则的前提下,所有人员都要始终针对议题,精心思考,大胆设想,自由发言,造成一种高度激励的气氛,使与会者突破思维障碍和心理约束,达到知识互补、信息刺激、情绪鼓励。会议时间不宜过长或太短,一般掌握在 20 分钟到 1 个小时之间。

(5) 加工整理。这是对智力激励会所得各种创意或设想的优选阶段。通过对提出的所有设想进行分析、研究、评价和选择,筛选出可行设想,进一步完善后,作为解决问题的方法、答案、措施或方案。具体方法可遵循实用性原则、创造性原则、科学性原则、现实可能性原则对发明创造问题进行分析、评价和选择。

2.2 TRIZ中的几种创新思维方法

在TRIZ理论中,发散思维并不完全等同于胡思乱想,那样思考的效率是很低的。下面将介绍TRIZ中常用的几种创新思维方法。这些创新思维方法一方面能够有效地打破思维定势,扩展我们的创新思维能力,同时又提供了科学的问题分析方法,保证我们按照合理的途径寻求问题的创新性解决办法。

2.2.1 最终理想解(IFR)

1. 最终理想解的概念及意义

产品或技术按照市场需求、行业发展、超系统变化等,随着时间的变化无时无刻都处于进化之中,进化的过程就是产品由低级向高级演化的过程。如果将产品或技术作为一个整体,从历史曲线和进化方向来说,尽管在产品进化的某个阶段,不同产品进化的方向各异,但任何产品或技术的低成本、高功能、高可靠性、无污染等都是研究者追求的理想状态,产品或技术处于理想状态的解决方案可称之为最终理想解(Ideal Final Result,IFR)。在TRIZ理论中,最终理想解是指系统在最小程度改变的情况下能够实现最大程度的自服务(自我实现、自我传递、自我控制等)。

应用TRIZ理论解决问题之始,要求使用者先抛开各种客观限制条件,针对问题情境,设立各种理想化模型,可以是理想系统、理想过程、理想资源、理想方法、理想机器、理想物质。通过定义问题的最终理想解,以明确理想解所在的方向和位置,保证在问题解决过程中沿着此目标前进并获得最终理想解,从而避免了传统创新设计和解决问题时缺乏目标的弊端,提升解决问题的效率。

TRIZ理论创始人阿奇舒勒对最终理想解做出了这样的比喻:"可以把最终理想解比作绳子,登山运动员只有抓住它才能沿着陡峭的山坡向上爬,绳子自身不会向上拉他,但是可以为其提供支撑,不让他滑下去,只要松开,肯定会掉下去。"可以说,最终理想解是TRIZ理论解决问题的"导航仪",是众多TRIZ工具的"灯塔"。

在具体的应用过程中,最终理想解能够发挥以下作用:①明确解决问题的方向。最终理想解的提出为解决问题确定了系统应当达到的目标,然后通过TRIZ中的其他工具来实现最终理想解。②能够克服思维惯性,帮助使用者跳出已有的技术系统,在更高的系统层级上思考解决问题的方案。③能够提高解决问题的效率。最终理想解形成的解决方案可能距离所需结果更近一些。④在解题伊始就激化矛盾、打破框架、突破边界、解放思想,寻求更睿智的解。

2. 最终理想解的特点

根据阿奇舒勒的描述,最终理想解应当具备四个特点,衡量系统是否达到最终理想解,可以从以下4个方面进行判断:

(1) 保持了原系统的主要功能和优点。

在解决问题的过程中不能因为解决现有问题而使原系统的优点得到抹杀,原系统的优点通常是指低成本、能够完成主要功能、低消耗、高度兼容等。

(2)消除了原系统的缺陷。

在解决问题的过程中能够有效避免原系统存在的问题、不足和缺点,没有消除系统不足的不能称之为最终理想解。

(3)系统没有变得更复杂。

面对技术问题时,可能有成百上千的方案可以解决该技术问题,如果使得原有的系统更加复杂可能带来更多的次生问题,如成本的上升、子系统之间协调难度的增加、系统可靠性的降低等,那么不能称之为最终理想解。而 TRIZ 理论的重要思想是应用最少的资源、最低的成本解决问题。

(4)没有引入新的缺陷,或者新的缺陷很容易解决。

解决问题的方法如果引入了新的缺陷,需要再进一步解决新的缺陷,得不偿失。

总之,如果解决方案能够满足上述四个特点,可称之为最终理想解。

3. 最终理想解的确定方法

定义最终理想解通常有六步法和引入 X 元素两种方式来确定。

(1)应用六步法定义最终理想解。

第一步:设计的最终目的是什么?

第二步:最终理想解是什么?

第三步:达到理想解的障碍是什么?

第四步:出现这种障碍的结果是什么?

第五步:不出现这种障碍的条件是什么?

第六步:创造这些条件存在的可用资源是什么?

(2)引入"X"元素定义最终理想解。

假设存在"X"元素,它能够很好地帮助解决问题,也就是"X"元素能够彻底消除矛盾,同时不影响有用功能的实现,也不会产生有害因素或使系统变得更加复杂。"X"元素不一定代表系统或超系统的某个实质性组成部分,但可以是一些改变、修改,或系统的变异,或是完全未知的东西,如系统元素或环境的温度变化或相变。

4. 在应用最终理想解的过程中需要注意的问题

一是对最终理想解的描述。阿奇舒勒在多本著作中提出,最终理想解的描述必须加入"自己""自身"等词语,也就是说,需要达到的目的、目标、功能等在不需要外力、不借助超系统资源的情况下完成,是一种最大程度的自服务(自我实现、自我传递、自我控制等)。此种描述方法有利于工程师打破思维惯性,准确定义最终理想解,使解决问题沿着正确的方向进行。

二是最终理想解并非是"最终的",根据实际问题和资源的限制,最终理想解有最理想、理想、次理想等多个层次,当面对不同的问题时,根据实际需要进行选择。如在 2.4"案例 6"中,对于合金抗腐蚀能力的测试问题,最理想的状态是没有测量的过程,就能够知道抗腐蚀能力;理想状态是在不采用贵金属、不需更换容器的前提下准确测量出合金的抗腐蚀能力;次理想是在不经常更换容器的条件下准确测试出合金抗腐蚀能力。在不同的理想状态下所采取的策略有所不同。

三是在应用最终理想解的过程中是一个双向思维的过程,从问题到最终理想解,从最终理想解到问题,对于"最理想"的最终理想解可能达不到,但是这是目标,通过达到次理想的最终理想解、理想的最终理想解的方式最终达到最理想的最终理想解。

2.2.2 九屏幕法

1. 九屏幕法的概念及特点

九屏幕法,又叫多屏幕法,是TRIZ理论中非常独特而有效的一种创新思维方法,是一种系统性思维的方法;同时,它也是寻找和利用资源,解决工程问题的一种有效的工具,具有很好的操作性和实用性。

九屏幕法是一种思考问题的方法,是指在分析和解决问题的时候,不仅要考虑当前的系统,还要考虑它的超系统和子系统,不仅要考虑当前系统的过去和将来,还要考虑超系统和子系统的过去和将来。

根据系统的定义(关于系统的定义,请参见第3章3.1节),系统由多个子系统组成,并通过子系统间的相互作用实现一定的功能。系统之外的高层次系统称为超系统,系统之内的低层次系统称为子系统。我们所要研究的、当前正在发生问题的系统,通常称作"当前系统"或称为"系统",图2-6所示为九屏幕法中"九屏幕"的一般形式。

图2-6 "九屏幕"图解模型

当前系统是一个相对的概念。如果以轮胎作为"当前系统"来研究的话,那么轮胎中的橡胶、子午线、充气嘴等就是轮胎的子系统,而汽车、驾驶员、空气、道路、交通系统等就都是汽车的超系统。

考虑"当前系统的过去"是指考虑发生当前问题之前该系统的状况,包括系统之前运行的状况、其生命周期的各阶段情况等,考虑如何利用过去的各种资源来防止此问题的发生,以及如何改变过去的状况来防止问题发生或减少当前问题的有害作用。

考虑"当前系统的未来"是指考虑发生当前问题之后该系统可能的状况,考虑如何利用以后的各种资源,以及如何改变以后的状况来防止问题发生或减少当前问题的有害作用。

当前系统的"超系统"元素,可以是各种物质、技术系统、自然因素、人与能量流等。人们通过分析如何利用超系统的元素及组合,来解决当前系统存在的问题。

当前系统的"子系统"元素,同样可以是各种物质、技术系统、自然因素、人与能量流等。人们通过分析如何利用子系统的元素及组合,来解决当前系统存在的问题。

当前系统的"超系统的过去"和"超系统的未来"是指分析发生问题之前和之后超系统的状况,并分析如何利用和改变这些状况来防止或减弱问题的有害作用。

当前系统的"子系统的过去"和"子系统的将来"是指分析发生问题之前和之后子系统的状况,并分析如何利用和改变这些状况来防止或减弱问题的有害作用。

以汽车为例,来说明当前系统、子系统、超系统的组成与彼此之间的关系。如果把汽车作为一个当前系统,那么轮胎、发动机和方向盘都是汽车的子系统。因为每辆汽车都是整个交通系统的一个组成部分,交通系统就是汽车的一个超系统。当然,大气、车库等也是汽车的超系统,如图2-7所示。

图2-7 汽车系统的九屏幕法分析

进行这些分析后,再来寻找这个问题的解决方案,就会发现一系列完全不同的观点:新的任务定义取代了原有任务定义,我们产生了一个或若干个考虑问题的新视角,发现了系统内更多的之前没有被注意到的资源等。

2.九屏幕法的作用及运用步骤

九屏幕法的作用包括:帮助使用者多角度看待问题,进行超常规思维,克服思维惯性;多个方面和层次寻找可利用的资源,更好地解决问题。

九屏幕思维方式其实是一种分析问题的手段,而并非是一种解决问题的手段。它体现了如何更好地理解问题的一种思维方式,也确定了解决问题的某个新途径。另外,各个屏幕显示的信息,并不一定都能引出解决问题的新方法。如果实在找不出好的办法,可以暂时先空着它。但不管怎么说,每个屏幕对于问题的总体把握,肯定是有所帮助的。练习九屏幕思维方式,可以锻炼人们的创造力,也可以提高人们在系统水平上解决问题的能力。

使用九屏幕法的步骤如下:

第一步:先从技术系统本身出发,考虑可利用的资源。

第二步:考虑技术系统中的子系统和系统所在的超系统中的资源。

第三步:考虑系统的过去和未来,从中寻找可利用的资源。

第四步:考虑超系统和子系统的过去和未来。

2.2.3 小人法

小人法又称小人模型法,是指当系统内的某些组件不能完成其必要的功能,并表现出相互矛盾的作用时,用一组小人来代表这些不能完成特定功能部件,通过能动的小人,实现预期的功能,然后根据小人模型对结构进行重新设计。小人法的实质是使解题的人成为问题整体的一部分,并从这一立场和观点去思考、行动。小人法的目的是克服由于思维惯性导致的思维障碍,提供解决矛盾问题的思路。

小人法借用美国创造学家威廉·戈登在综摄类比法中的亲身类比方法,即要求解决课题的人作为角色(类似于一群小人)"进入"所要改进的对象(物体),"亲身"去解决问题。亲身类比法的优点是把人看成某种机器(或机器的一部分)的同时,能自愿选择人能接受的东西,从而较快地构思出解法。但是必须去掉人本身不能接受的东西,如切割(人切割了就无法活)、碎化、溶解等。在构思解法时,人本身不会去应用那些破坏自己身心健康的事或物。为了克服该缺点,小人法把物体以很多(一群)小人的形式表现出来(使用小人法的常见错误是画一个或几个小人)。阿奇舒勒把这些事实转化成方法,并给他起了一个名字:小人模型法,简称小人法。图 2-8 所示为阿奇舒勒向学生讲解小人法的情景。

图 2-8 阿奇舒勒在讲解"小人法"

一群"小人"会完成我们想象的任何任务,能够积极工作,类似于象棋子或者漫画中的人物。"小人"比任何印在纸张上的符号,如字母、逗号、句号、括号更生动和感性化,在必要的时候可以很平静地擦掉,用新的符号来代替。当系统内的部分物体不能完成必要的功能和任务时,就用多个小人分别代表这些物体。而不同小人表示执行不同的功能或具有不同的矛盾。重新组合这些小人,使它们能够发挥作用,执行必要的功能。于是,在解法创意时就克服了亲身类比法的缺点。

在一些创造性解决问题的方法中,有很多都是基于小人法的。如德国著名的化学家凯库勒分析出苯的分子结构,就是源于猴子抓住笼子的金属条,同时前后爪子交互抓住形成环状的一个有趣场景。而在麦克斯韦思维实验中,需要从一个含有气体的容器中,把高能气体部分传送到另一个容器中。麦克斯韦极富创意地想用一个带有"小门"的管子把两个容器连接起来,在高能快速气体来临时把"魔力门"打开,而在低速气体来临时把门关闭。

应用小人法的步骤:

第一步:在物体中划分出不能完成的、非兼容的、必要的部分,并将对象中这些部分想象成一群一群的小人。

第二步:把小人分成按问题的条件而行动的组,通过该步骤描绘出现有和曾经有过的情况。

第三步:研究得到的问题模型(有小人的图)并对其进行改造,使模型符合所需要的理想功能,使原始的矛盾都得以消除。通过该步骤描绘出理想情况。

第四步:转向实际应用的技术解释和寻求实施手段,从而过渡到技术解决方案。

2.2.4 金鱼法

金鱼法又叫情境幻想分析法,是从幻想式解决构想中区分现实和幻想的部分。然后再从解决构想的幻想部分分出现实与幻想两部分。这样的划分不断地反复进行,直到确定问题的解决构想能够实现时为止。采用金鱼法,有助于将幻想式的解决构想转变成切实可行的构想。

金鱼法的解题原理为:假设有一种可以幻想的初始情境,我们思考一下,此情境中哪个部分是现实的?也许这个部分原本不是幻想的。

"幻想情境1" — "现实部分1" = "幻想情境2"

得到了剩余的幻想部分——幻想情境2,幻想情境2中还有没有能现实的部分?

"幻想情境2" — "现实部分2" = "幻想情境3"

得到了幻想情境3,那么同样一直往下推论,直到找不出现实的东西为止。这样就可以集中精力解决幻想部分,只要这个幻想部分解决,整个问题也就迎刃而解。金鱼法是一个反复迭代的分解过程。金鱼法的本质,是将幻想的、不现实的问题求解构想,变为可行的解决方案。

应用金鱼法的步骤如下:

第一步:将问题分为现实和幻想两部分。

第二步:提出问题1——幻想部分为什么不现实。

第三步:提出问题2——在什么条件下,幻想部分可变为现实。

第四步:列出子系统、系统、超系统的可利用资源。

第五步:从可利用资源出发,提出可能的构想方案。

第六步:如果方案不现实,再次回到第一步,直至方案可行。

2.2.5 STC算子

STC算子法就是对一个系统通过对其自身不同特性单独考虑,来进行创新思维的方法。S是Size(尺寸)的缩写,T是Time(时间)的缩写,C是Cost(成本)的缩写。尺寸(S)-时间(T)-成本(C)算子是将尺寸、时间和成本因素进行一系列变化的思维试验,字面的意思是单独考虑尺寸、时间、成本的一个因素,而不考虑其他的两个因素。引申的意思就是一个产品由诸多因素组成,单一考虑相应因素,而不是统一考虑。

STC算子法的目的是克服由于思维惯性的障碍,迅速发现对研究对象最初认识的不准确和误差,从而重新认识研究对象。STC算子不是为了获取问题的答案,而是为了解放思路,为下一步寻找解决方案做准备。用STC算子思考后,可以发现系统中的技术矛盾或物理矛盾。STC算子法是克服思维定势,改善思维方式的一种很好的工具。

STC算子的分析过程包括以下步骤:

第一步:明确研究对象现有的尺寸、时间和成本。

第二步:想象对象的尺寸无穷大(S→∞),无穷小(S→0)。

第三步:想象过程的时间或对象运动的速度无穷大(T→∞),无穷小(T→0)。

第四步:想象成本(允许的支出)无穷大(C→∞),无穷小(C→0)。

在使用STC算子的过程中应注意的是:每个想象实验要分步递增、递减,直到进行到物体新的特性出现;不可以还没有完成所有想象实验,担心系统变得复杂而提前中止;使用成效取决于主观想象力、问题特点等情况;不要在实验的过程中尝试猜测问题的最终答案。

2.2.6 RTC算子

从物体的资源(Resource)、时间(Time)和成本(Cost)三个方面,重新思考问题,以打破固有对相关资源、时间等的认识,称为RTC算子。与STC算子一样,RTC算子的作用并不是直接给我们提供解决问题的方案,而是帮助我们找出解决问题新的思路。

资源是指在创新过程中,可供问题解决者自由选择创新尺度的一个空间,在这个空间里,人们同时放大物体三个维度的尺度直到无限大,或缩小物体的三个维度的尺度直到无穷小。如果这样还不能使物体的特性发生明显变化,就先固定一个维度的大小,而改变另两个维度的大小,直到满意为止。时间是指逐步增加或减少物体完成功能过程的长短。成本是指增加或减少物体本身功能所需的成本,以及物体完成主要功能所需辅助操作的成本。

RTC算子的操作,主要包括以下六个维度的思维尝试:

(1)设想逐渐增大物体的尺度,使之自动超过真实物体的尺度,直至无穷大。

(2)设想逐渐缩小物体的尺度,使之自动小于真实物体的尺度,直至无穷小。

(3)设想逐渐增加物体作用的时间,使之自动超过真实物体作用的时间,直至无穷大。

(4)设想逐渐减少物体作用的时间,使之自动少于真实物体作用的时间,直至为零。一般将物体完成有用功能所需要的时间,理解为"时间"算子所指的时间。

(5)设想增加物体的成本,使之自动超过现有物体的成本,直至无穷高的成本。

(6)设想减少物体的成本,使之自动少于现有物体的成本,直至成本为零。"成本"算子通常被理解为,不仅包括物体本身的成本,也包括物体完成主要功能所需各项辅助操作的成本。

应用RTC算子,需遵循下述原则:

(1)不得改变初始问题。

(2)上述六个过程需要全部进行,直至获得一种变化了的新特性。每个过程需要分阶段进行。在每个阶段,必须多次改变物体的参数,来观察和分析每一次改变所引起的物体特性变化。

(3)必须完成各参数所有阶段的变更,不能因为中间找到了一个答案就停止,直到最后都要一直不断地反复比较。

(4)可将物体分成几个单独的子部分,也可组合几个相似物体来进行分析。

2.3 TRIZ的创新思维方法与传统创新思维方法的比较

传统的创新思维方法基本上都是以心理机制为基础的,这些思维方式的重点是强调从不同的角度思维,克服心理惯性对创造思维的约束和抑制,进行发散思维,产生不止一个可供选择的新概念。它们的程序、步骤、措施大都是为人们克服发明创新的心理障碍而设计的。

传统的创新思维方法撇开了各领域的基本知识,方法上高度概括与抽象,因此具有形式化的倾向。这些倾向于形式化的传统创新方法,在运用中受到使用者经验、技巧和知识积累水平的制约。单独使用这些传统的创新思维方法曾经收到过较好的发明创新效果。这些传统的创新思维方法往往要求使用者具有较高的技巧、比较丰富的经验和较大的知识积累量,因此,使用这些方法进行发明创造的效率普遍不高。特别是当遇到一些较难且复杂的问题时,仅仅依赖"灵机一动"已很难解决问题了。尤其是在人们对某些问题仍未找到理想的方案时,想只凭经验找到解决方案已显得极为困难。

基于心理学的传统的创造思维方法有助于开拓人的思维,有助于创造性想象并产生新概念,已经被广泛应用于不同的领域。但是,这些方法主要是由认知科学、心理学和人文科学家研究和提出,是面向一般创造性的思维方法。在应用于技术系统和产品创新设计时,缺乏系统性和良好的操作性,效率比较低。也有的学者指出,解决各种发明问题时面对的主要困难不是产生大量的想法,而是提出一个独创新颖的构思,大量平庸的想象不能必然导致一个独创的想法。此外,大量平庸想法会阻碍创造性的发挥。而且,在想法的数量和质量之间看上去也缺乏关联性。

TRIZ的发散思维与一般的发散思维有着明显的区别。基于TRIZ的发散思维,在遵循客观规律的基础上,引导沿着一定的维度来进行发散思考。例如,从系统层面上发散,TRIZ有"超系统、系统、子系统"三个层面;从时间上发散,有三个系统层面的"过去、现在、将来"的三种时态;在宏观到微观之间往复发散,我们可以在尺寸、成本、资源等多个维度上,从零到无穷大来进行发散思考;还可以有抽取异想天开想法中有效成分的"金鱼法",有化整为零的"小人法"等。而这些所给出的发散维度,可以有效地帮助我们的思绪在快速发散的同时进行快速的收敛,不至于让我们的思绪成为"脱缰的野马"。

基于TRIZ的发散思维,有效地避免了在发散思考的过程中结果过于散乱无序、难以收敛到有效解集的缺点,有助于我们快速跳出思维定势的圈子,及早"偏离"固定思维模式的方向,并且具有"新的眼光"。当然,我们必须使发散的思维与自然界的客观规律有机地结合起来,因为跳出思维定势的圈子,并不意味着放弃自然界的客观规律。

2.4 创新思维法综合应用案例

案例1 KJ法在企业管理中的应用

日本某公司通信科科长偶尔直接或间接地听到科员对通信工作中的一些问题发牢骚,他想要听取科员的意见和要求,但因倒班的人员多,工作繁忙,不大可能召开座谈会。因此,该科长决定用KJ法找到科员不满的方案。

第一步,他注意听科员间的谈话,并把有关工作中问题的片言只语分别记到卡片上,每个卡片记一条。例如:
- 有时没有电报用纸。
- 有时未交接遗留工作。
- 如果将电传机换个地方……
- 接收机的声音嘈杂。
- 查找资料太麻烦。
- 改变一下夜班值班人员的组合如何?
- 打字机台的滑动不良。

第二步,将这些卡片中同类内容的卡片编成组。例如:
- 其他公司有的已经给接收机安上了罩。
- 因为接收机的声音嘈杂,所以如果将电传机换个地方……
- 有人捂着一只耳朵打电话。

上面的卡片组暗示要求本公司"给接收机安上罩"。从下面的卡片组中可以了解到要求制定更简单明了的交接班方法。
- 在某号收纳盒内尚有未处理的收报稿。
- 将加急发报稿误作普通报稿纸处理。
- 接班时自以为清楚了,可是过后又糊涂了,为了作出处理,有时还得打电话再次询问。

第三步,将各组卡片暗示出来的对策加以归纳集中,就能进一步抓住更潜在的关键性问题。例如,因为每个季节业务高峰的时间区域都不一样,所以弄明白了需要修改倒班制度,或者是根据季节业务高峰的时间区域改变交接班时间,或者是考虑电车客流量高峰的时间确定交接班时间。

科长拟定了一系列具体措施,又进一步征求乐于改进的科员的意见,再次做了修改之后,最后提出具体改进措施加以试行,结果科员们皆大欢喜。

需要说明的是,本例没有严格按照KJ法的程序进行。创新技法在现场实际应用时,往往不是一成不变地按程序进行。

案例2　KJ法在生态环境综合治理中的应用

艾比湖位于新疆北部,是新疆最大的咸水湖。该流域是新疆天山北坡经济带的重要组成部分,近年来经济发展较快,人口和农业用水快速增加,导致入湖水量锐减,加上位于阿拉山口主风道,致使它成为西北地区最大的风沙策源地。

为了整合不同研究领域,以便得到对于整个系统的综合集成研究成果,研究采用了KJ法。针对生态学、水土保持与荒漠化防治、土地资源管理、地理信息工程等不同专业的30位研究人员和专家进行了调查,其意见经过初步整理后形成59张卡片(见表2-1)。

表2-1 与艾比湖流域生态环境治理问题有关的卡片信息

编号	内容	编号	内容	编号	内容
1	阿拉山风口的下风向	21	农牧业损失巨大	41	治理荒漠化面积66 km²
2	浅水盐湖	22	注入艾比湖的河流流量锐减	42	湖水增加到1 500 km²
3	全球性的气候变暖	23	严重制约经济发展	43	天山北坡生态环境显著改善
4	开发大西北	24	裸露的干涸湖底	44	改进作物灌溉制度
5	草场沙化、碱化	25	艾比湖湿地规划	45	淘金挖沙
6	312国道3次改道	26	绿色天然屏障	46	过度樵采
7	流沙埋压亚欧大陆桥铁路	27	提高全民生态环境保护知识	47	农业发展、灌溉用水量大
8	流域水土资源统一管理	28	改造配套灌区工程	48	危害无穷的撒盐场
9	水资源浪费严重、利用率低	29	开发湖周矿物资源	49	阻滞风沙
10	大规模垦荒	30	开发水能、风能、太阳能	50	限制建设高耗水工业项目
11	修建水库、增加调蓄能力	31	荒漠植被衰败	51	保障生态环境用水
12	湖面水位下降	32	生物多样性降低	52	发展人工草地置换天然草场
13	沙尘暴策源地	33	实施跨流域调水	53	恢复湖滨湿地
14	湖水面积逐年缩小	34	艾比湖主风道治理工程	54	运用3S技术
15	周边地区地下水位下降	35	加强用水管理、科学调配水量	55	流域水质控制与保护
16	周边地区荒漠化加快	36	植树种草工程	56	保障地区经济发展
17	危害居民生活、健康	37	固定流动沙丘10 km²	57	工业内部循环用水,提高水的重复利用率
18	推广先进灌水技术、加强田间节水	38	改造工业设备和生产工艺、实现节水	58	加强市政管网建设、减少跑、冒、滴、漏等现象
19	普及节水型器具	39	调整水费政策、建立节水有偿机制	59	支持公众参与决策,特别要提高妇女在水资源规划中的作用
20	河流水情预报	40	增加生物多样性		

编组阶段,基于相近的信息内容,59张卡片最终被编入5个大组:生态环境恶化的自然原因、人为驱动力、恶化的表现、治理措施、治理目标。图解阶段,组与组之间,次组与次组之间的关系,用箭头符号标示出来(见图2-9)。

图2-9 艾比湖流域生态环境综合治理的结构模型图(唐海萍,2007)

研究结果表明,艾比湖流域生态恶化是由于自然变化再加上人为过度垦荒和灌溉,导致了入湖水量减少、流域内植被破坏。此外,由于艾比湖地处阿拉山风口的下风向,大风使裸露的湖底及周边沙尘和盐尘飞扬,成为西北最大的风沙策源地和撒盐场。通过层层分析得到的综合治理措施主要有两大方面:一方面在体制改善上,加强水资源统一管理,建设节水型社会。通过改造灌溉的工程、技术、制度等实现农业节水;通过普及节水器具、调节水费、提高市政管网效率、发挥妇女作用等实现生活节水;通过加强水情预报、水量调配、水质控制与保护等实现流域水资源统一管理。另一方面是辅以必要的工程措施,如修建水库和跨流域调水等水利工程;进行湿地规划、主风道治理、植树种草、发展人工草地、保障生态环境用水、提高全民生态环保意识等生态环境建设工程;开发风能、水能、太阳能,运用3S系统建立监测管理体系等其他工程措施。

案例3　运用形态分析法进行新型单缸洗衣机的创意

(1)因素分析与提取。从洗衣机的总体功能"洗涤衣物",得到"盛装衣物""分离脏物"和"控制洗涤"等分功能,作为形态分析的3个因素。

(2)形态分析。对应分功能的形态是实现这些功能的各种技术手段和方法。为列举功能形态,应进行信息检索,密切注意各种有效的技术手段与方法。在考虑利用新的方法时,可能还要进行必要的试验,以验证方法的可利用性和可靠性。在3个功能中,"分离脏物"是最关键的功能因素,要针对"分离"两字广思、深思和精思,从多个技术领域进行发散思维。

盛装衣物——从桶体材料上去分析。

分离脏物——从机、电、热、声等方面进行发散思维。

洗涤控制——从手工控制、机械控制、电脑控制等方面去思考。

(3)编制形态表。经过一系列分析和思考,在条件成熟时即可建立起洗衣机形态学矩阵(见表2-2)。理论上可组合出 $4\times 4\times 3=48$ 种方案。

表2-2　洗衣机的形态学矩阵

因素(分功能)		形态(功能解)			
		1	2	3	4
A	盛装衣物	铝桶	塑料桶	玻璃钢桶	陶瓷桶
B	分离脏物	机械摩擦	电磁振荡	热胀	超声波
C	控制洗涤	人工手控	机械定时	电脑自控	

(4)方案评选。

方案1：A1—B1—C1是一种最原始的洗衣机。

方案2：A1—B1—C2是最简单普及型的半自动洗衣机。通过洗衣桶底部的波轮旋转,使水产生涡流,在衣物之间和水与衣物之间产生摩擦,再借助于洗衣粉的化学作用达到洗净衣物的目的。洗涤时间靠机械定时器控制。

方案3：A1—B1—C3是全自动洗衣机,洗涤原理与方案2一样,但控制洗涤时间、漂洗时间、甩干时间及三个功能之间旋转都由电脑自动控制。

方案4：A1—B4—C2是超声波洗衣机,利用超声波的性质使衣物纤维产生振动,使衣物纤维产生摩擦,超声波还会使水温有所提高,再借助于洗衣粉的化学作用达到洗净衣物的目的。

方案5~48……(略)

通过上述逐个方案的分析,用收敛思维并可挑选出少数方案进行进一步的研究,最终选出一个可行方案进行详细的技术经济分析,设计出基本原理图,并进行具体细节的设计,进而开发出新型单缸洗衣机。

案例4　运用形态分析法进行汽车前照灯的创意

(1)因素分析与提取。汽车前照灯对汽车的外观造型、安全等具有重要影响。根据汽车前照灯的主要功能,将前置灯的外形、光源类型、散光玻璃类型、控制方式等作为形态分析的3个因素。

(2) 形态分析。对汽车前照灯现有技术和资料进行收集,对各种有效的技术手段与方法,尤其是最新技术进行分析和整理。对当前以及未来可能流行的前照灯外形、光源、材质以及控制方式进行分析和预测。

(3) 编制形态表。经过一系列分析和思考,建立汽车前照灯形态学矩阵(见表2-3)。理论上可组合出 $4\times3\times2\times3=72$ 种方案。

表 2-3 汽车前照灯形态分析表

因素(分功能)		形态(功能解)			
		1	2	3	4
A	前照灯外形	矩形	椭圆形	柳叶形	鹰眼仿生形
B	前照灯光源	卤素灯泡	氙气灯	LED	
C	外壳材质	有机玻璃	聚碳酸酯		
D	控制方式	手控开关	光感应	语音控制	

(4) 方案评选。根据表2-3,进行各种可能性组合,得到 $4\times3\times2\times3=72$ 种设计方案。然后,考虑生产成本、重量、可靠性与耐久性、消费者的认可度等,对这些方案分别进行分析对比,从中可选出最优的方案。

案例5 应用奥斯本检核表法寻找杯子和保温瓶的设计创意灵感

以改进杯子和保温瓶的设计为例,应用奥斯本检核表法进行创造性的设想。其检核的结果见表2-4和表2-5。

表 2-4 检核表法改进杯子设计

序号	检核问题	创新思路	创新产品
1	能否他用	用于保健	磁化杯、消毒杯、含微量元素的杯子
2	能否借用	借助电照技术	智能杯——会说话、会做简单提示
3	能否改变	颜色变化,形状变化	变色杯——随温度而能变色
			仿形杯——按个人爱好特制
4	能否扩大	加厚、加大	双层杯——可放两种饮料
			安全杯——底部加厚不易倒
5	能否缩小	微型化、方便化	迷你观赏杯,可折叠便携杯
6	能否替代	材料替代	以钢、铜、石、竹、木、玉、纸、布、骨等材料制作
7	能否调整	调整其尺寸比例工艺流程	新潮另类杯
8	能否颠倒	倒置不漏水	旅行杯——随身携带不易漏水
9	能否组合	将容量器具、炊具、保鲜等功能组合	多功能杯

表 2-5 开发新型保温瓶的奥斯本检核表

序号	检核项目	新设想概述	开发新品名称
1	能否他用	利用热气对人体进行理疗,可预防感冒、止痛等	保健理疗瓶
2	能否借用	借用电热壶原理制成电加热保温瓶	电热式保温瓶
3	能否改变	设计不同的颜色、图片和外壳形状	个性化热水瓶
4	能否扩大	瓶盖分两层,上(或下)层放茶叶	新型瓶盖
5	能否缩小	开发多种形状保温杯,如学生用保温杯、中药保温杯、旅游保温杯	新型保温杯
6	能否替代	不锈钢瓶胆代替玻璃瓶胆,使瓶胆一体化	不锈钢瓶胆
7	能否调整	调整保温瓶的线形组织与比例尺寸,开发艺术形态保温瓶	新潮保温瓶
8	能否颠倒	旋转式支架,保温瓶口朝下倒水	倒置式保温瓶
9	能否组合	保温瓶与花瓶、空气负离子发生器组合成一体	多功能保温瓶

案例 6 应用最终理想解解决酸液对容器腐蚀的问题

在实验室里,实验者在研究热酸对多种金属的腐蚀作用,他们将大约 20 种金属的实验块摆放在容器底部,然后泼上酸液,关上容器的门并开始加热。实验持续约 2 周后,打开容器,取出实验块在显微镜下观察表面的腐蚀程度。由于试验时间较长,强酸对容器的腐蚀较大,容器损坏率非常高,需要经常更换,为了使容器不易被腐蚀就必须采取惰性较强的材料,如铂金、黄金等贵金属,但这造成实验成本的上升。(曹福全,2009)

应用最终理想解解决该问题步骤如下:

(1)设计的最终目的是什么?

在准确测试合金抗腐蚀能力的同时,不用经常更换盛放酸液的容器。

(2)最终理想解是什么?

合金能够自己测试抗酸腐蚀性能。

(3)达到最终理想解的障碍是什么?

合金对容器腐蚀,同时不能自己测试抗酸腐蚀性能。

(4)出现这种障碍的结果是什么?

需要经常更换测试容器,或者选择贵金属作为测试容器。

(5)不出现这种障碍的条件是什么?

有一种廉价的耐腐蚀物体代替现有容器起到盛放酸液的功能。

(6)创造这些条件时可用的已有资源是什么?

合金本身就是可用资源,可以把合金做成容器,测试酸液对容器的腐蚀。

最终解决方法是将合金做成盛放强酸的容器,在实现测试抗腐蚀能力的同时,减少了成本。

案例7 农场中兔子喂养问题的解决

农场主有一大片农场,放养大量的兔子,兔子需要吃到新鲜的青草,但农场主不想兔子走得太远,也不愿意割草运回来喂兔子。分析并提出该问题的最终理想解。

(1)设计的目的是什么?——兔子能随时吃到青草。

(2)理想解是什么?——兔子永远自己吃到青草。

(3)达到理想解的障碍是什么?——为防止兔子走得太远而照看不到,农场主用笼子圈养兔子,这样放兔子的笼子不能移动。

(4)出现这种障碍的结果是什么?——由于笼子不能移动,而笼子下面的空间有限,所以兔子不能自己持续地吃到青草。

(5)不出现这种障碍的结果是什么?——当兔子吃光笼子下面的草时,笼子移动到另一块有草的地方,可用资源是兔子。

解决方案:给笼子装上轮子,兔子自己推着轮子去寻找青草。

案例8 运用九屏幕法测量毒蛇的长度

玻璃容器内有一条毒蛇,现在需要测量它的长度。我们可以使用普通的工具——用适当的钩子抓住它,然后在助手的帮助下,顺着标尺将毒蛇拉直测量。这就是我们立刻想到的解决方案。但是,根据系统思维方式的多屏幕方法,可以找出哪些其他方法呢?

屏幕"过去":

(1)在测量之前毒蛇在做什么呢?它在爬行、休息和吃东西。

(2)以什么方式可以利用毒蛇的某个时刻(动作)来安全测量毒蛇而又不被毒蛇咬伤呢?

解决方案1:

毒蛇被喂食的时刻可以加以利用。因为这时有食物在蛇的嘴里,所以它的注意力都集中在吞食它的受害者身上。这时候似乎不大可能被毒蛇咬伤。我们可以利用这个时刻测量蛇的长度吗?

屏幕"未来":

(1)测量后毒蛇会做什么呢?它会和先前一样做着相同的事情:它在爬行、休息和吃东西。因此,让我们来把视野放得更远一些——冬季。在这个季节蛇是冬眠的,并且会蜕皮。

(2)以什么方式可以利用这种时刻来测量蛇的长度呢?

解决方案2:

如果蛇在冬季冬眠,那么就可以模拟这段时间的外界条件。这需要将玻璃容器内的空气降温。其结果是蛇变得比较温顺,且不再具有危险性。

解决方案3:

如果我们等待蛇蜕皮以后,看上去是不是会更有效呢?在这种情况下,我们可以测量蛇皮而不会有任何危险后果。

屏幕"子系统":

子系统的组成元素:蛇的身体。有可能利用蛇的身体来测量其长度吗?看来没有合理的解决方案。

屏幕"高级子系统":

高级子系统的组成元素:玻璃制的容器、树枝和空气。以何种方式可以利用这些组成元素来测量蛇的长度呢?

解决方案4:

让我们来研究一下玻璃容器的玻璃。一方面,它可以防止我们被蛇咬伤;另一方面,它可以保证对蛇进行良好的观察。有可能让蛇在玻璃容器内上下爬动,从而使我们利用这段时间来测量蛇的长度。

案例9　运用"小人法"解决水计量器失效的问题

如图2-10所示的一种水计量器,当水量到达计量值时,由于重力作用,左端下沉,排出计量水量。现在的问题是:在没有完全排空计量器中的水的情况下,计量水槽重心右移,右端下沉,导致剩余的水无法完全排出,计量失效。

图2-10　水计量器示意图

利用小人法对问题进行分析:

系统的组成部分:水、计量水槽。

用小人表示各组成部分:用白色小人表示水,用黑色小人表示水槽重心,如图2-11所示。出现问题时的状况如图2-12所示。

图 2-11　　　　　　　　图 2-12

考虑调整小人位置,得到期望的结果。白色小人要全部跳下去,考虑跷跷板的原理,在排水的过程中,黑色小人向跷跷板中心位置移动(见图2-13),排水结束后,黑色小人回到原始位置(见图2-14)。

根据小人图示,考虑实际的技术方案。

获得最终方案:可变重心的计量水槽,如图2-15所示。

图 2-13   图 2-14

图 2-15

可移动的小球

案例10　运用"金鱼法"解决游泳池太小的问题

游泳运动员在训练过程中,要使训练有效,需要一个大型的游泳池,运动员可进行长距离游泳训练。但同时,游泳池的占地面积和造价就会相应地增加。用小型和造价低廉的游泳池怎样满足相同的要求?

利用金鱼法的解决方法如下:

第一步:将问题分为现实和幻想两部分。

现实部分:小型、造价低廉的游泳池。

幻想部分:在小型游泳池内实现单方向、长距离游泳训练。

第二步:提出问题1——幻想部分为什么不现实?

回答:运动员在小型游泳池内很快就能游到对岸,需要改变方向。

第三步:提出问题2——在什么情况下,幻想部分可变为现实?

回答:以下三种情况下幻想部分可变为现实,即运动员体型极小;运动员游速极慢;运动员游动时停留在同一位置,止步不前。

第四步:列出所有可利用资源。

超系统:包括天花板、墙壁、空气、游泳池的供水系统和排水系统。

系统:包括泳池的面积、泳池的体积、泳池的形状。

子系统:包括泳池底、泳池壁、水。

第五步:利用已有资源,基于之前的构想(第三步)考虑可能的方案,包括以下几方面:

(1)将运动员固定在游泳池的一侧或池底。

(2)水的摩擦阻力极大,如在游泳池内灌注黏性液体,从而降低游泳者游动速度,增加负荷使其不能向前游动。

(3) 游泳者逆流游动,如借助供水系统的水泵,在游泳池内形成反方向流动的水流。图 2-16 所示为"Endless Pools",一种永远游不到尽头的小型游泳池。

游泳池为闭路式(即环形泳道)……

更多的方案……

图 2-16 永远游不到尽头的小型游泳池——Endless Pools

案例 11 用"STC 算子法"设想采摘苹果的便捷方法

使用活动的梯子采摘苹果,劳动量大。如何使该过程变得方便、快捷和省力呢? 我们用 STC 算子法分析一下这个问题。

从尺寸、时间和成本三个角度来考虑问题。事实上,这三个角度为我们的思考提供了一种思维的坐标系,使问题变得容易解决。这一坐标系具有普遍意义,可以在其他很多问题的解决中灵活运用。

如图 2-17 所示,在这种思维的坐标轴系统中,我们可以沿着尺寸、时间、成本三个方向来做六个维度的发散思维尝试。

图 2-17 按"尺寸—时间—成本"坐标显示的苹果树

(1) 假设苹果树的尺寸趋于零高度。在这种情况下,不需要活梯。那么,第一种解决方案,就是种植低矮的苹果树。

(2) 假设苹果树的尺寸趋于无穷高。在折中情况下,我们可以建造通向苹果树顶部的道路和桥梁。将这种方法转移到常规尺寸的苹果树上,就可以得出一个解决方案:将苹果树的树冠变成可以用来摸到苹果的形状,比如带有梯子的形状。这样,梯子形的树冠就可以代替活梯,让人们方便地采摘苹果。

(3)假设收获的成本费用必须是不花钱,即花费的钱为零。那么,最廉价的收获方法就是摇晃苹果树。

(4)如果收获的成本费用可以允许为无穷大,而没有任何限制,就可以使用昂贵的设备来完成这个任务。这种情况下的解决方案,就是发明一台带有电子视觉系统和机械手控制器的智能型摘果机。

(5)如果要求收获的时间趋于零,即必须使所有的苹果在同一个时间落地。这是可以做到的,例如,我们可以借助于轻微爆破或者压缩空气喷射。

(6)假设收获时间是不受限制的。在这种情况下,不必去采摘苹果,而是任由其自由掉落而保持完好无损即可。为此,只需在果树下放置一层软膜,以防止苹果落下时摔伤就可以了。当然,也可以在果树下铺设草坪或松散土层。如果让果园的地面具有一定的倾斜角度,足以使苹果在落地时滚动,则苹果还会在斜坡的末端自动地集中起来。

思 考 题

1. 请简述 KJ 法的特点及其操作方法。冬天,高压电线上常被积雪及覆冰压断,试运用 KJ 法进行思考如何解决这一难题。

2. 请简述形态分析法的特点及操作方法。并请运用形态分析法对任一熟悉的产品进行创新性改良。

3. 请运用信息交合法尽可能多地列举出曲别针的各种用途。

4. 请简要阐述奥斯本检核表法的概念及特点。运用奥斯本检核表法对手电筒进行创新性设计。

5. 运用头脑风暴时应遵循哪些基本原则?

6. 最终理想解有何意义?如何定义一个发明问题的最终理想解?在应用最终理想解的过程中需要注意哪些问题?

7. 请简要阐述九屏幕法的概念及特点。请绘制一般情况下的"九屏幕"图解模型。请通过九屏幕法对"手机键盘"进行分析,并据此预测"手机键盘"未来发展模式。

8. 小人法的特点是什么?普通茶杯无法阻止茶叶进入口中,请尝试运用小人法解决这一问题,并对普通茶杯提出改良设计。

9. 请简述 TRIZ 的创新思维方法与传统创新思维方法的区别。

参考文献

[1] 何名申.创新思维技巧训练[M].北京:民主与建设出版社,2002.

[2] 赵锋.TRIZ 理论及应用教程[M].西安:西北工业大学出版社,2010.

[3] 唐海萍,陈海滨,李传哲,等.基于 KJ 法的艾比湖流域生态环境综合治理研究[J].干旱区地理,2007(5):337-342.

[4] 曹福全.创新思维与方法概论[M].哈尔滨:黑龙江高等教育出版社,2009.

第3章
发明问题的描述与分析

经典 TRIZ 理论是建立在世界范围内的专利分析基础上而产生的,是一种定性的理论,而非数学理论或定量理论,缺乏有效的对已有技术系统进行问题识别与分析的工具。以俄罗斯系统工程师索伯列夫(Sobolev)为代表的 TRIZ 理论研究者基于价值工程的功能分析方法,提出了基于组件的功能分析方法,实现了对已有技术系统的功能建模。通过对已有技术系统进行分解,得到"正常功能""不足功能""过剩功能"和"有害功能",以帮助工程师更详细地理解技术系统中部件之间的相互作用。其目的是优化技术系统功能,简化技术系统结构,对系统进行较少的改变就能解决技术系统的问题,并最终实现技术系统理想度的提升。基于组件的功能分析作为 TRIZ 识别问题与分析问题的工具引入,极大地丰富了 TRIZ 的知识体系。

从某种程度上来讲,分析问题比直接解决问题更加重要。系统功能分析与因果链分析、裁剪、功能导向搜索等,不仅是 TRIZ 理论中非常重要的发明问题描述和分析工具,也是在世界许多著名企业中应用最为广泛、最为有效的发明问题解决工具之一。即使在利用经典的 TRIZ 工具解决问题的时候,如果能用功能的语言来对发明问题进行描述和分析,也会使解决问题的过程有效简化。

3.1 技术系统

3.1.1 技术系统的定义

在绝大多数发明创造活动中,首要的任务就是解决技术系统中存在的各种难题。技术系统是 TRIZ 理论和方法中一个重要的基础概念。TRIZ 里面所有的原理、法则、模型、矛盾、进化、理想度等内容都是围绕技术系统展开的。

不同的系统实现不同的功能,作为一类特殊的系统,与自然系统(如生态系统、天体系统等)相比,技术系统是一种"人造"系统,而且能为人类提供某种技术属性的功能。

技术系统是由具有相互联系的组件与组件之间的相互作用(运作)所组成的,以实现某种功能或职能的事物的集合。技术系统存在的目的是实现某种(些)特定的功能,而这种(些)功能的实现是通过一系列组件的集合实现的。

组件是指组成工程技术系统或者超系统的一个部分,是由"物质"或者"场"组成的一个物体,如汽车发动机属于汽车系统的组件。在基于组件的 TRIZ 功能分析中,物质是指拥有净质量的物体,而场是没有净质量的物体,但是场可以传递物质之间的相互作用。关于物质和场的详细解释将在第 6 章进一步介绍。

我们通常可以把一辆汽车、一本书、一个公司等看作是一个技术系统。需要指出的是,技术系统中各组件有各自的特征,而它们的组合具有与系统组件不同的特征。例如,手机由键盘、机身、电池、芯片、显示屏等组成,具有无线通话的功能,而这些零部件中的任何一个都不具有这个特征。

TRIZ 基本理论体系中提到的解决矛盾、求解"物质-场"的标准解、分析资源、实现理想化、预测进化结果等,都是以技术系统为基础来实现的。因为解决矛盾,就是解决技术系统中的矛盾;求解物质-场的标准解,就是求解最小且可控的技术系统;分析资源,就是分析技术系统内部和外部的资源;实现理想化,就是实现技术系统的理想化;预测进化结果,就是预测技术系统的进化结果。可以说,TRIZ 的一切功能与作用,都是围绕技术系统展开的。以下如果不特别说明,所说的系统都是指技术系统。

3.1.2 子系统和超系统

一个技术系统可以具有多个组成部分(如手机的键盘、机身、电池、芯片、显示屏等)以实现多种不同的细分功能。我们把这些更细化的、可以实现各种更加基本的功能的组成部分,称为技术系统的子系统(Subsystem)。子系统是技术系统的组成部分。任何技术系统均包括一个或多个子系统,每个子系统执行自身的功能,它也可分为更小的系统。子系统可以再进一步细分,直到质子、分子、电子与原子的微观层次。所有的子系统均在更高系统中相互连接,任何子系统的改变都将会影响到更高系统,当解决技术问题时,常常要考虑其与子系统和更高系统之间的相互作用。

超系统(Super System)是指技术系统之外的系统,是不属于系统本身但是与技术系统及其组件有一定相关性的系统。超系统往往表述的是技术系统所隶属的外部环境。例如,汽车在行驶过程中需要驾驶员的操作,需要道路的支撑,同时也会受到空气阻力的影响,驾驶员、道路、空气等则是汽车系统的超系统。我们也把技术系统之外的系统或者系统的组成部分定义为技术系统的超系统。有时站在超系统的角度看待问题,会让问题变得更容易理解和更容易被解决。

一般来说,典型的超系统组件有以下几个方面:
(1)生产阶段——设备、原料、生产场地等。
(2)使用阶段——功能对象(产品)、消费者、能量源、与对象相互作用的其他系统。
(3)储存和运输阶段——交通手段、包装、仓库、储存手段等。
(4)与技术系统作用的外界——空气、水、灰尘、热场、重力场等。

由于超系统不属于已有的技术系统本身,因此无法对超系统进行改变,这是由超系统本身的特性所决定的。
(1)超系统不能裁剪或改变。
(2)超系统可能对技术系统产生影响。
(3)超系统可以作为技术系统的资源来利用,即可以作为解决问题的工具。

(4) 一般只考虑对技术系统产生影响的超系统。

技术系统、子系统及超系统之间的关系如图 3-1 所示。

图 3-1　技术系统、子系统及超系统之间的关系

需要特别指出的是,技术系统的级别是相对的。例如,当研究对象是一辆车时,其功能是"移动人或物",车就是一个技术系统。如果研究对象是一个车轮,其功能是"支撑以及移动车架",此时则将车轮看作一个技术系统。因此,工程系统的级别和范围(边界)是根据研究的目的确定的。

3.2　功能分析

3.2.1　功能分析及其目的

19 世纪 40 年代,美国通用电气公司的工程师 Miles 在寻求石棉板替代材料的研究过程中,通过对石棉板的功能进行分析,发现其用途仅仅是避免涂料沾污地板引起火灾。Miles 认为,只要能够找到某种价格更便宜同时具有良好防火性能的材料,就可以用其取代石棉板。后来,Miles 在市场上找到一种防火纸,这种防火纸同样可以起到防火作用,成本很低且货源稳定。1947 年,Miles 提出了功能分析、功能定义、功能评价以及如何区分"必要"和"不必要"功能并消除不必要功能的方法,最后形成了以最小成本提供必要功能,获得较大价值的科学方法——价值工程(Valve Engineering,VE)。

Miles 首先明确地把"功能"作为价值工程研究的核心问题。他认为"顾客购买的不是产品本身,而是产品所具有的功能"。因此,功能思想的提出极大地促进了产品创新过程。

在价值工程中,Miles 将"功能"定义为"起作用的特性"。他认为,一个技术系统可通过以最小成本提供必要功能来实现技术系统价值的最大化,即价值(V)=功能(F)/成本(C)。凡是满足使用者需求的任何一种属性都属于功能的范畴。满足使用者现实需求的属性就是功能,而满足使用者潜在需求的属性也是功能。另外,也有学者认为"功能是对象满足某种需求的一种属性""功能是向顾客表明产品在使用过程中的物质运动形态""功能是事物或方法所发挥的有利作用"等。由此可见,功能是一个抽象概念,功能在物理上并不存在,也没有物理

属性。

系统功能分析简称功能分析,是从技术系统抽象的"功能"角度来分析系统,分析系统执行或完成其功能的状况,是一个对系统功能建模的过程,分析的结果是建立功能模型。功能分析是 TRIZ 理论解决发明问题的基础。功能分析的目的主要有6个方面:

(1)明确研究对象的功能。功能分析的最主要目的就是要搞清发明事物所应具有的全部功能,进而确定必要功能,发现不必要功能和过剩功能,弥补不足功能,去掉不合理功能。

(2)为创造方案提供依据。有了明确的各级功能目标,可以为方案的创造或发明设想指明具体方向。发明者必须具有"顾客购买的不是产品本身,而是产品所具有的功能"的清醒认识。

(3)充分掌握各项功能之间的相互关系。功能分析的另一个重要作用就是要充分明确和掌握发明对象中内含的各项功能之间的逻辑关系,功能之间的相互影响。

(4)扩大方案创造的设计思路。不以结构要素为思考点,而是从事物所应具有的功能为思考点。以功能分析为核心进行方案的设计,能有效地拓宽思路,构思出价值更高、效果更好的方案来。

(5)寻找更多的解决问题的资源,充分利用系统中现有的资源。

(6)以最少的成本,获得最大的价值。

3.2.2 功能的直觉表达和本质表达

在惯性思维的引导下,人们对功能的表达往往存在两种常见的错误。一种错误是,只表面化地对系统的作用进行陈述性表达。例如,将牙刷的功能定义为"刷牙",将洗衣机的功能定义为"洗衣服"等。另一种错误是将功能的结果作为功能定义。例如,将电风扇的功能定义为"凉爽身体",将放大镜的功能定义为"放大目标物",将电吹风机的功能定义为"吹干头发",等等。

以上两种错误的功能表达方式,其共同点是对系统功能的一种表面的、直觉化的定义,而非对功能本质的定义,往往会带来错误的导向,不利于后续的功能分析。

在 TRIZ 理论中,功能的表达采用本质表达和二元(或多元)表达。在直觉表达中,我们认为电吹风机是功能载体,湿头发是功能对象,自然就认为电吹风机的功能是"吹干头发";而从二元(或多元)表达方式看,电吹风机的功能是"加热空气并使空气流动","(热风)加热(头发上的)水"使水挥发。因此,本质表达方式应该是"(热风)蒸发水"。放大镜、眼镜等光学产品的本质功能是"折射光线",而不是直觉结果的"放大物体"或"看清物体"。表 3-1 举例说明了这两种表达的区别。

表 3-1 功能的直觉表达和本质表达(成思源,2014)

技术系统	直觉表达	本质表达
电吹风机	(热风)吹干头发	(热风)加热(头发上的)水
风扇	凉爽身体	移动空气
放大镜	放大物体	折射光线
白炽灯	照亮房间	发光
汽车挡风玻璃	保护司机	阻止(车外)物体(的撞击)
二极管	整流电流	阻断某极性电流

3.2.3 功能定义

1. 基于组件的功能定义

为了实现功能定义的规范化,避免工程技术人员在功能定义过程中受到惯性思维的影响,TRIZ 理论中提出了基于组件的功能的形式化定义,即某组件(或子系统,功能载体)"改变"或者"保持"另外一个组件(或子系统,功能对象)的某个"参数"的行为,即为该组件的功能。如图 3-2 所示。

图 3-2 基于组件的功能定义(VOP 功能模型)

TRIZ 理论基于组件的功能定义描述了系统或组件是用来做什么的,可采用"X 改变(或保持)Y 的参数 P"的通用表达方式,这里 X 是指提供功能的组件,即功能载体(Function Carrier),它必须是物质、场或"物质-场"的组合,可以是技术系统的组件,也可以是技术系统的子系统或超系统。Y 是指功能对象,P 是指功能对象的某个参数,功能载体对功能对象的作用结果就是参数 P 发生了改变(或保持不变)。参数 P 发生改变是功能载体 X 对功能对象 Y 的作用结果。

例如牙刷的刷毛 X 对牙齿上黏附的牙垢 Y 实施机械力的作用,使得牙垢从牙齿表面剥离,则牙垢的位置参数 P 发生了改变;参数 P 保持不变则指的是功能对象 Y 的某个参数 P 在功能载体 X 的作用下保持不变,例如机床夹具 X 对被加工工件 Y 实行定位与夹紧,使得加工过程中由于夹具提供的夹紧力作用保持工件位置 P 不会发生改变。

因此,基于组件的功能定义中,一个功能如果存在,必须具备三个条件且缺一不可。我们称这三个条件为功能定义三要素:

(1)功能载体 X 和功能对象 Y 都是组件(物质、场或物质-场组合)。

(2)功能载体 X 与功能对象 Y 之间必须发生相互作用。

(3)相互作用产生的结果是功能对象 Y 的参数 P 发生改变或者保持不变。

另外,在一个技术系统中,某一组件可能既是功能载体,又是功能对象,即该组件作为功能载体对其他组件产生某种功能,作为功能对象则接受其他组件的作用,如图 3-3 所示。

图 3-3 功能载体与功能对象间的关系

一方面，基于组件的功能定义的三要素可以作为我们判断功能定义是否准确的标准。例如，我们直觉认为船舶螺旋桨的功能是"驱动船舶（前进）"，事实上这种定义方式违反了功能定义三要素原则，在螺旋桨和船舶之间并没有直接的相互作用，那么"驱动"这个动词显然不合适用于表达螺旋桨的功能（可以用来表达螺旋桨马达的功能，如"马达驱动螺旋桨"）。那么什么动词可以比较准确地表达功能载体对功能对象的作用呢？按照功能定义三要素中"功能载体 X 与功能对象 Z 之间必须发生相互作用"的约束，显然与螺旋桨直接接触的组件是超系统组件——水。螺旋桨接受船舶动力源提供的动力而旋转，从而实现"移动水"的功能。因此，按照"功能定义的三要素"进行判定的话，螺旋桨的功能应该是"移动水"。

另一方面，基于组件的功能定义的三要素也可以帮助我们确定功能的主体和客体，即正确寻找功能载体 X 和功能对象 Y。例如，当我们用温度计测量体温时，谁是功能载体（主体）X 和功能对象（客体）Y 呢？显然不能说：温度计测量体温。因为温度计没有对温度施加作用，或者说温度计并不能"改变"体温。在测量体温的过程中，变化的参数是"温度"，而温度之所以发生"改变"，是由于人的身体"加热"了温度计产生的。因此，在温度计测量体温这一系统中，功能载体（主体）X 和功能对象（客体）Y 分别为"身体"和"温度计"，其组件功能模型（VOP 模型）为：身体加热温度计。

2. 功能的分类

(1) 有用功能和有害功能。

根据 TRIZ 理论中基于组件的功能定义，功能的结果就是参数改变是沿着期望的方向变化或者背离了期望的方向。因此，TRIZ 理论中，将功能分为有用功能和有害功能。

有用功能是指功能载体对功能对象的作用沿着期望的方向改变功能对象的参数，这种期望是"改善"，是设计者和用户希望的功能。

有害功能是功能载体提供的功能不是按照期望的方向对功能对象的参数进行"改善"，而是"恶化"了该参数。

例如，我们使用牙刷的目的是希望通过刷毛、牙膏和牙齿的摩擦作用，去除黏附在牙齿表面的牙垢，"去除牙垢"是牙刷（刷毛）的有用功能。但同时，在刷牙的过程中，刷毛可能也会和牙龈发生摩擦，导致牙龈出血或损伤牙龈的现象发生，这是我们不希望见到的，违背了设计使用牙刷的初衷，因此"损伤牙龈"是牙刷（刷毛）的有害功能。

需要注意的是，组件在系统中的功能的"有用"或"有害"是主观的。如果该功能的结果是我们期望的，就是有用功能，反之就是有害功能。例如，头盔的功能，如果从头盔使用者的角度来看，头盔"阻止子弹"的功能是一个有用功能。但是如果从射击者的角度来看，头盔"阻止子弹"的功能就是一个有害功能。因此，有用功能和有害功能的判断需要根据项目的目标具体判断，不能一概而论。

有用功能按照它的性能水平来分，又可以分为"正常的功能""不足的功能"以及"过度的功能"三类。如果一个有用功能的结果与我们的期望值相符，则称这个有用功能是正常的功能；如果一个功能所达到的结果低于我们的期望值，则称这个有用功能是不足的功能；而如果一个功能所达到的结果高于我们的期望值，甚至带来了负面影响，则称这个有用功能是过度的功能。

例如,"榔头钉钉子"这样一个简单的技术系统中,对于同样大小的一根钉子,如果我们用一把大小合适的榔头,那么这把榔头提供的功能就是正常的功能。如果我们找来一把比钉子还小的小榔头,那么这把榔头提供的功能就是不足的功能,因为很难把钉子钉进去。如果我们找来一把特别大的榔头(例如八磅锤),那么这把榔头提供的功能就有可能是过度的功能。在以上三种情况中,尽管榔头提供的都是有用功能,但结果却不尽相同。再如,根据眼镜的度数,其所提供的功能可分为充分的功能(度数合适)、不足的功能(度数太小)和过度的功能(度数过大)。

有害功能是导致技术系统出现问题的主要原因。通过功能分析与因果分析,找出产生有害作用的根本原因,进而可以通过"裁剪"等工具实现对系统进行较小的改变就能解决技术系统的问题,并最终实现技术系统理想度的提升。这也是发明问题解决过程中对系统进行功能分析的主要目的。但需要指出的是,技术系统产生的问题不一定都是有害功能引起的,在很多情况下,系统的问题往往是由于有用功能的不足或过度产生的。

也就是说,在一个技术系统中,除了正常功能之外的其他类型的功能,包括有害功能、不足的功能、过度的功能都属于在功能分析中所得到的功能缺点,对其进行进一步的分析有可能成为解决发明问题的关键。

TRIZ 理论提出的基于组件的功能分类方法可以帮助工程技术人员确定已有技术系统所提供的主功能、研究系统组件对系统功能的贡献以及分析技术系统中的有用功能及有害功能的关系,为下一步进行功能分析和改善技术系统奠定基础。

(2)基本功能、辅助功能和附加功能。

如果工程系统中的某个组件的某个功能是有用的,根据功能的作用对象的不同,还可以将其做如下分类,即基本功能、辅助功能和附加功能。

如果功能的对象也是整个系统的作用对象(目标),则这个功能是基本功能。如果功能的对象是超系统的组件,但不是系统目标,则称这个功能是附加功能。如果功能的对象是系统中的某一组件,则称这个功能是辅助功能。图 3-4 所示为技术系统中基本功能、辅助功能、附加功能之间的关系。

图 3-4 基本功能、辅助功能、附加功能之间的关系

例如,电饭煲的主要功能是加热米饭,因此米饭就是电饭煲这个系统的目标。对米饭的"加热"功能就是基本功能。因此,内胆加热米饭是基本功能,内胆盛装米饭也是基本功能。蒸米饭的过程中会产生蒸汽,而蒸汽并不是系统组件,而是超系统组件,所以对蒸汽的相关功能

就是附加功能,比如锅盖挡住蒸汽(阻止空气流动)是附加功能。内胆是系统组件,对内胆的功能就是辅助功能,比如,电热盘加热内胆就是辅助功能。

基本功能是与技术系统的主要目的直接有关的功能,是技术系统存在的主要理由,它回答"该系统能做什么"的问题,一个系统可能有多个基本功能。辅助功能是为了更好地执行一个基本功能所提供的功能,是支撑基本功能的功能。辅助功能占据了大部分成本,对于基本功能来说很可能是不必要的。附加功能回答"该系统还有什么其他作用"的问题。

例如,洗衣机的基本功能是"分离污垢",目标是污垢。在洗衣机系统中,几个超系统组件分别是水、洗衣液等,洗衣机渡轮的作用对象是水,它的功能是"搅动水",这是一个附加功能。如果洗衣机用于洗衣物外的其他物品,不能认为系统目标发生改变了,而说洗衣机的附加功能还可以是"洗玩具""洗桌布"等,原因就在于不管放进洗衣机的具体物品是什么,目标是一致的,就是"分离(放进洗衣机内的物品中所含有的)污垢",而不是放进洗衣机内的物品本身。就像牙刷的目标是黏附在牙齿表面的牙垢、食物残渣等,而不是牙齿本身。

3. 功能定义的 VOP 表达方法

(1)功能定义的 VOP 模型。

功能定义的表达,其目的就是对"功能载体"对"功能对象"的"作用"进行准确的、一般性的定义和描述,尤其是选取合适的动词描述功能载体对功能对象的作用。

阿奇舒勒在其早期著作《创造是精确的科学》一书中,以 VO(动词+名词)的方法表达了对功能的最基本的阐述,即用"动作(V,动词)+ 对象(O,名词)"的格式来描述功能。例如,眼镜的功能是"折射(V)光线(O)";电线的功能是"传输电流";活塞的功能是"挤压空气";牙刷的功能是"去除牙垢";机床夹具的功能是"定位和夹紧工件";洗衣机的功能是"分离污垢";等等。

随着 TRIZ 理论的进一步发展,现代 TRIZ 对功能做出了新的描述,这一描述中增加了作用对象(功能受体)O 的参数 P,并以参数 P 是否产生了变化来衡量功能作用的结果。作为功能的受体(作用对象),至少要有一个参数受到影响并发生改变。例如电线在执行"传输电流"这一功能的过程中,其作用对象——电流的位置(参数)发生了改变;活塞在执行"挤压空气"的功能中,作用对象——空气的体积发生了改变。我们把这种对功能的描述方式称为 VOP 功能模型(见图 3-2)。表 3-2 列举了几种技术系统的功能的 VOP 表达。

表 3-2 技术系统 VOP 模型举例

技术系统	V	O	P
热水器	加热	水	温度
眼镜(镜片)	折射	光线	方向
车	移动	人(或物)	位置
防弹头盔	改变	子弹	速度(或方向)
牙刷	去除	牙屑(细菌)	数量

(2) 功能动词(V)的规范化。

作为功能定义本质表达的动词,不宜采用过于专业的词汇,亦不宜采用口语化的词汇。TRIZ 理论专家赵敏在其著作《TRIZ 进阶及实践》中提出了用 35 个规范化的"功能动词"和 5 种基本形态的物质分类:固体、粉末、液体、气体以及场,对系统功能的描述进行规范化(赵敏,2016)。孙永伟提出约 16 个常用的功能动词(孙永伟,2015),成思源也提出约 38 个常用的功能动词(成思源,2014)。本书将以上专家的研究成果加以综合,提出如表 3-3 所示的常用功能动词。

表 3-3 可用于描述技术系统功能的常用功能动词

常用词	次常用词
吸收,挡住,加热,控制,分解,冷却,移动,去除,支撑,蒸发,折射,保持,生成,切割,吸附,粉碎	破坏,混合,聚集,检测,装配,干燥,定向,弯曲,嵌插,擦亮,拆解,慢蚀,相变,析取,加工,清洁,煮沸,凝结,冷却,转动,腐蚀,告知,分离,稳定,沉淀,定位,振动,积累,稀释,压缩,汽化

通过这种规范化处理,不仅可以使功能表达具有一般化意义,便于不同领域的技术专家的理解和沟通,而且会比较方便地使用规范化的功能语义检索,更快地找到解决方案和效应知识。

表 3-3 中仅仅是常用的规范化动词。在实际的功能分析中,对动词 V 的初始定义往往可能在这些动词范围之外。在实际应用过程中,首先应以清晰地定义所需功能为首要步骤,具体使用哪个动词都可以,然后再对动词做一般化处理,尽量向该表中的动词靠拢。这样会比较方便地使用规范化的功能语义检索,找到适用的解决方案和效应知识,关于效应的概念及相关知识将在本书第 8 章介绍。

(3) 在用 VOP 模型进行功能定义时应注意的几个原则。

在用 VOP 模型对系统功能进行描述时,应该注意以下原则:

首先,在功能动词的使用中,有些动词虽然在日常用语中很常用,但用于功能的描述却是不正确的,例如扫、允许、保护、提供等(孙永伟,2015)。

其次,否定词不能用于功能定义中。例如,士兵所戴的钢盔,如果将其功能定义为"不让子弹通过"就是错误的,因为其中包含否定词。正确的定义应该是"改变子弹运行轨迹"或"挡住子弹"。陶瓷的功能应描述为"阻碍电流",而不应该描述为"不能传导电流"。

第三,功能的受体(作用对象)必须是组件,不能是组件参数。例如,空调的功能定义应为"改变(V)+空气(O)+温度(P)",而不是"改变温度"。热水器的功能是"提高(V)+水(O)+温度(P)",而不是"提高温度"。

第四,可以将组件与其功能分离,分别进行考虑。例如组件 X 对组件 Y 具有某一种功能,我们可以将组件 X 所提供的功能与组件 A 本身分开来考虑,即"我们需要的是组件 X 提供的功能,而不是组件 X 本身"。这种思考方式有利于扩展思路,找到可以实现同样功能的其他方法。

3.2.4 功能模型

功能分析能为处在某个状态的系统绘制出一幅功能模型图。它可以帮助我们了解系统,认识系统存在的问题,确认问题的类型,获得解决有关问题的灵感和启示,进而以精确的方式为每一类问题找到相应的解决方案。

通过功能分析,首先可以发现系统中存在的多余的、不必要的功能,进而采用 TRIZ 提供的方法和工具(如矛盾分析、物-场分析、裁剪等),完善、替代或裁剪掉系统中的不足或过度的功能,消除有害功能,最终改进系统的功能结构,提高系统功能效率,降低系统成本。

一个技术系统的功能模型可以是一个"功能模型列表"的形式,也可以是一个"功能模型图"的形式。由于功能模型图更加直观,分析结果显而易见,因此本书主要以功能模型图的形式介绍系统功能分析的方法和步骤。功能模型图中的各元素及其图形符号见表 3-4。

表 3-4 系统功能模型中各元素的符号化表达

功能模型中的元素		表达符号
系统组件		矩形
超系统组件		六边形
系统目标		圆角矩形
有用功能	正常的功能	实线+箭头
	不足的功能	减号+箭头
	过度的功能	加号+箭头
有害功能		波浪线+箭头

基于组件的功能分析方法和步骤如下:

(1)进行组件分析并建立组件层次模型。识别技术系统的组件及超系统组件,建立组件列表,分析组件的层级关系。

(2)分析系统组件之间的关系(相互作用),建立系统组件关系模型。识别组件之间的相互作用,进行组件相互作用分析,建立组件相互作用矩阵。

(3)建立功能模型。依据功能定义三要素原则,在相互作用矩阵的基础上对组件功能进行定义,并识别和评估组件的等级和性能水平,将组件之间的"关系"转化成"功能"并建立功能模型。

1. 组件分析与组件层次模型的建立

组件分析是指识别技术系统的组件及其超系统组件,得到系统和超系统组件列表,即技术系统是由哪些组件构成的,这是识别问题的第一步。组件列表中明确技术系统的名称、技术系统的主要(基本)功能以及系统组件和超系统组件。

进行组件分析时,一般应遵循两个原则,即"最小"原则和"最大"原则。最小原则是指应找到与问题相关的最少组件;最大原则是在确定了系统边界后,应描述出问题所在系统的所有相关组件。

对技术系统进行组件分析后,需建立组件分析图。组件模型表示了技术系统的组件和组件的等级和层次关系。组件模型一般采用列表的方式来表达。如果一个技术系统组件不是很多的话,也可以将组件模型以图的形式给出。

建立组件模型主要有5个步骤:① 确定"出现问题"的技术系统;② 罗列出此技术系统的所有组件;③ 罗列出此技术系统的超系统的组件;④ 罗列出此技术系统的子系统组件;⑤ 将所有组件填入组件模型的列表(模板)中。

【案例3-1】

以"眼镜"作为技术系统,进行组件分析并建立组件模型。

为了让初学者更容易掌握和理解,本书在分析眼镜系统时做了简化处理,例如,不考虑玻璃镜片上是否有镀膜,以及简化了在镜腿与镜框之间起连接作用的螺丝等组件。

图3-5 眼镜组件模型图

对于近视眼镜这个技术系统而言,其组件包括了镜片、镜框及镜架,而手、眼睛及外部环境(光线等)则为超系统组件。图3-5所示为眼镜系统组件分析图,见表3-5为眼镜技术系统组件分析表。

表3-5 眼镜技术系统组件模型

技术系统	系统级别的组件	子系统级别的组件	超系统组件
近视眼镜	镜片		耳朵
	镜架	镜框	眼睛
		镜腿	鼻子
			光线

为了清晰地分析技术系统,建立组件模型有以下几条原则:① 在特定的条件下分析具体的技术系统;② 根据技术系统组件的层次建立组件模型;③ 根据层次等级建立初始的组件模型,然后根据进一步的分析完善组件模型;④ 组件模型中包含了超系统的某些组件,该组件与系统组件有相互作用;⑤ 在技术系统生命周期的不同阶段,系统的超系统是不一样的,所以在技术系统的各个生命周期都要建立组件模型。

2. 系统组件关系模型的建立

组件关系模型,又称结构模型,是技术系统组件之间相互作用的描述,目的是在组件分析的基础上分析技术系统组件相互之间的联系与作用。

组件之间的联系分为"物质联系"与"场联系",其中物质联系是接触式的联系,而场联系是非接触式联系,如机械场、温度场、电磁场等(关于场的概念,请参阅第6章6.1.2节相关内容)。组件之间的作用或联系可能是有用的,有害的,还可能是有用和有害作用同时存在的,或者是中性的(既未起到有用作用,也未起到有害作用)。在进行组件关系分析时需要注意以下几点。

(1)指出某时间某空间内组件间的相互作用。
(2)组件间相互作用时产生哪些有用作用?
(3)组件间相互作用时产生哪些有害作用?

组件关系模型是反映系统各组件间相互作用的模型,一般用"组件关系矩阵表"(见表3-6)或"组件关系矩阵图"(见图3-6)表示。建立结构模型的步骤如下:

(1)按照组件模型模板,将各组件罗列在结构矩阵第1列,或是在结构表的第1行与第1列。
(2)依次查找两组件之间是否存在关系,但不要考虑组件之间存在着什么关系。
(3)在结构表或矩阵中填写相应标记,如符号"×",表示该组件之间存在的相互关系。

【案例3-2】

建立"眼镜"系统组件关系模型。

表3-6为眼镜技术系统的组件关系矩阵表。在该表中,凡是互相存在"作用"的两个组件,其在矩阵表中的相应位置被标记"×"。

表3-6 "眼镜"技术系统的组件关系矩阵表

组件	玻璃镜片	镜框	镜腿	鼻子	眼睛	光线	耳朵
玻璃镜片		×				×	
镜框	×		×	×			
镜腿		×					×
鼻子		×					
眼睛						×	
光线	×				×		
耳朵			×				

图3-6所示为"眼镜"系统组件关系矩阵图,将组件关系模型用矩阵图的形式进行规范表示。在该图中,凡是互相有"作用"的两个组件,其在矩阵图中的对应位置被标记"○"。组件关系矩阵图能更直观地表达组件之间的作用关系。

图 3-6 "眼镜系统"组件关系矩阵图

从"眼镜"系统组件关系矩阵图可以看出,"眼睛"作为超系统,只与另一个超系统——光线之间有作用关系,而与眼镜系统中的其他任何一个组件都没有直接关系,因此可以将"眼睛"这个超系统组件从"眼镜"系统中去除掉。当然,对于不同视力的用户来讲,每个人的眼睛都是衡量镜片功能(即"折射光线")是属于正常的功能、不足的功能还是过度的功能的依据。

建立组件关系模型需要遵循一定的原则,具体包括以下几方面:

(1)在技术系统生命周期的各个阶段都可以建立组件模型、组建关系模型,依此找出生命周期中所有可能的相互关系。技术系统发展的整个生命周期中,通过分析系统组件之间、组件与超系统组件间的相互作用,能提示出技术系统的新功能。

(2)将分析出的关系分为物质联系(接触)和场联系(非接触联系)。场联系与物理场和技术场相对应,联系通常指组件间的双向联系。例如,眼镜与鼻子和耳朵间的关系属于物质关系,是双向的;而眼睛与光线间的关系是场关系,是单向的。

(3)分析组件间相互作用时,可对其进行初步评价:有用作用(包括正常作用、不足作用和过度作用)、有害作用、有用和有害同时存在的作用以及中性作用。

(4)模型中两个组件间的作用可以同时有好几个。

(5)如果初始的组件关系模型中存在这样的组件,它与系统中其他的任何一个组件都没有关系,那么可将该组件删除。

3. 功能分析与建立功能模型

任何系统内的组件必有其存在的目的,即提供功能。运用功能分析,可以重新发现系统组件的目的和其结果,进而发现问题的症结,并运用其他方法进一步加以改进。功能分析为创新提供了可能性,为后续技术系统裁剪,实现突破性创新提供可能,功能分析的结果是建立技术系统的功能模型。

功能分析一般是以组件关系矩阵为基础的,按照矩阵中组件出现的先后顺序,将其作为功能载体并分析该功能载体可以提供的功能。为了更清楚地表达系统中各组件的功能及相互关系,还可以首先采用表格形式进行系统组件功能陈述,如表 3-7 所示为"眼镜系统"的功能陈述。

表 3-7 "眼镜"系统的功能陈述

组件 X（功能载体）	功能 V	组件 Y（功能对象 O）	参数 P	功能属性（性能水平）	功能等级
镜片	折射	光线	方向	正常	基本功能
镜框	支撑	镜片	位置	正常	辅助功能
镜腿	支撑	镜框	位置	正常	辅助功能
鼻子	支撑	镜框	位置	正常	附加功能
镜框	挤压	鼻子	压力	有害	附加功能
耳朵	支撑	镜腿	位置	正常	附加功能
镜腿	挤压	耳朵	压力	有害	附加功能

在功能陈述中，主要遵循以下几个步骤进行：
(1) 给出自己认为正确的初始功能描述。
(2) 系统中是否有组件有完成此功能的能力？（系统中至少有一个组件参与此项功能的完成）
(3) 用下列问题确认功能陈述：① 如果找到了参与完成此功能的组件，请问为何要完成此功能？② 如果没有找到组件，此功能是怎样完成的？
(4) 不断重复功能陈述的前 3 步，直到找到哪怕是一个组件参与了此功能的完成，最终的功能陈述就是系统的主要功能陈述。

在完成功能陈述后，可进一步建立功能模型。功能模型是反映技术系统及其组件功能的模型，可采用图 3-7 所示的方式表示。

【案例 3-3】

在案例 3-1 和案例 3-2 的基础上，进一步建立"眼镜"系统的功能模型。

如图 3-7 所示为"眼镜系统"功能模型。

图 3-7 "眼镜系统"功能模型图

建立功能模型时应注意以下几点：
(1) 针对特定条件下的具体技术系统进行功能定义。
(2) 组件之间只有相互作用才能体现出功能，所以在功能定义中必须有动词来表达该功能且采用本质表达方式，不建议使用否定动词。
(3) 严格遵循功能定义三要素原则，缺一不可。

(4)功能对象是物质(组件),不能将物质(组件)的参数作为功能对象,例如常见的错误是将"温度"作为功能对象。

(5)如果不能确定使用何种动词来进行功能定义,可以采用通用定义方式:"X 更改(或保持)Z 的参数 Y"。

3.3 因果分析

在实际解决各种技术系统问题的过程中,没有 TRIZ 理论背景或者经验较少的工程师往往会受到问题表象的影响,将很大的精力放在解决初始问题上,在付出很多努力后也没有取得满意的结果。在系统学习 TRIZ 理论后,我们应该养成这样的习惯:不要急于解决系统的初始问题,而应该通过因果分析找到系统深层次的根本原因后再加以解决。

常见的因果分析方法包括 5W 分析法、故障树、鱼骨图分析、因果轴分析以及失效模式与后果分析等。本书主要介绍 5W 分析法和因果轴分析法。

3.3.1 5W 分析法

5W 分析法又称"5 个为什么"分析法,最初由日本丰田公司提出并在丰田公司广泛采用,因此也称为丰田五问法。5W 方法指出,要解决问题必须找出问题的根本原因,而不是问题本身。根本原因隐藏在问题的背后。举例来说,你可能会发现一个问题的源头是某个供应商或某个机械中心,即问题发生在哪里,但是造成问题的根本原因是什么呢?答案必须靠更深入的挖掘并询问问题何以发生才能得到。其基本方法是,先问第一个"为什么",获得答案后,再问为何会发生,依此类推,直至找到问题的根本原因。"5 个为什么"是一种重要的、简单实用的因果分析法。这个方法的使用前提要求是对问题的信息充分了解。

该方法尽管叫"5 个为什么",但实际上并没有限制问问题的次数为"5 次"。一个问题具体问多少次主要根据因果链的逻辑关系以及是否达到问题的根本原因。同时,用 5W 分析法寻找问题的根本原因时,所找的原因必须建立在事实基础上,而不是猜测、推测、假设的。阐明现象时为避免猜测,须到现场去查看现象。这里现象是指能观察到的事件或事实。

在寻找根本原因的过程中,提问的技巧是非常重要的,在运用 5W 分析法时应注意以下几个问题:

第一,提问时针对所提问题要使用简洁的、不会引起歧义的词汇来表达,并且采用过去时态来提问。例如,"曾经怎么样?"

第二,避免在一次提问中使用两个以上动词。例如,"电流过大,镀层变厚了?"这样提问不明确,是要分析电流过大,还是要分析镀层变厚?

第三,不要用抽象、含糊的词汇。例如,在××工序中,零部件的组装缺陷很多。未明确具体缺陷,不清楚到底要分析什么。再如,原材料不好。未说明材料哪方面有什么不好。

第四,不使用像"太忙了""太乐观了"等辩解和主观借口。

第五,当一个为什么的原因不止一个时,将其并列写在分析表上,并各自反复追问为什么。

第六,从"根本原因"向"初始缺点"追溯验证。倒过来重新读一遍,以验证逻辑上是否存在不自然的地方。如果有不自然的地方,说明分析不当,对此部分必须重新分析。

3.3.2 因果链分析法

1. 因果链分析的概念

因果链分析又称根本原因分析或因果轴分析,是 TRIZ 理论中除功能分析外的另一种重要的系统分析工具,也是重新陈述问题的一种方法。与功能分析不同的是,因果链分析可以挖掘隐藏于初始缺点(问题)背后的各种缺点及其原因,是全面识别技术系统缺陷的分析工具。

因果链分析可以帮助我们对技术系统进行更加深入的分析,找到潜伏在系统中深层的原因,建立起初始缺点(技术系统表象问题)与中间缺点,直至末端缺点之间的逻辑关系,从而找到更多的问题突破口。在发明问题的解决过程中,往往只要消除了技术系统中某一个或几个关键缺点(问题),就可以轻松消除初始缺点(问题),达到改进系统、解决系统问题的目的。

因果链分析包括原因轴分析和结果轴分析。原因轴分析的目的是了解系统问题的根本原因,寻找解决问题的关键点和突破口;结果轴分析的目的是了解问题可能造成的影响,并寻找可以控制结果发生和进一步恶化的手段。为了便于初学者较好地掌握因果分析的基本理论和方法,下面文主要讲解原因轴分析方法。

2. 原因轴分析过程

因果链分析(原因轴分析)的过程如图 3-8 所示。其中,初始缺点是从系统分析等其他分析工具所得出来的关于系统的已知或者直接表现出来的缺点。初始缺点非常类似于本章 3.2.2 节所提到的功能的直觉表达,往往只是问题的表象,而非问题产生的本质原因。初始缺点不仅不容易解决,而且通常不是造成问题的根本原因。对于每一个初始缺点,通过多次问"为什么这个缺点(问题)会存在?",就可以得到一系列的原因,将这些原因连接起来,就像一条(或多条)因果链条。这条因果链的起点是技术系统问题的表象,终点是问题的根本原因。

图 3-8 根本原因分析过程

因果轴分析步骤如下(孙永伟,2015):

(1)列出项目的反面或者根据项目的实际情况列出需要解决的初始缺点。

(2)寻找中间缺点,对每一个缺点逐级列出造成本层缺点所有的直接原因。

(3)将同一层级的缺点用"与"或"或"运算符连接起来。

(4)重复第(2)(3)步,依次继续查找造成本层缺点的下一层直接原因(中间缺点),直到末端缺点。

(5)检查前面所寻找出来的缺点是否全部包含在因果链中,如果有不在因果链中的,则有可能是被遗漏了,需要进一步判断是否需要添加,如果有必要,则添加,如果没必要添加,即与初始缺点不相关,则需有充分的理由。

(6)根据项目的实际情况寻找并确定关键缺点。

(7)将关键缺点转化为关键问题,然后寻找可能的解决方案。

在这条因果链中,会有很多的原因,这些原因都可能成为解决问题的突破口,解决的方案可以从因果链中的各层原因进行选择。很多情况下,根本原因也许是解决问题的有效方法,但有时候根本原因(末端缺点)不一定很容易解决,因此也可以从某些中间缺点入手解决问题。我们把那些经过精心选择需要进一步解决的缺点称之为关键缺点。很多情况下,一旦解决了底层的关键缺点,由它所引发的一系列问题也就都迎刃而解了。

结束原因轴分析的判定条件是:当不能继续找到上一层的原因时,或当达到自然现象时,或当达到制度/法规/权利/成本等极限时,则不再寻找原因。另外,对应一个问题,可能会有多个原因,因此原因轴可以有多条链。

3.4 系统裁剪

3.4.1 系统裁剪的概念

系统裁剪简称裁剪,是 TRIZ 中另一种分析问题的工具,一种能够以低成本实现系统功能的重要方法之一,其基本原理是通过裁剪系统的某个组件,把该组件提供的有用功能重新分配到其他剩余的组件及超系统组件上,从而达到提高系统理想度的目的。组件被裁剪之后,该组件所提供的功能可根据具体情况选择以下处理方式:

(1)由系统中其他组件或超系统组件实现。

(2)由受作用组件自己来实现。

(3)删除原来组件实现的功能。

(4)删除原来组件实现功能的作用物。

例如,图 3-9(a)所示是一把普通牙刷的功能模型。如果把牙刷柄裁剪后,得到如图 3-9(b)所示的一个新的功能模型。在这个新的功能模型中,原组件"牙刷柄"的功能由系统中的超系统——"手"来实现,从而简化了系统,降低了成本,并且实现了一把便携牙刷的创新设计。图 3-9(c)所示为一种可以套在手指头上的婴儿专用硅胶牙刷。

技术系统实施裁剪的关键在于"确保被裁剪的组件的有用功能能够被重新分配和执行",新功能载体如何执行"被裁剪的组件的有用功能"则是技术系统裁剪后产生的新问题,即裁剪问题。

裁剪是一种非常有效的发明问题解决方法。针对技术系统实施裁剪,可以简化系统结构,提高理想度。在企业实施专利战略的过程中,裁剪方法也是进行专利规避的重要手段。通过裁剪,第一,可以精减组件数量,降低系统的组件成本;第二,可以优化功能结构,合理布局系统架构;第三,可以体现功能价值,提高系统实现功能效率;第四,还可以消除过度、有害、重复功能,提高系统理想化程度。

图 3-9 牙刷系统的裁剪
(a)普通牙刷的功能模型; (b)裁剪后的牙刷功能模型; (c)新型套指牙刷

3.4.2 裁剪对象的选择

裁剪流程中的一个重要步骤,是决定工程系统的哪些组件可以被裁剪及如何裁剪。可以使用下面的几条建议来选择将要被裁剪的组件:

(1)可以选择有多个缺点的组件(成本也可以作为缺点之一)或者那些裁剪后对系统改善最大的组件,通过裁剪可以最大程度地改善工程系统,提高系统的理想度水平。

(2)为方便降低成本和改进剩余组件,裁剪掉价值较低的组件。一些不太重要的功能可以在剩余组件中很容易地重新分配,而无须对工程系统进行重大的变动。所谓组件的价值低是指在系统中,执行非主要功能(例如附加功能或辅助功能)的组件,并且"价值=功能÷成本"进行评估后价值较低的组件。

需要注意的是,裁剪的程度取决于项目的商业和技术的限制。这些限制决定了可以被裁剪的候选组件。对系统的裁剪有时是非常激进的,即裁剪掉多个组件或裁剪掉工程系统中的重要组件。这种激进式的裁剪对原有的工程系统变化比较大,大到可以从根本上改变原来的技术系统,从而也会带来一些激进式(或破坏性)的创新成果。相对于激进式的裁剪,渐进式(有对工程系统作较小改变)的裁剪则适用于渐进式创新过程。

对于有经验的工程师和 TRIZ 专家,如果项目允许,往往首先选择激进式裁剪,使系统变化较大,从而可能会对原工程系统产生重大的改进。如果不允许对系统有比较大的改变,则可以选择一个渐进式的裁剪方案。

3.4.3 裁剪的规则及实施步骤

裁剪规则是指对技术系统的组件进行裁剪时必须遵循的一些基本法则。世界各地的 TRIZ 研究者提出了许多裁剪规则,比较常用的有 C2C Solutions 公司的 David Verduyn 提出的技术系统裁剪六规则,国际 MATRIZ 协会主席 Sergei 先生所在的 GEN3 PARTNERS 公司提出的三个裁剪规则,本书重点介绍后者。GEN3 PARTNERS 公司提出的三个裁剪规则

如下:

(1)如果有用功能的对象被去掉了,那么功能的载体也是可以被裁剪掉的。

例如梳子的有用功能是整理头发,如果某人剃了光头,那么这把梳子也就失去了存在的价值。再例如,随着软硬件技术的发展,磁带式"随声听"的磁带不再需要了,那么"磁带传动"以及"磁带读写"的相关组件也就被裁减掉了,取而代之的是没有磁带以及相关机械机构(组件)的 MP3 播放器。需要说明的是,裁剪规则(1)不适用于对系统的基本功能实施的裁剪。

(2)如果有用功能的对象自己可以执行这个有用功能,那么功能的载体是可以被裁剪掉的。

例如电动车不再需要普通自行车的脚蹬子。再例如,笔记本电脑提供的 USB 插口有限,如果 USB 设备的插头在占用计算机的一个 USB 插口的同时又能自身提供出一个 USB 插口的话,传统的 USB-HUB 也就可以裁剪了。图 3-10 所示是一种可以串联的 USB 插头创新产品。

图 3-10 一种可串联的 USB 插头

(3)如果能从系统或者超系统中找到另外一个组件执行有用功能,那么该功能的原载体是可以被裁剪掉的。

例如,对于一个带"把手"的水杯,把手的主要功能是为了防止烫手,即"阻止热量传播",杯把是功能载体,功能的对象则是热量。如果我们加厚杯子的壁厚,或者改用热传导性能差的材料做杯子的话,杯子把手这个组件就可以被裁剪掉了,这样的话就会降低杯子制造过程中的工艺复杂度。

另外,如何将裁剪后的有用功能分配到系统组件或超系统组件上去,使之成为新的功能载体并提供已裁剪旧功能载体所保留的功能,这是新功能载体的选择问题。一个新的功能载体必须满足如下 4 个条件之一:

(1)组件已经对功能对象执行了相同的或类似的功能。

(2)组件已经对另一个对象执行了相同的或类似的功能。

(3)组件对功能对象执行任一功能,或至少简化与功能对象的交互作用。

(4)组件拥有必要的资源组合,以执行所需的功能。

系统裁剪的实施步骤如下:

(1)根据本章 3.2 节功能分析,画出系统功能模型。

(2)选择技术系统中需要裁剪的候选组件。

(3)选择将被裁剪组件的第一个有用功能。

(4)选择合适的裁剪规则。
(5)运用功能再分配的规则,选择一个新的功能载体。
(6)描述裁剪之后的问题。
(7)重复第(3)~(6)步,将组件所执行的有用功能全部分析一遍。
(8)重复第(2)~(7)步,将所有可能被裁剪的组件尝试一遍。

3.5 系统分析综合案例

案例1 丰田汽车生产线上机器停转的根本原因分析

丰田汽车公司前副社长大野耐一发现一条生产线上的机器总是停转,虽然修过多次但仍不见好转。于是,大野耐一与工人进行了以下的问答,对该生产线存在的问题进行根本原因分析:

(1)问:为什么机器停了? 答:因为超过负荷,保险丝就断了。
(2)问:为什么超负荷呢? 答:因为轴承的润滑不够。
(3)问:为什么润滑不够? 答:因为润滑泵吸不上油来。
(4)问:为什么吸不上油来? 答:因为油泵轴磨损、松动了。
(5)问:为什么磨损了呢? 答:因为没有安装过滤器,混进了铁屑等杂质。

经过连续多次不停地问"为什么",最终找到问题的根本原因和解决的方法,即在油泵轴上安装过滤器,而不是简单地更换一根保险丝草草了事。

案例2 美国林肯纪念堂外墙瓷砖脱落问题的根本原因分析

美国林肯纪念堂外墙面的瓷砖经常容易脱落,由此造成巨大的经济损失,如果再不能解决,则需要投入大笔资金进行改造,管理者请来专家帮助解决此问题,专家对此进行了如下的原因分析:

(1)问:大厦外墙面的瓷砖为什么会脱落呢? 答:因为大厦外墙面的瓷砖易腐蚀。
(2)问:为什么大厦外墙面的瓷砖会腐蚀呢? 答:因为经常用酸性溶液进行擦洗。
(3)问:为什么要用酸性溶液擦洗大厦外墙面的瓷砖呢? 答:因为大厦表面瓷砖非常容易脏。
(4)问:为什么大厦外墙面瓷砖非常容易脏? 答:因为有鸟粪。
(5)问:为什么有鸟粪? 答:因为大厦附近经常有大量的小鸟。
(6)问:为什么大厦附近有大量的小鸟? 答:因为大厦外墙面有很多蜘蛛,小鸟以蜘蛛为食。
(7)问:为什么大厦外墙面有很多蜘蛛? 答:因为大厦内有大量的小虫子为蜘蛛提供了充足的食物来源。
(8)问:为什么大厦内会有大量的小虫子? 答:因为大厦内阳光非常充足,温度也相对较高,适合这种虫子生长。

(9)问：为什么大厦内阳光非常充足,温度也相对较高？答：通过观察发现大厦对面大楼的一个建筑物的玻璃幕墙总是将阳光反射过来照射在林肯纪念堂的一大片玻璃幕墙上,使得大厦内不仅阳光充足,而且温度也相对较高。

那么,最终如何解决大厦表面腐蚀这个问题呢？方法很简单,那就是在林肯纪念堂的玻璃幕墙里面挂上一个大窗帘,遮挡反射自对面建筑物的阳光。

案例3 大楼火灾原因分析

一座大楼在燃放庆典烟花时发生火灾,据分析可能的原因如下:
(1)烟花与金属幕墙相撞,烧穿装饰幕墙。
(2)火种落入内侧,引燃内侧保温材料,保温材料大面积闷烧过火,烧穿防水层进入室内。
(3)引燃室内可燃物,可燃装饰材料和施工材料着火又扩大了火势。
(4)沿外墙面连续的金属幕墙部分形成了竖向火势延伸通道。
(5)中庭部分产生"烟囱效应",最终突破空中花园玻璃,发生爆炸。

大楼火灾原因分析如图3-11所示。

图3-11 大楼火灾原因分析(成思源,2014)

案例4 冬天静电对人身体造成刺痛感的原因分析

通过因果链分析解决冬天静电对人身体造成刺痛感的问题。(孙永伟,2015)
(1)确定初始缺点(问题)：我们的目标是解决静电对人体产生的刺痛感。
(2)造成疼痛的原因是由于电流刺激了人的神经末梢,因此可以认为造成刺痛感的原因有两个,分别是电流和神经末梢,前者是造成刺痛的客观原因,后者是感受到刺痛的主观原因。

(3)确定相互关系。电流和神经末梢两个条件相互依赖,缺一不可,因此属于"与"关系。

(4)重复第(2)~(3)步。最终结果如图3-12所示。

(5)确定关键缺点。根据对问题的分析,图3-12中填充阴影的节点可作为关键缺点进行进一步的分析。

图3-12 冬天静电对人身体造成刺痛感的因果分析

(6)将关键缺点转化为关键问题,并寻找可能的解决方案,见表3-8。

表3-8 防静电关键问题及可能的解决方案

编号	关键缺点	关键问题	可能的解决方案
2	神经末梢受到刺激	如何让人的神经末梢(尤其是手)不受电击的刺激	尝试用神经末梢较少的部位接触其他物体,例如用手背推开门把手
1.1.1.2	电荷不能导出	如何将人体上的电荷导出	用钥匙或其他金属导出人体上的电荷
1.1.1.2.2	衣服不导电	如何让衣服导电	在鞋上装金属丝,引导电流

续表

编号	关键缺点	关键问题	可能的解决方案
1.1.1.2.1	空气不导电	如何让空气导电	使用离子静电消除器(除静电风机),在空气中加入离子风
1.1.1.2.1.1	空气干燥	如何让空气湿润	使用加湿器,建造人工喷泉等
1.1.1.1.2	人体和部分衣物纤维的材料特性,容易产生静电	什么样的衣物材料不产生静电	防静电材料的衣服,例如嵌织导电丝的合成纤维织物做衣服
1.3和1.2	手与金属都是导体,并且需要接触	如何让手不接触导体(例如门把手)	戴防静电手套

案例5 "零件浸漆系统"的功能模型

构建零件浸漆系统的功能模型(孙永伟,2015)。

问题背景:

浸漆工艺是指将需要上漆的工件浸泡在油漆池中使工件表面黏附油漆。工件离开油漆池后,可通过旋转工件或其他方法去掉工件表面多余的油漆,然后对工件进行烘烤,从而达到在工件表面固化油漆的目的。

某企业在暖气片油漆涂装中,采用了如图3-13所示的浸漆系统。该系统的工作原理为:当油漆池内油漆低于一定的水平时,浮标下沉,带动杠杆打开开关,开关接通电机,在电机带动下,泵将油桶中的油漆泵入油漆池。当达到一定的液位时,浮标上升,带动杠杆关闭开关,开关关闭电机,电机停止转运,泵也停止旋转,油漆停止灌装。

图3-13 暖气片浸漆系统

问题描述:

随着时间的推移,由于油漆长期暴露在空气中导致油漆挥发,干的油漆会固化在浮标表面上,导致它越来越重,这样即使油漆池中装满了油漆,浮标仍无法有效上浮。浮标无法上浮导致开关不能及时关闭,电机持续带动泵转动,过量的油漆注入油漆池中,久而久之,油漆越来越多,以致溢出了。为了解决这一问题,曾经尝试过多种方法,比如加装液位传感器,定期更换浮标,在浮标上镀不黏涂层等,由于高成本和维护问题,难以接受。因此需要一种创新的解决方案来改善工程系统。

在本节中,我们只进行暖气片浸漆工艺系统功能分析。

(1)组件分析:

按照功能分析的流程,首先建立浸漆工艺系统的组件列表,见表3-9。

表3-9 暖气片"浸漆系统"组件列表

技术系统	系统级别的组件	子系统级别的组件	超系统组件
浸漆系统	浮标		油漆桶 空气 油漆
	杠杆		
	开关		
	电机		
	油漆泵		
	油漆池		

(2)组件相互作用分析:

将表3-9中的组件列出来,产生一个相互作用矩阵,如图3-14所示。

图3-14 "浸漆系统"组件关系矩阵

(3)功能分析与建立功能模型:

在浸漆系统组件关系矩阵的基础上,进行系统组件功能陈述,见表3-10。

表3-10 "浸漆系统"功能陈述

组件X (功能载体)	功能V	组件Y (功能对象O)	参数P	功能属性 (性能水平)	功能等级
浮标	移动	杠杆	位置	不足	辅助功能
浮标	黏附	油漆	重量	有害	有害功能
杠杆	支撑	浮标	位置	正常	辅助功能
杠杆	控制	开关	位置	不足	辅助功能
开关	控制	电机	速度	正常	辅助功能
电机	驱动	油漆泵	速度	正常	基本功能
油漆泵	移动	油漆	重量	正常	基本功能
油漆池	容纳	油漆	重量	正常	基本功能
油漆池	支撑	杠杆	位置	正常	基本功能
油漆池	支撑	开关	位置	正常	基本功能
空气	固化	油漆	浓度	有害	附加功能
油漆桶	容纳	油漆	重量	正常	基本功能
油漆	移动	浮标	位置	不足	辅助功能

在进行功能分析、完成功能陈述后,可进一步建立"浸漆系统"功能模型,如图3-15所示。

图3-15 "浸漆系统"功能模型

案例6 通过裁剪产生"零件浸漆系统"的创新方案

零件浸漆系统的裁剪(孙永伟,2015)。

(1)通过系统分析,绘制暖气片浸漆系统功能模型,如图3-15所示。

(2)选择系统中需要裁剪的组件。通过分析,我们发现,浮标由于黏附了大量的油漆从而造成油漆溢出,作为系统组件,是系统的一个关键缺点之所在。因此,我们将它作为一个被裁剪组件。

(3)选择将被裁剪组件的第一个有用功能。从功能模型图中可以看出,浮标只有一个有用功能,即移动杠杆。而杠杆有一个有用功能是固定浮标。

(4)选择合适的裁剪规则。基于以上分析,我们决定用比较激进的裁剪规则 A,即将浮标和杠杆同时裁剪掉。

(5)运用功能再分配的规则,选择一个新的功能载体。将浮标和杠杆两个组件去掉后,产生一个裁剪问题,即需要一个组件来控制开关。经过对所有剩余组件进行一一尝试后,我们最终将新的载体确定为油漆和油漆池。

(6)描述裁剪之后的问题。裁剪后的问题是,首先如何让油漆来控制开关,其次如何让油漆池来控制开关。

(7)重复第(3)~(6)步,将组件所执行的有用功能全部分析一遍。浮标的功能只有一个,所以不用再回到第(3)步。浮标裁剪掉后,杠杆的功能也只剩一个,所以不需要再回到第(3)步。

(8)重复第(2)~(7)步,将所有可能被裁剪的组件尝试一遍。尝试裁剪掉其他组件,可以产生新的裁剪问题。

在以上对"浸漆系统"进行裁剪的基础上,对裁剪问题"如何让油漆来控制开关以及如何让油漆池来控制开关"做进一步分析并提出解决方案。

方案1:对于"如何让油漆控制开关"的裁剪问题,可以尝试在油漆中放入一压力传感器,如果油漆液面太低,则会触发一个信号给开关,开关会打开电机,电机带动油泵,将油漆桶中的油漆泵到油箱中。随着液面升高到一定程度,压力传感器会触发一个信号给开关,关上电机,从而终止从油漆桶里泵油漆。裁剪后的系统功能模型如图 3-16 所示。

图 3-16 方案1裁剪后的系统功能模型及原理图

方案2:对于"如何让油漆池控制开关"的裁剪问题,可以尝试在油漆池(油箱)的底部放入一称重传感器,比如电子天平。如果油漆箱中的油漆太少,则称重传感器会触发开关,从而将油漆桶中的油漆泵到油漆箱中。随着油漆箱中的油漆越来越多,达到一定程度时,称重传感器会触发一个关机信号给开关,从而终止从油漆桶里泵油漆。新的系统功能模型如图 3-17 所示。

图 3-17 方案 2 裁剪后的系统功能模型(利用油漆池重量变化控制开关)
(a)方案 2 的系统功能模型图； (b)方案 2 的系统原理图

除以上两个方案之外,为了获得更好的创新性解决方案,我们还可以考虑更加激进的裁剪。比如在以上两个方案的基础上,可以连续用裁剪规则 A 去掉开关、电机和泵。因为如果开关被裁剪掉后电机将无法正常工作,所以电机也可以不需要,没有电机的泵也是无法工作的。最后的系统将只剩油漆、油漆桶和油漆箱了。其功能模型如图 3-18(a)所示。无论如何激进的裁减,仍然需要有执行系统基本功能——移动油漆。目前可选的组件,包括超系统组件有油漆、油漆池、油漆桶以及空气、重力等。可以考虑让油漆能够实现自移动(自服务)。按照这一思路,建立了如图 3-18(b)所示的激进裁剪后新的系统功能模型。

这一方案的实现方式是,将油漆桶置于高处,让桶内油漆液面高出油漆池内液面一定高度,并让油漆桶内的油漆液面上部形成密闭的负压空间。当油漆池内的油漆量较少到一定程度时,空气管口裸露,空气进入油漆桶上部空间,随着该空间内空气压力的增大,油漆在重力的作用下通过油漆输送管自动流入油漆池中,油漆池中的油漆液面上升,直至再次淹没通气管的管口,油漆桶上部密封空间内压力再次降低,油漆输送停止。该方案的系统原理图如图 3-19

所示。

图 3-18 激进裁剪后的功能模型

图 3-19 激进裁剪后的方案原理图

思 考 题

1.请简述技术系统的定义。以图 3-20 所示的一把小铁皮刀为例,说明并列举出该系统中的组件和超系统组件。

图 3-20 小铁皮刀

2.功能分析的目的是什么？

3.功能的"直觉表达"和"本质表达"的区别是什么？在用 VOP 模型进行功能定义时应注意哪几个原则？请举例说明功能的 VOP 表达方式。

4.因果分析的目的是什么？有哪些主要方法？

5.飞机蒙皮一般使用铆接工艺，如图 3-21 所示。请对图 3-21(b)所涉及的系统进行功能分析。

图 3-21 飞机蒙皮常用的铆接工艺
(a)铆钉； (b)铆接工艺原理图； (c)铆接飞机蒙皮

6.图 3-22 所示为一只普通的白炽灯，请对其进行功能分析。

7.请对本章案例 3-1 中的眼镜系统进行系统裁剪，看看能否获得创新性的结果。

8.图 3-23 所示为一辆普通摩托车的功能模型，请尝试分别对其"油箱"进行裁剪，看看能否获得创新性的结果。

图 3-22 白炽灯及其组件名称

图 3-23 摩托车的功能模型

9.对于一个普通的咖啡杯来讲，其主要功能是什么？图 3-24 所示为咖啡杯系统功能模型。请分析这个系统存在的问题并对该系统进行理想度审核。根据这张功能图，你可以想到哪些创新性的改进措施？

图 3-24 咖啡杯系统功能模型

10. 图 3-25 所示为一只普通注射器,请对其进行组件分析并建立功能模型。

图 3-25 普通注射器

参 考 文 献

[1] 赵锋. TRIZ 理论及应用教程[M]. 西安:西北工业大学出版社,2010.

[2] 赵敏,张武城,王冠殊. TRIZ 进阶及实战:大道至简的发明方法[M]. 北京:机械工业出版社,2016.

[3] 孙永伟,谢尔盖·伊克万科. TRIZ:打开创新之门的金钥匙[M]. 北京:科学出版社,2015.

[4] 成思源,周金平. 技术创新方法·TRIZ 理论及应用[M]. 北京:清华大学出版社,2014.

[5] 卡伦·加德. TRIZ——众创思维与技法[M]. 罗德明,王灵运,等,译. 北京:国防工业出版社,2015.

[6] 梁长佳,田红周,高静轩. 基于 TRIZ 理论的 Trimming 裁剪方法的产品优化设计[J]. 起重运输机械,2014(3).

[7] Tan Runhua, Zhang Huangao. Interactive Training Model of TRIZ for Mechanical Engineers in China[J]. Chinese Journal of Mechanical Engineering,2014(2).

[8] 于菲,等. TRIZ 辅助多层次裁剪方法集构建[J]. 机械工程学报. 2015(21).

[9] 于菲,等. 基于系统功能模型的元件裁剪优先权研究[J]. 计算机集成制造系统,2013(2).

[10] 韩彦良. 基于 TRIZ 理论功能裁剪的产品创新设计[J]. 制造业自动化,2013(1).

第 4 章
40 个发明原理

用有限的发明原理来指导发明者解决无限的发明问题,是 TRIZ 理论的精髓之一。在经典 TRIZ 理论创立之初,阿奇舒勒坚信解决发明问题的措施是客观存在的。在对大量的发明专利进行研究、分析、归纳、精炼的基础上,阿奇舒勒总结出了 TRIZ 中最重要的、具有广泛用途的 40 个发明原理以及这些原理的操作细则。40 个发明原理是人类长期与物质世界相互作用的结果,是人类发明智慧的结晶。它是 TRIZ 理论发展过程中阿奇舒勒奉献给我们的第一套解决发明问题的共性知识。掌握这些发明措施,可以大大提高发明的效率,缩短发明的周期。

4.1 发明原理的由来

40 条发明原理是阿奇舒勒从大量专利的研究中提炼出来的。最初,他研究了数千份专利,发现只有少数专利提供了解决各种矛盾(关于矛盾的概念将在本书第 5 章详细介绍)所需要的基本概念。于是,他对专利进行了分类,把那些能够解决矛盾并应用了公认的科学概念,特别是那些应用了其他行业知识的方案定义为"聪明"专利。据统计,"聪明"专利约占全部专利的 20%。随后,他便开始分析这类专利,在 35 000 份专利中发现了 37 个概念,在约 50 000 份专利中总结出 40 个概念,阿奇舒勒在一部儿童科普书《马上成为发明家》中称其为发明"窍门",这便是我们所说的 40 条发明原理(见表 4-1)。

表 4-1 TRIZ 的 40 个发明原理

编号	名称	编号	名称
1	分割原理	21	减少有害作用的时间原理
2	抽取原理	22	变害为利原理
3	局部质量原理	23	反馈原理
4	增加不对称性原理	24	借助中介物原理
5	组合原理	25	自服务原理
6	多功能性原理	26	复制原理
7	嵌套原理	27	廉价替代品原理
8	重量补偿原理	28	机械系统替代原理
9	预先反作用原理	29	气压和液压结构原理
10	预先作用原理	30	柔性壳体或薄膜原理
11	事先防范原理	31	多孔材料原理
12	等势原理	32	颜色改变原理
13	反向作用原理	33	均质性原理
14	曲面化原理	34	抛弃或再生原理
15	动态特性原理	35	物理或化学参数改变原理
16	未达到或过度的作用原理	36	相变原理
17	多维化原理	37	热膨胀原理
18	振动原理	38	强氧化剂原理
19	周期性作用原理	39	惰性环境原理
20	有效持续作用原理	40	复合材料原理

如今,在全世界 TRIZ 理论研究者的不断研究下,专利分析的数量已达数百万件,但隐含其中的能够用来解决发明问题中各种矛盾的原理仍然是 40 条。这些发明原理犹如解决方案的一系列触发点,告诉我们如何运用世界已知的方法来解决一个特殊矛盾。只要发现了矛盾,TRIZ 就能帮助我们找到相应的发明原理来解决它。在实际运用的过程中,我们首先要把相应的发明原理转化为实际的想法,然后利用相关的知识和经验将其转化为矛盾的实际解决方案。关于这方面的知识将在下一章详细介绍。

40 个发明原理开启了一扇发现问题、解决问题的天窗,将发明从魔术推向科学,使发明成为一种人人都可以从事的职业,使原来认为不可能解决的问题获得突破性的解决。目前,40 个发明原理已经被广泛应用于各个领域,如计算机、材料、医学、管理、教育等,产生了不计其数的发明专利。

4.2 TRIZ 中的 40 个发明原理

4.2.1 TRIZ 发明原理的特点

TRIZ 中的 40 个发明原理,每一个都有固定的编号和排序。每一条原理也有数量不等的若干条原理说明和解释(指导原则)。40 个发明原理中的各原理之间不是并列的,是互相融合的。每个原理的各子条目(原理说明和解释)之间有层次高低,前面的较为概括,后面的更加具体。

按照不同的分类方法,可以对 40 个发明原理进行不同的分类。例如从发明原理的实施结果,可以将其划分为四类:提高系统效率、消除有害作用、易于操作和控制以及提高系统协调性,见表 4-2。

表 4-2 40 个发明原理按实施结果进行分类

分类	提高系统效率	消除有害作用	易于操作和控制	提高系统协调性
发明原理的编号	10,14,15,17,18,19,20,28,29,35,36,37,40	2,9,11,21,22,32,33,34,38,39	12,13,16,23,24,25,26,27	1,3,4,5,6,7,8,30,31

英国巴斯大学(University of Bath)的 Mann 通过研究提出,解决物理矛盾的 4 个"分离原理"与 40 个发明原理之间存在对应关系,即每一个分离原理都对应若干个发明原理,这些发明原理有助于相应分离原理的实现。关于物理矛盾以及分离原理的相关知识将在本书第 5 章详细介绍。

发明原理是解决发明问题的一个非常重要的工具。发明原理一般结合 TRIZ 的其他工具,如本书第 5 章介绍的技术矛盾和物理矛盾等来使用,但也可以作为一个独立的解决发明问题的工具使用。

4.2.2　40个发明原理详解

原理1　分割原理(Segmentation)

A. 把一个物体分成相互独立的几个部分。

例如：① 在大项目中应用工作分解结构；② 用卡车加拖车的方式代替大卡车；③ 用个人计算机代替大型计算机；④ 用烽火传递信息(分割信息传递距离)。

B. 把一个物体分成容易组装和拆卸的部分。

例如：① 组合式活动房屋；② 橡胶软管可利用快速拆卸接头连接成所需要的长度。

C. 提高系统的可分性，以实现系统的改造。

例如：① 武器中的子母弹；② 用软的百叶窗帘代替整幅大窗帘。

【案例4-1】

分割原理应用实例。

例1：为解决垃圾的分类问题，人们可把大垃圾箱分成几个较小的独立的垃圾箱，分别回收玻璃、纸、金属等垃圾，或是分为"可回收"和"不可回收"垃圾箱。"分类式垃圾箱设计"方便了人们处理垃圾(见图4-1)。

例2：挖掘机铲斗的唇缘是由钢板制成的。传统铲斗只要它的一部分磨损或毁坏，就必须更换整个铲斗，费力又费时。"可拆卸铲斗唇缘设计"将唇缘分割成独立的可分离的几部分，这样既方便快速将损坏或磨损的部分更换，同时又避免整个铲斗的更换，节约了成本(见图4-2)。

图4-1　分类式垃圾箱设计

图4-2　可拆卸铲斗唇缘设计

原理2　抽取原理(Extraction)

A. 从物体中抽出可产生负面影响的部分或属性。

例如：① 冰箱除味剂；② 医学透析治疗。

B. 仅从物体中抽出必要的部分和属性。

例如：① 手机中的SIM卡；② 成分献血，只采集血液中的血小板；③ 微波滤波器。

【案例4-2】

抽取原理应用实例。

例1：在民航飞行史上,鸟撞飞机造成的事故是不容忽视的。鸟撞飞机多发生在起降或起降前后的低空飞行阶段。因此,作为飞机起降场所的机场,鸟害防治也就成为一项重要的飞行安全保障工作。人们就在鸟的声音中提取了它们被俘的惨叫声或求救声,用此来刺激惊吓在机场飞行的鸟儿。"智能语音驱鸟器设计"正是抽取出了鸟声中鸟儿害怕听到的声音,有效地防止了鸟撞飞机的事件。

例2：雷电所形成的电流、高温和电磁辐射以及伴随的冲击波等,都对建筑物具有很大的破坏力。避雷针利用金属导电的原理,将可能对人和建筑物造成损害的雷电引入大地。"避雷针设计"抽出了雷电的负面影响,消除了雷电对建筑物的损害。

例3：大厅内,照明灯的下方十分明亮,而墙角处却显得比较阴暗。我们可以利用光纤,把灯光从大厅的中央均匀地引到大厅的四面八方。这既改善了光线分布的均匀性,也大大地节约了能源。

原理3　局部质量原理(Partial Quantity)

A.将物体、环境或外部作用的均匀结构,变为不均匀的。

例如：①对材料表面进行热处理、涂层、自清洁等处理,以改善其表面质量；②增加建筑物下部墙的厚度使其能承受更大的负载；③凸轮机构。

B.让物体的不同部分,各具不同的功能。

例如：①计算机键盘；②带橡皮擦的铅笔,带起钉器的榔头。

C.让物体的各部分,均处于完成各自动作的最佳状态。

例如：超声波设备的中间层采用热传导率较好的材料,外层采用耐磨的材料,打孔时可以降低设备的温度。

【案例4-3】

局部质量原理应用实例。

例1：如果菜刀都用好钢来制造,则成本太高,用一般钢制造使用时又不够锋利。如果将刀的材料改为不均匀的,刀刃用好钢,其他部分用一般钢,那么,菜刀的质量得到保证的同时,成本也降低了,两全其美。

图4-3　瑞士军刀设计

图4-4　多格餐盒设计

例2:如何将一把小刀的功能扩大,同时具备多种用途。"瑞士军刀设计"就成功地将圆珠笔、牙签、剪刀、平口刀、开罐器、螺丝起子、镊子等多种工具集于一身。只要将每个部分从刀身的折叠处拉出来,就可以使用(见图4-3)。

例3:冷、热食物和汤放在一个饭盒中会互相串味,混作一团。"多格餐盒设计"在不同的空间可放置不同的食物,不仅保证了不同食物的最佳状态,而且也避免了食物彼此串味(见图4-4)。

原理4　增加不对称性原理(Asymmetry)

A.将对称物体变为不对称的。

例如:① 模具设计中,将对称位置的定位销设计成不同直径,以防安装或使用中出错;② 非对称容器或者对称容器中的非对称搅拌叶片可以提高混合的效果(如水泥搅拌车);③ 将液化气罐底部设计成斜面,一旦燃气快用完时,燃气罐会自动发生倾斜。

B.增加不对称物体的不对称程度。

例如:① 将轮胎的外侧强度设计成大于内侧强度,以增加其抗冲击的能力;② 非圆截面的烟囱改变气流的分布;③ 将圆形的垫片改成椭圆形甚至特别的形状来提高密封程度。

【案例4-4】

不对称雨伞的设计,更好地符合空气动力学,它经得起每小时80公里的风速的考验,在狂风暴雨中不会被损坏。另外,不管它尺寸有多大,都不会遮挡住前方的视线,一边长一边短的雨伞也可以很好地防止雨水冲进伞内(图4-5)。

图4-5　不对称雨伞的设计

原理5　组合原理(Consolidation)

A.在空间上,将相同的物体或相关操作加以组合。

例如:① IC电子芯片中的多个门电路;② 将多层玻璃用水黏合在一起,便于磨削加工;③ 网络中的个人计算机。

B.在时间上,将相同或相关的操作进行合并。

例如:① 摄像机在拍摄影像时同期录音;② 安装在电路板两面的集成电路;③ 同时分析多项血液指标的医疗诊断仪器。

【案例 4-5】

例1：船可在水上行驶，车可在陆上行驶，如果既要在水上又要在陆上行驶，船与车都不具备这样的功能。"水陆两用车设计"同时具备车与船的特性，既可在陆地空间行驶，又可在水中空间行驶，不受路况空间的影响，是一种卓越的交通工具(见图4-6)。

例2：早期的淋浴器有两个调节旋钮，一个调节冷水的大小，另一个调节热水的大小，操作起来十分麻烦。"现代淋浴器设计"将两个控制旋钮合并为一个旋钮或按键，人们只需将其调节就可得到合适的水温，操作简单快捷。

图4-6 水陆两用车设计

原理6 多功能性原理(Universallity)

A. 使一个物体具备多项功能。

例如：① 同时具备透明、隔热、透气功能的窗户；② 将汽车上的小孩安全座椅转变成小孩推车；③ 便携水壶的盖子同时也是水杯；④ 可作U盘使用的MP3；⑤ 机帆船：帆船上装上电池式推进器，沉重的电池在必要时可以起到压舱的作用，用帆航行时，通过推进器给电池充电，无风时电池可以使推进器工作。

B. 消除了该功能在其他物体内存在的必要性后，进而裁减其他物体。

例如：① 机帆船装上沉重的电池后可同时起必要的压舱作用，有时用帆船航行时，推进器给电池充电，无风时，电池使推进器工作；② 船上的压舱物，常规的是用水或沙子，但是渥伦哥尔却使用土作为压舱物，在土中种上可以生长的棕榈树，棕榈树又用来作为桅杆使用。

【案例 4-6】

例1：门铃是用来提醒家里来客的日常生活用具，但主人无法识别来访者。"可视对讲门铃设计"使主人通过屏幕清楚地看到来访人面容，通过听筒清晰地听到来访人声音。在该产品的帮助下，主人瞬间就能识别来访者，从而确保了家庭的安全。

例2：数码相机可以拍照、MP3可以听音乐、手表可以看时间、笔记本电脑可以上网、录音笔可以录制声音……，现代人的生活离不开上述产品，但倘若随身携带它们，会非常不便。"iPhone 3GS设计"是将众多产品功能融于一身的新一代手机，它满足了现代人的需求，适应了现代人的生活方式。

原理 7　嵌套原理(Nesting)

A. 把一个物体嵌入另一个物体，然后将这两个物体再嵌入第三个物体，依此类推(见图4-7)。

例如：① 液压起重机；② 伸缩式天线。

B. 让某物体穿过另一物体的空腔。

例如：① 滑行门、推拉门；② 汽车安全带卷收器。

【案例 4-7】

俄罗斯套娃是俄罗斯特有的一种手工制作的木制工艺品。一般由多个一样图案的空心木娃娃一个套一个组成，最多可达十多个，通常为圆柱形，底部平坦可以直立。每个娃娃可做摆设品，可用来装首饰、杂物、糖果等，也可作为礼品盒(见图4-8)。

图 4-7　俄罗斯套娃　　　　　图 4-8　伸缩式钓鱼竿

原理 8　重量补偿原理(Anti-weight)

A. 将某一物体与另一能提供上升力的物体组合，以补偿其重量。

例如：① 救生圈；② 在一捆原木中加入泡沫材料，使之更好地漂浮。

B. 通过与环境(利用空气动力、流体动力或其他力等)的相互作用，实现物体的重量补偿。

例如：① 潜水艇；② 飞机机翼的形状可以减小机翼上面空气的密度，增加机翼下面空气的密度，从而产生升力；③ 根据阿基米德定律，水中的轮船可获得承重千吨的浮力。

【案例 4-8】

例如：如果周围环境中没有可以借助的高大建筑，又不愿花费搭建脚手架，如何将巨幅广告悬于空中呢？我们只能把巨幅广告与能提供上升力的氢气球组合，来实现空中展示广告的目的。

原理 9　预先反作用原理(Prior Counteraction)

A. 事先施加机械应力，以抵消工作状态下不期望的过大应力。

例如：① 钉马掌；② 给枕木渗入油脂来阻止腐朽。

B. 如果问题定义中，需要某种相互作用，那么事先施加反作用。

例如：① 在浇注混凝土之前对钢筋进行预应力处理；② 给畸形的牙带上矫正牙套。

【案例 4-9】

例1：手提弹簧秤设计，事先把钢丝做成压缩弹簧，根据重物大小使弹簧拉伸长度不同来称出物体的重量。

例2：内有波纹层的包装箱纸在制作时使其波纹层和表面层反向弯曲，在胶水干燥后，包装箱纸则达到平直状态。

原理10 预先作用原理(Prior Action)

A.预先对物体（全部或至少部分）施加必要的改变。

例如：① 不干胶纸；② 邮票打孔；③ 在电子表面贴装制造工艺中，在印制电路板上预先印刷上锡浆。

B.预先安置物体，使其在最方便的位置，开始发挥作用而不浪费运送时间。

例如：① 灌装生产线中使所有瓶口朝一个方向，以增加灌装效率；② 停车位的咪表（电子计时表）；③ 手机预设单键拨号功能。

【案例4-10】

例1：美术工，当刀片不够锋利时，可轻易地沿刀片上预先处理好的折断线将用钝的刀口折断，出现新的刀锋以供继续使用（见图4-9）。

例2：锯开石膏模时，容易使病患处受伤。预先安置锯子在石膏模中，则可通过预先内置的锯条安全地锯开石膏（见图4-10）。

图4-9 美工刀　　　　　　图4-10 在石膏中预埋钢锯

原理11 事先防范原理(Cushion in Advance)

A.采用事先准备好的应急措施，补偿物体相对较低的可靠性。

例如：① 消防设施；② 电闸盒里的保险丝；③ 超市中的商品印上磁条可以防止被盗；④ 降落伞。

【案例4-11】

例1：在路的急转弯处放上旧轮胎以防止事故（见图4-11）。

例2：汽车在发生碰撞时，安全带可以保护驾驶员和乘坐者，但安全带对侧面碰撞不起作用。"汽车安全气囊设计"将安全气囊预先安装在车厢内部的多处位置。当车辆遭受较剧烈的撞击时，它会在瞬间充气膨胀以保护车内的所有人（见图4-12）。

图4-11 路的急转弯处预先放置的轮胎

图4-12 汽车安全气囊

原理12 等势原理(Equipotentiality)

A.改变操作条件,以减少物体提升或下降的需要。

例如:① 三峡大坝的船闸;② 千斤顶;③ 工厂中与操作台同高的传送带。

【案例4-12】

例如:汽车修理时,维修人员必须躺在车下进行操作,既不方便也不安全。"地藏式液压剪式举升机设计"为汽车修理提供了合理的解决方案。使用时,将置于平台上的汽车升起到合适的高度后进行检修。不用时,可将其下降到和地平面平齐,有效地节约了空间(见图4-13)。

图4-13 地藏式液压剪式举升机

原理13 反向作用原理(Inversion)

A.用相反的动作,代替问题定义中所规定的动作。

例如:① 为了松开粘连在一起的部件,不是加热外部零件,而是冷却内部零件;② 制定最坏状态的标准,而不制定最理想状态的标准。

B.把物体上下或内外颠倒过来。

例如:① 将杯子倒置,以便从下面喷水清洗;② 通过翻转容器的方式将谷物倒出。

C.让物体或环境,可动部分不动,不动部分可动。

例如:① 在加工中心中,将工具旋转变为工件旋转;② 电梯上升,电梯动,人不动。

【案例4-13】

例1：窗户外面的玻璃非常容易脏，擦洗起来十分不便。"翻转型窗户设计"使人们在室内就可安全、方便地擦洗窗户外面的玻璃（见图4-14）。

例2：瓶中的洗发水不多了，很难倒出。若把瓶子倒立放置一段时间，再用时就方便多了。

例3：跑步是一项很好的运动，可以强身健体。但由于很多现代人不具备室外跑步的空间和时间，因此跑步成为一种奢望。"电动跑步机设计"让人们随时可以在室内跑步锻炼，不受空间、时间、天气因素的影响。它主要是通过电机带动跑带运动，使人以不同的速度被动地跑步或走动。跑步机让人们轻松自如地实现了走跑，达到了锻炼身体的目的（见图4-15）。

图4-14 翻转型窗户

图4-15 电动跑步机

原理14 曲面化原理（Spheroidality）

A. 将物体的直线或平面部分用曲面或球面替代，变平行六面体或立方体结构为球形结构。

例如：① 建筑中采用拱形或圆屋顶来增加强度；② 结构设计中，用圆角过渡避免应力集中；③ 跑道设计成圆形，就不会再受长度的限制。

B. 使用滚筒及球状、螺旋状结构。

例如：① 圆珠笔的球状笔尖使得书写流利，而且提高了使用寿命；② 古代用原木运输重物。

C. 改直线运动为螺旋运动，应用离心力。

例如：宾馆使用旋转门代替推拉门，能更好地保持大厅的温度。

【案例4-14】

例1：万向轮（活动脚轮）设计，使人们轻轻松松、随意移动家具成为可能（见图4-16）。

例2：刚洗好的衣物会含有许多水分，晾晒时很不方便。"甩干机"通过其电机高速旋转时产生很大的离心力，帮助人们除去了衣物上的水分。

例3：滚筒式犁头代替刀片式犁头，工作效率提高一倍（见图4-17）。

图 4-16　万向轮电脑椅　　　　　　　　图 4-17　滚筒式犁头

原理 15　动态特性原理（Dynamicity）

A. 调整物体或环境的性能，使其在工作的各阶段都达到最优状态。

例如：① 可调节的汽车方向盘；② 形状记忆合金；③ 自调节海绵床垫，可均匀托起身体的各个部位。

B. 分割物体，使其各部分可以改变相对位置。

例如：链条。

C. 如果一个物体整体是静止的，使之移动或可动。

例如：① 医疗检查所使用的胃镜和结肠镜；② 吸管具有柔性的自适应结构，可以随意弯折出合适的角度。

【案例 4-15】

例 1："可调节的后视镜设计"起着"第二只眼睛"的作用，扩大了驾驶者的视野范围。通过简单调节，驾驶者可以间接看清楚汽车后方、侧方和下方的情况。这个汽车的重要安全件，确保了车内外人的安全（见图 4-18）。

例 2：折叠椅、笔记本电脑都是通过分割物体的几何结构，引入铰接连接，使其各部分可以改变相对位置（见图 4-19）。

例 3：电焊条在焊接过程中可调整直径，以控制焊缝的大小（见图 4-20）。

图 4-18　可调节的后视镜

图4-19 折叠椅　　　　图4-20 可调节直径的电焊条

原理16　未达到或过度的作用原理(Partial or Excessive Actions)

A. 如果所期望的效果难以百分之百实现时,稍微超过或稍微小于期望效果,会使问题大大简化。

例如:① 印刷时,喷过多的油墨,然后再去掉多余的,使字迹更清晰;② 为电参数设计适当的安全富裕量;③ 汽车钢套的网状淬火,以提高使用寿命;④ 浇注用料,要稍微多于实际铸件的重量;⑤ 在装修房子处理墙壁时,往往要给毛坯墙上多抹一些腻子,用其将墙上小孔填平,然后打磨光滑除去多余部分,最终方可喷上漂亮的墙漆。

原理17　多维化原理(Shift to New Dimension)

A. 将物体变为二维(如平面)运动以克服一维直线运动或定位的困难,或过渡到三维空间运动以消除物体在二维平面运动或定位的问题。

例如:① 螺旋楼梯可以减少所占用的房屋面积;② 波浪形的屋顶材料,不但刚度高而且质量轻;③ 用三角形改进框架结构的强度及稳定性。

B. 单层排列的物体,变为多层排列。

例如:① 多碟CD机;② 多用途建筑,如购物中心。

C. 将物体倾斜或侧向放置。

例如:原木直立排列存放。

D. 利用照射到临近表面或物体背面的光线。

例如:在暖房的上方放置一个大的太阳能反射器,可以强化暖房的效果。

E. 利用给定表面的反面。

例如:在集成电路板的两面都安装电子原件。

【案例4-16】

例1:"五轴数控机床设计"的用途广泛,可以加工复杂曲面,可以在一次装夹定位的情况下加工多个曲面,保证精度,减少误差,可以节省加工时间,释放人工劳动力(见图4-21)。

例2:"立体停车场设计"充分利用空间,在有限的空间内可存放更多的车辆。立体停车场主要是使用了一套机械式自动升降的停车设备,分若干排,最高可以建造25层。司机把车辆停放在钢板上,机器自动将车辆升至适当的层面,再将车辆和钢板移到层面处。存一辆车的时间一般不会超过两分钟。取车时,车主只要将卡交给工作人员,工作人员在设备上按车的卡位,再按启动,车就自动降到地面(见图4-22)。

例3:"垃圾自动卸载车设计",只需按动开关,车厢就会倾斜把车内垃圾倒出,十分便捷。

例4:印制电路板(PCB)经常采用两面都焊接电子元器件的结构,与单面安装电子器件相比可节省面积。

图4-21 五轴数控机床　　　　图4-22 立体停车场

原理18　机械振动原理(Mechanical Vibration)

A. 使物体处于振动状态。

例如:① 电动剃须刀;② 振动棒的有效工作可避免水泥中的空穴。

B. 如果已处于振动状态的物体,提高其振动的频率(直至超声振动)。

例如:① 通过振动分选粉末;② 振动送料器。

C. 利用共振现象。

例如:① 利用超声共振消除胆结石或肾结石;② 利用共鸣腔加热氢燃料实现火箭自动点火。

D. 用压电振动代替机械振动。

例如:① 压电微振传感器,进行微动测量;② 石英晶体振动驱动的高精度电子表。

E. 超声波振动和电磁场耦合。

例如:在高频炉中可以更好地混合合金。

【案例4-17】

例1:"振动式剃须刀设计",通过内刀高速往复振动或旋转,与紧密贴合的网罩形成相对运动,实现剃须功能。

例2：超声波作用于液体中时，液体中每个气泡的破裂会产生能量极大的冲击波，相当于瞬间产生几百度的高温和高达上千个大气压，这种现象被称为"空化作用"。"超声波清洗机设计"，正是用液体中气泡破裂所产生的冲击波来达到清洗和冲刷工件内外表面的作用。

例3：音叉的叉臂由振动可发声，因其叉臂长短、粗细和质地的不同而在振动时发出不同频率的声音（见图4-23）。

例4："超声波加湿器"，采用现代超声波技术，使常温下的纯净水在超声空化的作用下，产生大量水分子的负离子和微米级水滴，这些负离子和微米级水滴可使室内空间的空气质量得以大幅度提高，犹如置身于森林中和瀑布旁。

图4-23 音叉

原理19 周期性作用原理（Periodic Action）

A. 用周期性动作或脉冲，代替连续动作。

例如：① 松开生锈的螺母时，用间歇性大作用力比持续作用力更有效；② 脉冲淋浴要比连续喷水淋浴省水。③ 警车的警笛按照一定的节奏周期性鸣叫，避免了噪声过大，使人对其更加敏感。

B. 如果周期性的动作正在进行，改变其运动频率。

例如：① 可任意调节频率的电动按摩椅；② 用变幅值与变频率的报警器代替脉动报警器；③ 使用AM（调幅）、FM（调频）、PWM（脉宽调制）来传输信息。

C. 在脉冲周期中，利用暂停来执行另一有用动作。

例如：① 打鼓的鼓点和套路；② 在心肺呼吸（cardio-pulmonary respiration，CPR）中，每压迫胸部5次，呼吸1次。

原理20 有效持续作用原理（Continuity of Useful Action）

A. 物体的各个部分同时满载持续工作，以提供持续可靠的性能。

例如：① 工厂里的倒班制；② 对电梯运行状态连续在线检测——可以较好地优化售后服务。

B. 消除空闲和间歇性动作。

例如:① 快速干燥油漆;② 建筑或桥梁的某些关键部位必须连续浇注水泥,一气呵成;③ 喷墨打印机的打印头在回程也执行打印操作,避免空转,消除了间歇性动作;④ 当车辆停止运行时,飞轮或液压蓄能器储存能量,使发动机处在一个优化的工作点。

原理21 减少有害作用的时间原理(Rushing Through)

A. 将危险或有害的流程或步骤在高速下进行。

例如:① 牙医使用高速电钻,避免烫伤口腔组织;② 用X射线拍骨片;③ 快速切割塑料,在材料内部的热量传播之前完成,避免变形;④ 闪光灯是加强曝光量的方式之一,尤其在昏暗的地方,打闪光灯有助于让景物更明亮。强光很容易灼伤眼睛,相机闪光灯通过高速闪烁,避免了对人眼的伤害。

原理22 变害为利原理(Convert a Harm into a Benefit)

A. 利用有害的因素(特别是环境中的有害效应),得到有益的结果。

例如:① 炉渣砖;② 各种疫苗;③ 处理垃圾得到沼气或发电;④ 用火烧掉一部分植物,使之不再有害;⑤ 用有毒的化学物质保护木材不受昆虫的袭击,且不腐;⑥ 城市废纸多种多样,如旧报纸、旧书、包装纸、办公废纸等,它们对环境产生了一定的影响,用废纸做原料生产"再生纸",既利用了垃圾又保护了环境;⑦ 在炸毁旧房子之前,为降低振动带来的灾害,先在房子周围挖一道深沟,爆炸时,振动波到达深沟即被反射回来从而抵消冲击波。

B. 将两个有害的因素相结合,进而消除它们。

例如:① 在腐蚀性的溶液中添加缓冲剂;② 城市垃圾焚烧发电装置,当液体通过管道时,会在管道内壁留下沉积物;③ 当酸性液体通过管道时会腐蚀管道内壁,让液体和酸性液体轮流从管道通过,就会同时解决两种问题。

C. 增大有害性的幅度,直至有害性消失。

例如:①"以火攻火"是森林灭火的方法之一,在林火区的外围放火,利用燃烧的林火产生的内吸力,使所放的火扑向林火方向烧去,把林火向外蔓延的火路烧断,以达到灭火的目的;② 在潜水中使用氮氧混合气,既消除氮气引起的昏迷,也消除空气或其他硝基混合物带来的氧中毒;③ 砂或碎石在冷天运输时会凝固变硬,加入液态氮使它过度凝固变脆从而可倾倒灌注。

原理23 反馈原理(Feedback)

A. 在系统中引入反馈。

例如:① 声控灯;② 加工中心红外自动检测装置;③ 用于探测火与烟的热、烟传感器。

B. 如果已引入反馈,改变其大小或作用。

例如:① 在机场5英里范围内,改变自动驾驶仪的灵敏度;② 电饭煲根据食物的成熟度来自动加温或断电。

【例4-18】

例1:"汽车仪表盘设计",帮助驾驶员了解汽车的速度、油的存量、水箱温度等重要信息,方便了司机的操作。

例2:"音乐喷泉设计",在程序控制喷泉的基础上加入了音乐控制系统,计算机通过对音频及 MIDI(Musical Instrument Digital Interface,乐器数字接口)信号的识别,进行译码和编码,最终将信号输出到控制系统,使喷泉的造型及灯光的变化与音乐保持同步,从而达到喷泉水型、灯光及色彩的变化与音乐情绪的完美结合,使喷泉表演更加生动、更加富有内涵。

原理24 借助中介物原理(Mediator)

A. 使用中介物实现所需动作。

例如:① 木匠的冲钉器(见图4-24),用在榔头和钉子之间;② 机械传动中的惰轮;③ 集邮时倘若直接用手拿取邮票,既容易使邮票损伤也容易污染邮票,镊子成为集邮爱好者的好帮手,通过这个中介物,拿取邮票变得干净、简单;④ 饭店的热水、热饭不易拿取,也容易将手烫伤,如果把上述物品放进托盘中,服务人员的工作效率就明显提高了;⑤ 如何在一复杂型体的内壁涂上防护涂层:将防护涂料混入加热气体并泵入该物体内部。

图4-24 冲钉器

B. 把一物体与另一容易去除的物体暂时结合。

例如:① 捆扎物品的包装绳;② 管路绝缘材料;③ 化学反应中引入催化剂;④ 失蜡铸造法中的蜡模。

【案例4-19】

例1:干显影机由带正电的绝缘球体构成,球体表面覆盖着带负电的颜料粒子,在显影过程中,颜料粒子受到隐含图像所带的更强的正电吸引而从绝缘球体上被吸附到相片层上。

例2:为了生产单层钻石盘(片),先将钻石粉密布于一层布上,再将粘了钻石粉的这层布粘在盘子上,然后将布通过丙酮腐蚀掉。

原理25 自服务原理(Self-service)

A. 物体通过执行辅助或维护功能,为自身服务。

例如:① 自补充饮水机;② 汽车使用有修复缸体磨损作用的特种润滑油;③ 不倒翁玩具。

B. 利用废弃的能量与物质。

例如:① 利用热电厂余热供暖;② 太阳能、地能、水能的利用。

【案例4-20】

例1:自动售货机能根据投入的钱币自动付货。它不受时间、地点的限制,能节省人力、方便交易。

例 2:"秸秆生物油",可将秸秆等物质直接转化为生物油,精制提炼后可作为车用燃料使用。它可提供与柴油、重油同样的热量,价格却相当于柴油的 43.2%,重油价格的 63.1%,是一种非常好的绿色能源。

例 3:水下呼吸器的气压是 200 psi(1 psi=72 Pa),当空气到达潜水员肺部时,气压必须降至 3~4 psi。为达到减压目的,将压缩空气传送到潜水员背部活动的助推器中,在减压的同时由于空气的排出,助推了潜水员的运动,使得水下运动的距离提高 7 倍。

原理 26　复制原理(Copying)

A. 用经过简化的廉价复制品,代替不易获得的、复杂的、昂贵的、不方便的或易碎的物体。

例如:① 虚拟驾驶游戏;② 仿真实验。

B. 用光学复制品(图像)代替实物或实物系统,可以按一定比例放大或缩小图像。

例如:①地图是地形地貌的纸面复制;②医生用立体镜观察病人的三维图像,用 CT 图像代替人体;③ 通过测量物体阴影的长度计算物体的高度。

C. 如果已使用了可见光拷贝,用红外线或紫外线替代。

例如:① 用 B 超代替 X 光对病人进行检查,防止 X 射线对人体的伤害;② 红外报警系统。

【案例 4-21】

例 1:若想了解很多难以到达区域的情况,科学家们就可以通过卫星相片来进行科学研究。卫星相片很好地替代了实地考察。

例 2:蚊子对紫外线的波长有特殊的敏感性。"紫外线杀蚊灯"就充分利用这一特性,成为蚊子的克星。

原理 27　廉价替代品原理(Disposable Objects)

A. 用若干便宜的物体代替昂贵的物体,同时降低某些质量要求(例如,工作寿命)。

例如:① 一次性餐具;② 一次性医疗用品;③ 用一种具有优良的使用性能、废弃后可被环境微生物完全分解、最终被无机化而成为自然界中碳素循环的一个组成部分的高分子材料制成的"一次性可降解饭盒"。

原理 28　机械系统替代原理(Replacement of Mechanical System)

A. 用光学系统、声学系统、电磁学系统或影响人类感觉的系统,代替机械系统。

例如:① 洗手间红外感应开关;② 用声音栅栏替代实物栅栏(如光电传感器控制小动物进出房间);③ 在天然气中掺入难闻的气味给用户以泄露警告,而不用机械或电子的传感器。

B. 使用与物体相互作用的电场、磁场、电磁场。

例如:① 静电除尘;② 火警系统报警时,该系统所控制的电磁装置打开门。

C. 用运动场代替静止场,时变场代替恒定场,结构化场代替非结构化场。

例如:居住者能调节房间彩色光线的系统。

D. 把场与场作用和铁磁粒子组合使用。

例如：铁磁催化剂，呈现顺磁状态。

【案例 4-22】

例1：为混合两种粉末，用产生静电的方法使一种产生正电荷，另一种产生负电荷。用点场驱动它们，或者先用机械方法把它们混合起来，然后使它们获得电场，导致粉末颗粒成对地结合起来。

例2：在早期通信中采用全方位的发射，现在使用有特定发射方式的天线。

例3：生产剖光形玻璃片的方法：在金属溶液表面放入玻璃水（玻璃水与金属液不互溶），用电磁波产生可控的波浪作用于金属溶液，这样就能使表面玻璃水形成波纹，进而做成波形的薄玻璃片。

原理 29　气压和液压结构原理（Pneumatics or Hydraulic Construction）

A. 将物体的固体部分，用气体或流体代替，如充气结构、充液结构、气垫、液体静力结构和流体动力结构等。

例如：① 液压电梯代替机械电梯；② 充气床垫；③ 木工使用的气动钉钉枪（压缩空气驱动）；④ 减缓玻璃门开关速度的缓冲阻尼器。

原理 30　柔性壳体或薄膜原理（Flexible Shells or Thin Films）

A. 使用柔性壳体或薄膜代替标准结构。

例如：① 充气儿童城堡；② 使用膨胀的（薄膜）结构作为冬天里网球场上空的遮盖。

B. 使用柔性壳体或薄膜将物体与环境隔离。

例如：① 充气外衣；② 超市里包裹蔬菜和食品的保鲜膜。

【案例 4-23】

例1：农业上，使用塑料大棚种菜（见图 4-25）。

例2：透明医用胶带，在包扎好的情况下也能方便地观察伤口（见图 4-26）。

图 4-25　塑料大棚

图 4-26　透明医用胶带

原理 31　多孔材料原理（Porous Materials）

A. 使物体变为多孔或加入多孔物体（如多孔嵌入物或覆盖物）。

例如：① 蜂窝煤；② 泡沫材料；③ 机翼用泡沫金属。

B. 若物体已是孔结构，在小孔中事先填入某种物质。

例如：① 医用药棉；② 用多孔的金属网吸走接缝处多余的焊料。

【案例 4-24】

例1：在失重状态下，向液态金属中注入气体。此时，气泡既不"上浮"，也不"下沉"，而是均匀地分布在液态金属中。液态金属冷却凝固后，就成为像软木塞那样轻的泡沫金属。用泡沫金属做飞机的机翼，结实又轻便。

例2：竹纤维，其纤维横截面布满了椭圆形的孔隙，可以在瞬间吸收并蒸发大量的水分，人称竹纤维为"会呼吸"的、绿色环保的纺织面料。

原理 32 颜色改变原理（Change the Color）

A. 改变物体或环境的颜色。

例如：① 用不同的颜色（如红、黄、蓝、绿等）表示不同警报；② 在冲洗照片的暗房中使用红色暗灯。

B. 改变物体或环境的透明度。

例如：① 随光线改变透明度的感光玻璃；② 确定溶液酸碱度的化学试纸。

C. 在难以看清的物体中，使用有色添加剂或发光物质。

例如：① 利用紫外光识别伪钞；② 研究水流试验中，给水加入颜料；③ 交通警察的警服通常添加明显标志和荧光粉，有利于警察在黑暗环境中的醒目和安全。

D. 如果此种添加剂已被使用，可再运用发光追踪元素。

原理 33 均质性原理（Homogeneity）

A. 存在相互作用的物体，用相同材料或特性相近的材料制成。

例如：① 使用与容纳物相同的材料来制造容器，以减少发生化学反应的机会；② 用金刚石制造的钻石切割工具；③ 电源插头与插座外壳基本都使用塑料，便于绝缘，防止漏电伤人。

原理 34 抛弃或再生原理（Rejecting and Regenerating Parts）

A. 采用溶解、蒸发等手段，抛弃已完成功能的零部件，或在系统运行过程中，直接修改它们。

例如：① 火箭点火起飞后逐级分离抛弃；② 利用可降解作为支撑体培养生物；③ 药物胶囊的外壳起到包裹药粉的作用，进入体内后自行溶解掉；④ 制造大型橡胶球的方法：用粉笔和水的混合物做成球体，球体外覆盖橡胶，放入烤箱中烘烤后将粉笔溶化。

B. 在工作过程中，迅速补充系统或物体中消耗的部分。

例如：① 水循环系统；② 割草机采用自动割草尼龙放松装置；③ 自动铅笔。

原理 35 物理或化学参数改变原理（Transform the Physical/Chemical State）

A. 改变对象的物理聚集状态（物态），例如在气态、液态和固态之间变化。

例如：① 将氧气液化，以减小体积便于运输，将二氧化碳制成干冰等；② 黏接代替机械铰接方法。

B. 改变对象的浓度、密度、黏度。

例如：① 采用不同黏度的润滑油；② 改变合成水泥的成分可改变其性能；③ 脱水的橘子粉比橘子汁更加便于运输和储存。

C. 改变柔度。

例如：① 链条锁使用更方便；② 用电流改变可调减振器代替轿车中不可调减振器；③ 硫化橡胶改变橡胶的柔性和耐用性。

D. 改变温度。

例如：① 为了保护动物标本，需将其降温；② 通过升高温度来加工食物（改变食物的味道、香味组织、化学性质等）；③ 烧制陶瓷。

原理36 相变原理(Phase Transformation)

A. 利用物质相变时产生的某种效应，如体积改变、吸热或放热。

例如：① 工业采用冰盐制冷；② 用干冰所产生的二氧化碳蒸汽制造舞台的烟雾效果。

【案例4-25】

例：利用相变材料吸热特性做成的降温服——选择合适的相变材料加入衣料中，将这些材料包裹在直径平均500纳米的微型胶囊内，放在衣物上，天气炎热的时候能将热能吸收，转冷的时候能放热，达到冬暖夏凉的目的。

原理37 热膨胀原理(Thermal Expansion)

A. 利用材料的热膨胀或热收缩。

例如：① 加热外部件使之膨胀，装配完成后恢复；② 将热收缩薄膜包在产品外面，然后加热，薄膜遇热收缩而紧包产品，充分显示产品的外观；③ 当办公楼内起火时，自动喷淋系统顶端装有乙醚的玻璃顶针就会因受热而胀裂，让水自动喷出。

B. 组合使用不同热膨胀系数的几种材料。

例如：① 记忆合金，在一定温度下恢复到"原始形状"；② 双金属片合页能根据室内温度自动调节窗户的开口量；③ 热敏开关，两条粘在一起的金属片，由于两片金属的热膨胀系数不同，对温度的敏感程度也不一样，温度改变时会发生弯曲，从而实现温度控制。

原理38 强氧化剂原理(Strengthen Oxidation)

A. 用富氧空气代替普通空气。

例如：为了获得更多的热量，焊枪里通入氧气，而不是用空气。

B. 用纯氧代替空气。

例如：使用氧气-乙炔火焰进行高温切割。

C. 将空气或氧气进行电离辐射。

例如：空气过滤器通过电离空气来捕获污染物。

D. 使用臭氧代替氧气。

例如：臭氧溶于水中去除船体上的有机污染物。

原理39　惰性环境原理(Inert Environment)

A. 用惰性环境代替通常的环境。

例如：① 用氩气等惰性气体填充灯泡，做成霓虹灯；② 为防止炽热灯丝的失效，让其置于氩气中；③ 用泡沫隔离氧气，起到灭火的作用；④ 将阻燃材料添加到泡沫状材料构成的墙体中。

B. 使用真空环境。

例如：悬挂系统中的阻尼器。

原理40　复合材料原理(Composite Materials)

A. 用复合材料代替均质材料。

例如：① 复合的碳纤维高尔夫球杆更轻，强度更好，而且比金属更具有柔韧性；② 玻璃纤维制成的冲浪板更轻，更容易控制，与木制品相比更容易做成各种不同的形状；③ 用植物纤维与废塑料加工而成的复合材料，可用来代替木制产品作托盘、包装箱、建筑材料等。

【案例4-26】

例：饮用水净化器。

一杯咖啡(3美元)的价格就可以拯救一条生命。生命吸管(lifestraw)是一种获取饮用水的吸管装置，由瑞士维斯特格德·弗兰德森公司(Vestergaard Frandsen)研制，它使用7种过滤器，包括网丝、活性碳和碘，能净化185加仑的水，足够一个人的饮用。它能预防饮用水引发的疾病，如伤寒和痢疾，在发展中国家，这些疾病每年至少夺去200万人的生命。该装置也能为飓风、地震或其他灾难的受害者提供安全的饮用水。它还可以成为人们周末外出旅游随身携带的方便的"用具"。生命吸管里所使用的过滤器，就是复合材料原理的应用。

思 考 题

1. 请简要说明发明原理的作用和价值。

2. 以下都是利用物理或化学参数改变原理(No.35)解决过程问题的实例，请说明其中蕴含的道理以及优势：固体酱油；肥皂和洗手液；压缩饼干。

3. 请说明以下案例都运用了哪些发明原理：

(1) 用细管蘸着洗衣粉水在窗口吹出小泡，测定风的方向和大小。

(2) 电灯泡加上很薄的橡胶层可以耐高压。

(3) 阶梯教室前排到后排依次提高座位高度，使每位同学都能看到黑板。

(4) 在冬天来临之前，在排水管里穿进一根绳子，冰柱中的绳子可有效防止冰柱滑落，保证其渐渐地消融。

(5) 飞机机翼的形状可以减小机翼上面空气的密度，增加机翼下面空气的密度，从而飞起来。

4. 请为以下发明原理各举一个应用案例：No.2 抽取原理；No.16 未达到或过度的作用原理；No.31 多孔材料原理；No.32 颜色改变原理；No.37 热膨胀原理；No.33 均质性原理。

5. 请列举出不少于 10 个运用 No.7 嵌套原理的典型案例。

参 考 文 献

[1] 赵锋. TRIZ 理论及应用教程[M]. 西安：西北工业大学出版社，2010.
[2] 张武城. 技术创新方法概论[M]. 北京：科学出版社，2009.
[3] 赵新军. 技术创新理论及应用[M]. 北京：化学工业出版社，2004.

第5章
发明问题中的矛盾及其解决方法

人们在解决各种发明问题的过程中,最为有效的解决方案就是解决技术难题中的矛盾(有时也称作"冲突")。矛盾是客观社会中普遍存在的现象,对矛盾的认识以及如何解决矛盾问题是 TRIZ 理论中非常重要的基础思想之一。

TRIZ 理论认为,发明问题的核心是解决矛盾。TRIZ 理论认为发明创新以及产品进化的过程就是克服和解决矛盾的过程。并且认为,在产品因前一个矛盾的解决而获得进化后,产品的进化又将出现停滞不前的现象,直到另一个矛盾被解决。矛盾的产生及其解决不仅是人类社会发展的动力,也是技术发展与革新的动力。

TRIZ 理论将常见的矛盾分为三种:管理矛盾、技术矛盾和物理矛盾(成思源,2014)。管理矛盾指为了避免某些现象或希望取得某些结果,需要做一些事情,但不知如何去做。管理矛盾本身具有暂时性,无启发价值,不能表现出问题的解的可能方向。因此,TRIZ 主要考虑的是后两类矛盾,即技术矛盾和物理矛盾。本章将对发明创新问题中的技术矛盾、物理矛盾及其解决的流程和方法进行论述。

5.1 技术矛盾与物理矛盾

5.1.1 技术矛盾与物理矛盾的概念

阿奇舒勒在分析发明专利过程中发现,尽管技术系统的问题无限多,但是描述、定义问题的"问题模型"不多,解决问题的"解决方案模型"也不多,能够定义出问题模型并找到解决方案模型的问题,都可以称为"标准问题"。TRIZ 中的发明问题模型共有四种形式:技术矛盾、物理矛盾、物质-场问题、知识使能问题。与其对应的 TRIZ 工具也有四种:矛盾矩阵、分离原理、标准解法系统以及知识与效应库,见表 5-1。本章主要探讨技术矛盾和物理矛盾,其他内容参见其他相关章节。

表 5-1 技术系统问题模型、解决工具及方案模型

问题模型	解决问题工具	解决方案模型
技术矛盾	矛盾矩阵	发明原理
物理矛盾	分离原理	发明原理
物质-场	标准解系统	标准解
知识使能	知识库与效应库	方法与效应

马克思哲学认为,事物发展的源泉和动力是矛盾。矛盾是反映事物内部对立和统一关系的哲学范畴,矛盾就是对立统一。

在 TRIZ 理论中,阿奇舒勒认为,大量发明所面临和需要解决的问题正是矛盾。在把 TRIZ 词汇从俄文翻译成英文时,也有人把"矛盾"翻译成"冲突"。TRIZ 的出发点是借助于经验,通过对问题的定性描述来发现系统中的矛盾。借助于矛盾的发现,TRIZ 就能够解决工程技术系统中如何做的问题。技术系统中存在两种矛盾:技术矛盾和物理矛盾。

1. 技术矛盾

技术矛盾是我们最常见的矛盾。人们常说"慢工出细活",其意思是活要干得精细,干活的速度就要慢。反过来,干活的速度太快,活的精度就不高了。"干活速度"是我们希望提高的,而"活的精度"降低是我们不希望看到的结果,所以"干活速度"和"活的精度"就成为一对技术矛盾。

简而言之,技术矛盾是指在一个技术系统中两个参数之间的矛盾。为了"改善"技术系统的某个参数,导致该技术系统的另一个参数发生"恶化"而产生的矛盾,可用符号(A+,B−)或(A−,B+)来表示两个参数的关系。

例如,汽车速度提高了(A+),汽车的安全性必然降低了(B−)。提高"速度(A)"参数时,就导致了"安全性(B)"参数的恶化,这就构成了两个参数(速度A和安全性B)的矛盾。再如,为了增强桌子的强度,就需要加厚桌面和桌腿,这势必会导致桌子重量的增加。提高"强度"参数时(A+),就导致了"重量"参数的恶化(B−),这也构成了两个参数(强度和重量)的矛盾,即技术矛盾。

解决技术矛盾的传统方法,就是在多个技术需求之间寻求"折中"与"妥协",也就是"优化设计",但每一个参数都不可能达到最佳值。而 TRIZ 则是努力寻求突破性解决方案,以"无折中设计"来彻底消除技术矛盾。技术矛盾可通过阿奇舒勒矛盾矩阵表中推荐的发明原理得到解决。

2. 物理矛盾

物理矛盾是技术系统中一种常见的、更难以解决的矛盾。物理矛盾是在一个技术系统中同一个参数的矛盾。(可用符号 A+,A− 来表示一个参数的关系。)如自行车在使用时体积要足够大,以方便骑乘;在停放或携带时体积要小,以便不占用空间。自行车体积既要大又要小,这就构成同一参数(体积)的矛盾。伞在使用时体积要大,以便遮阳避雨;在不用时体积要小,以便收纳。伞的体积既要大又要小,这也构成了同一参数(体积)的矛盾。上述两例中所说的矛盾即物理矛盾。物理矛盾可用分离原理和发明原理解决。

5.1.2 技术矛盾与物理矛盾的区别

技术系统中的技术矛盾是由系统中矛盾的物理性质造成的;矛盾的物理性质是由元件相互排斥的两个物理状态确定的;而相互排斥的两个物理状态之间的关系是物理矛盾的本质。物理矛盾与系统中某个元件有关,是技术矛盾的原因所在。对于同一个技术问题来说,技术矛盾和物理矛盾是从不同的角度,在不同的深度上对同一个问题的不同表述,在很多时候,技术矛盾是更显而易见的矛盾,而物理矛盾是隐藏得更深入、更尖锐的矛盾。技术矛盾与物理矛盾

的区别具体表现在以下四个方面(成思源,2014):

(1)技术矛盾是整个技术系统中两个参数(特性和功能)之间的矛盾,物理矛盾是技术系统中某一个元件的一个参数(特性、功能)相对立的两个状态。

(2)技术矛盾涉及的是整个技术系统的特性,物理矛盾涉及的是系统中某个元素的某个特征的物理特性。

(3)物理矛盾比技术矛盾更能体现问题的本质。

(4)物理矛盾比技术矛盾更"激烈"一些。

5.2 技术矛盾及其解决方法

5.2.1 39个通用工程参数

阿奇舒勒对大量专利详细研究后发现,所有发明问题,包括工程技术问题都可以通过一些"参数"之间的矛盾来描述。但是如果把世界上各行各业的工程参数都罗列出来的话就太多了,不具备较强的可操作性。因此,阿奇舒勒对数量众多的工程参数进行了归纳和一般化处理,最终确定了39个能够表达几乎所有发明问题中的矛盾的"通用工程参数"。

利用这39个通用工程参数可以描述工程系统中出现的绝大部分技术问题。通用工程参数是连接具体问题与TRIZ的桥梁,是打开问题大门的"第一把钥匙"。39个通用工程参数及其解释见表5-2。

表5-2 39个通用工程参数及其解释

编号	参数名称	解释
1	运动物体的重量	重力场中的运动物体作用在阻止其自由下落的支撑物上的力,重量也常常表示物体的质量
2	静止物体的重量	重力场中的静止物体作用在阻止其自由下落的支撑物上或者放置该物体的表面上的力,重量也常常表示物体的质量
3	运动物体的长度	运动物体上的任意线性尺寸,而不一定是自身最长的长度。它不仅可以是一个系统的两个几何点或零件之间的距离,而且可以是一条曲线的长度或一个封闭环的周长
4	静止物体的长度	静止物体上的任意线性尺寸,而不一定是自身最长的长度。它不仅可以是一个系统的两个几何点或零件之间的距离,而且可以是一条曲线的长度或一个封闭环的周长
5	运动物体的面积	运动物体被线条封闭的一部分或者表面的几何度量,或者运动物体内部或者外部表面的几何度量。面积是以填充平面图形的正方形个数来度量的,如面积不仅可以是平面轮廓的面积,也可以是三维表面的面积,或一个三维物体所有平面、凸面或凹面的面积之和

续表

编号	参数名称	解释
6	静止物体的面积	静止物体被线条封闭的一部分或者表面的几何度量,或者静止物体内部或者外部表面的几何度量。面积是以填充平面图形的正方形个数来度量的,如面积不仅可以是平面轮廓的面积,也可以是三维表面的面积,或一个三维物体所有平面、凸面或凹面的面积之和
7	运动物体的体积	以填充运动物体或者运动物体占用的单位立方体个数来度量。体积不仅可以是三维物体的体积,也可以是与表面结合、具有给定厚度的一个层的体积
8	静止物体的体积	以填充静止物体或者静止物体占用的单位立方体个数来度量。体积不仅可以是与表面结合、具有给定厚度的一个层的体积
9	速度	物体的速度或者效率,或者过程、作用与完成过程、作用的时间之比
10	力	系统间相互作用的度量。在经典力学中,力是质量与加速度之积。在TRIZ中,力是试图改变物体状态的任何作用
11	应力、压强	单位面积上的作用力,也包括张力。如,房屋作用于地面上的力;液体作用于容器壁上的力;气体作用于气缸-活塞上的力。压力也可以来表示无压强(真空)
12	形状	一个物体的轮廓或外观。形状的变化可能表示物体的方向性变化,或者表示物体在平面和空间两种情况下的形变
13	对象的稳定性	物体的组成和性质(包括物理状态)不随时间改变而变化的性质,它表示了物体的完整性或者组成元素之间的关系。磨损、化学分解及拆卸都代表稳定性的降低,而增加物体的熵,则是增加物体的稳定性
14	强度	物体受外力作用时,抵制使其发生变化的能力
15	运动物体的作用时间	运动物体具备其性能或者完成作用的时间、服务时间以及耐久时间等。两次故障之间的平均时间,也是作用时间的一种度量
16	静止物体的作用时间	静止物体具备其性能或者完成作用的时间、服务时间以及耐久时间等。两次故障之间的平均时间,也是作用时间的一种度量
17	温度	物体所处的热状态,反映在宏观上系统热动力平衡的状态特征,也包括其他的热学参数,比如影响温度变化速率的热容量
18	照度	照射到物体某一表面上的光通量与该表面面积的比值,也可以理解为物体的适当亮度、反光性和色彩等
19	运动物体的能量消耗	运动物体完成指定功能所需的能量,其中也包括超系统提供的能量。在经典力学中,能量指作用力与距离的乘积
20	静止物体的能量消耗	静止物体完成指定功能所需的能量,其中也包括超系统提供的能量。在经典力学中,能量指作用力与距离的乘积
21	功率	物体在单位时间内,完成的工作量或者消耗的能量
22	能量损失	无用功消耗的能量。为减少能量损失,有时需要应用不同的技术手段,来提高能量利用率

续表

编号	参数名称	解释
23	物质损失	物体在材料、物质、部件或者子系统上,部分或全部、永久或临时的损失
24	信息损失	系统数据或者系统获取数据部分或全部、永久或临时的损失,经常也包括气味、材质等感性数据
25	时间损失	一项活动延续时间、改善时间的损失,一般指减少活动内容时所浪费的时间
26	物质的量	物体(或系统)的材料、物质、部件或者子系统的数量,它们一般能被全部或部分、永久或临时地改变
27	可靠性	物体(或系统)在规定的方法和状态下,完成指定功能的能力。可靠性常常可以被理解为无故障操作概率或无故障运行时间
28	测量精度	对系统特性的测量结果与实际值之间的偏差程度,减小测量中的误差可以提高测量精度
29	制造精度	所制造的产品在性能特征上,与技术规范和标准所预定内容的一致性程度
30	作用于对象的有害因素	环境或系统对于物体的(有害)作用,它使物体的功能参数退化
31	对象产生的有害作用	使物体或系统的功能、效率或质量降低的有害作用,这些有害作用一般来自物体或者与其操作过程有关的系统
32	可制造性	物体或系统在制造过程中的方便或者简易程度
33	操作流程的方便性	操作过程中,如果需要的人数越少,操作步骤越少,以及所需工具越少,同时又有较高的产出,则代表方便性越高
34	可维修性	一种质量特性,包括方便、舒适、简单、维修时间短等
35	适应性、通用性	物体或系统积极响应外部变化的能力;或者在各种外部影响下,具备以多种方式发挥功能的可能性
36	系统的复杂性	系统元素及其相互关系的数目和多样性。如果用户也是系统的一部分,将会增加系统的复杂性。人们掌握该系统的难易程度是其复杂性的一种度量
37	控制和测量的复杂度	控制或者测量一个复杂系统,需要高成本、较长时间和较多人力去完成。如果系统部件之间关系太复杂,也使得系统的控制和测量困难。为了降低测量误差而导致成本提高,也是一种测试复杂度增加的度量
38	自动化程度	物体或系统,在无人操作的情况下,实现其功能的能力。自动化程度的最低级别,是完全的手工操作方式。中等级别,则需要人工编程,根据需要调整程序,来监控全部操作过程。而最高级别的自动化,则是由机器自动判断所需操作任务、自动编程和自动对操作监控
39	生产率	在单位时间内,系统执行的功能或者操作的数量;或者完成一个功能或操作所需时间,以及单位时间的输出;或者单位输出的成本等

上述通用工程参数都有固定的编号,39个通用工程参数可分为三大类,即通用物理几何参数、通用技术负向参数和通用技术正向参数,见表5-3。

表5-3 39个通用工程参数的分类表

通用物理几何参数		通用技术负向参数		通用技术正向参数	
编号	参数	编号	参数	编号	参数
1	运动物体的重量	15	运动物体的作用时间	13	对象的稳定性
2	静止物体的重量	16	静止物体的作用时间	14	强度
3	运动物体的长度	19	运动物体的能量消耗	27	可靠性
4	静止物体的长度	20	静止物体的能量消耗	28	测量精度
5	运动物体的面积	22	能量损失	29	制造精度
6	静止物体的面积	23	物质损失	32	可制造性
7	运动物体的体积	24	信息损失	33	操作流程的方便性
8	静止物体的体积	25	时间损失	34	可维修性
9	速度	26	物质的量	35	适应性、通用性
10	力	30	作用于对象的有害因素	36	系统的复杂性
11	应力、压强	31	对象产生的有害作用	37	控制和测量的复杂度
12	形状			38	自动化程度
17	温度			39	生产率
18	照度				
21	功率				

所谓负向参数,是指这些参数变大时,系统或子系统的性能变差。如某一系统为完成指定的功能时,所消耗的能量(No.19和No.20)越大,则说明该系统设计越不合理。

所谓正向参数,是指这些参数变大时,系统或子系统的性能变好。例如系统的可制造性(No.32)指标越高,则这个系统设计越合理,因为其制造成本可能更低。

5.2.2 技术矛盾的描述

在实际问题分析过程中,为了用"两个参数之间的矛盾"来表达系统存在的问题,需要选择两个恰当的"通用工程参数"。工程参数的选择是一个难度较大的工作,不仅需要拥有关于技术系统的较为全面的专业知识,还要对以上39个通用技术参数的正确理解。在技术系统中,改善的参数和恶化的参数构成了技术系统内部的技术矛盾。创新的过程也就是消除这些矛盾,让相互矛盾的参数不再相互制约,最好能同时得到"改善",实现"双赢",从而推动产品或相关技术系统向提高理想度的方向发展。

在用通用工程参数来描述技术矛盾时,一般可以用"如果采取了方案M,那么A+,但是B−"来描述,其中M是采取的一般的技术解决方案,A是希望改善的参数,B是恶化的参数。

有时候为了验证该技术矛盾描述得是否正确,还可以采取与方案 M 相反的技术方案 M⁻,看看是否出现 B+,A− 的情况,否则技术矛盾的定义可能存在问题。该方法可用表 5-4 来进一步说明。

表 5-4 用通用参数来描述技术矛盾的方法

	技术矛盾	检验技术矛盾
如果	采取技术方案 M	采取与 M 相反的技术方案(M⁻)
那么	参数 A 得到改善(A+)	参数 B 得到改善(B+)
但是	参数 B 发生恶化(B−)	参数 A 发生恶化(A−)

【案例 5-1】

对于一张木制桌子,我们希望这张桌子更加结实牢固,采取的一般技术方案是:增加桌子木材用料,让桌面板更厚,让桌子腿更粗。由此产生的技术矛盾描述如下:

技术矛盾:

如果"采用增加桌子木材用料的方法",那么桌子的强度(编号为 14 的通用工程参数)得到改善(A+),但是桌子的重量(编号为 2 的通用工程参数)恶化(B−);

对该技术矛盾进行检验:

如果"采用减少桌子木材用料的方法",那么桌子的重量(编号为 2 的通用工程参数)得到优化(B+),但是桌子的强度(编号为 14 的通用工程参数)更加恶化(A−);

经验证,技术矛盾的描述(定义)是正确的。

5.2.3 阿奇舒勒矛盾矩阵表

为了提高解决技术矛盾的效率,弄清具体在什么情况下使用哪些发明原理,阿奇舒勒将 39 个通用工程参数和 40 条发明原理有机地联系起来,建立起对应关系,整理成 39×39 的矛盾矩阵表,作为解决技术矛盾的工具。表 5-5 为阿奇舒勒矛盾矩阵表局部,全表可参见附录 2 阿奇舒勒矛盾矩阵表。

表 5-5 阿奇舒勒矛盾矩阵表(局部)

改善的通用工程参数	恶化的通用工程参数	1 运动物体的质量	2 静止物体的质量	3 运动物体的长度	4 静止物体的长度	…
1	运动物体的质量			15,08 29,34		
2	静止物体的质量				10,01 29,35	
3	运动物体的长度	15,08 29,34				
4	静止物体的长度		35,28 40,29			
⋮						

在矩阵表中,"列"所代表的工程参数,是系统需要"改善"的参数的名称;"行"所描述的工程参数,是系统改善的参数的同时"导致恶化"了的另一个参数的名称。在1521个方格里,其中1263个方格中都有相应的几个数字。每个用逗号隔开的数字,就是TRIZ推荐的解决技术矛盾的"40个发明原理"的序号。

45°对角线的方格,是同一工程参数对应的方格,同一参数的矛盾是物理矛盾。物理矛盾的解决方法,将在5.4节详细介绍。

5.2.4 技术矛盾的解决方法及步骤

在发明过程中,面对技术矛盾时,通过分析可以从39个通用工程参数中选择某两个参数,并以这两个参数之间的矛盾来表示技术系统目前存在的问题,再用阿奇舒勒矛盾矩阵去寻找推荐的发明原理,根据推荐的原理进一步设计解决方案,最终就可以解决问题。图5-1所示为技术矛盾的解决流程。

图5-1 技术矛盾解决流程

应用阿奇舒勒矛盾矩阵解决技术矛盾,可按照以下步骤来进行:

(1)确定技术系统名称以及技术系统的主要功能。

(2)构建系统功能模型(具体方法参见本书第3章)。

(3)确定并筛选技术系统应改善的特性以及被恶化的特性。在提升改善特性的同时,必然会带来其他一个或多个特性的恶化。被恶化的特性属于尚未发生,所以在筛选并确定这些恶化的特性时,需要"大胆设想,小心求证"。

(4)对通用工程参数的矛盾进行描述。将应改善的以及恶化的特性用39个通用工程参数中的某2个进行重新描述。欲改善的工程参数和随之被恶化的工程参数形成了"矛盾"。如果确定矛盾的工程参数是同一参数,则属于物理矛盾(在5.4节将详细说明)。

(5)对矛盾进行反向描述,以验证系统矛盾描述的正确性。

(6)查找阿奇舒勒矛盾矩阵,得到所推荐的发明原理。将推荐的发明原理逐个应用于具体的问题上,探讨每个原理在具体问题上如何应用和实现,由此将获得多个可能的解决方案。

(7)如果所查找的发明原理都不适用于具体的问题,需要重新定义工程参数和矛盾,再重复步骤(3)~(6),重新确定系统矛盾并获得新的推荐的发明原理。

(8) 筛选出最理想的解决方案,并将其转化为具体的解决方法。

对于一些目标明确、很容易就可以定义出系统矛盾的发明问题,可以略过步骤(1)和(2),直接从步骤(3)开始,并按照如图5-1所示的技术矛盾解决流程进行发明问题的求解。

需要说明的是,对于某一个确定的问题,可以预先采取不同的常规解决方法,以获得(或者激发)系统中的矛盾。在不同的常规解决方法下,有可能会产生不同的参数间的矛盾,进而获得不同的发明原理,最终解决问题的方法也可能会不同(如本章5.3节案例2)。以上情况的发生,也说明了TRIZ理论解决问题的灵活性。

5.3 技术矛盾解决案例

案例1 波音737飞机发动机整流罩改进设计

问题描述:波音737飞机为加大航程而加大了发动机功率,发动机需要进更多的空气,因此发动机整流罩面积也需要加大。但倘若整流罩尺寸扩大,整流罩与地面间的距离将会缩小,飞机起降的安全性就会降低。设计人员面临的关键问题就是——如何改进发动机整流罩,而不致降低飞机的安全性。

问题分析:首先,确定形成上述"技术矛盾"的"通用工程参数"。该矛盾是由"运动物体的面积"和"运动物体的长度"两个参数构成的。需要改善的参数为"运动物体的面积",会因此恶化的参数为"运动物体的长度"。

其次,在矛盾矩阵中找到针对问题的发明原理。纵坐标上改善参数5(运动物体的面积)和横坐标上恶化善参数3(运动物体的长度)相交在一个小方格上,我们得到了四个数据,分别为14,15,18,04,见表5-6。

表5-6 应用矛盾矩阵表求解波音737飞机发动机整流罩改型问题

改善的通用 工程参数	恶化的通用 工程参数	1 运动物体 的重量	2 静止物体 的重量	3 运动物体 的长度	4 静止物体 的长度	5 运动物体 的面积
1	运动物体的重量			15,08 29,34		29,17 38,34
2	静止物体的重量				10,01 29,35	
3	运动物体的长度	15,08 29,34				15,17 04
4	静止物体的长度		35,28 40,29			
5	运动物体的面积	02,14 29,04		14,15 18,04		

依据查表结果,可以找到相对应的四个发明原理,即:No.04 增加不对称性原理,No.14 曲面化原理,No.15 动态特性原理以及 No.18 机械振动原理。

然后,将推荐的四个发明原理逐个应用到具体问题上,探讨每个发明原理在该问题上是否有效,见表 5-7。

表 5-7 发明原理与波音 737 飞机发动机整流罩问题的关联性

发明原理	与问题的关联性
04.增加不对称性原理	对解决问题有效
14.曲面化原理	对解决问题无效
15.动态特性原理	对解决问题无效
18.机械振动原理	对解决问题无效

最后,分析总结出最佳解决方案。根据上表我们得出"04 增加不对称性原理"可以解决存在的技术矛盾。将飞机整流罩做成不对称的扁平形状,纵向的尺寸不变,横向尺寸加大。这样,飞机整流罩的面积虽然加大了,但整流罩与地面的距离仍保持不变,因而飞机的安全性不会受到影响(见图 5-2)。

图 5-2 波音 737 飞机发动机整流罩改进设计最终方案

案例 2 安全便捷的信封设计

问题描述:在拆信封时,如果我们直接撕开,那么容易损坏内部的文件,快但不安全可靠。如果我们用剪子、刀子等辅助工具拆开,那么往往要先摇晃信封,使信内文件躲开要拆的位置,安全可靠但不方便。如何方便快捷、安全可靠地拆开信封,取出里面的文件或资料,是设计人员面临的关键问题。

问题分析:确定形成上述技术矛盾的通用工程参数。

对于第一种情景,即采取"直接撕开,快但不安全可靠"这一常规方法,可以将系统问题定义为"时间损失(需要改善的参数)"和"可靠性(会因此恶化的参数)"两个参数间的矛盾。据此在矛盾矩阵表中找到相应的发明原理,见表 5-8,得到了三个发明原理,分别为 No.10,No.30 和 No.04。

对于第二种情景,即采用"用剪子、刀子等辅助工具拆开,安全可靠但不方便"这一常规方案,可以将系统问题定义为"可靠性(需要改善的参数)"和"操作流程的方便性(会因此恶化的参数)"两个参数间的矛盾。据此在矛盾矩阵表中找到相应的发明原理,见表 5-9,得到了三个发明原理,分别为 No.27,No.17 和 No.40。

表 5-8 采用第一种常规方案后的系统矛盾及其求解

改善的参数	恶化的参数	…	24 信息损失	25 时间损失	26 物质的量	27 可靠性
23	物质损失			15, 18 35, 10	06, 03 10, 24	10, 29 39, 35
24	信息损失			24, 26 28, 32	24, 28 35	10, 28 23
25	时间损失	35, 18 10, 39	24, 26 28, 32		35, 38 18, 16	10, 30 04
26	物质的量	06, 03 10, 24	24, 28 35	35, 38 18, 16		18, 03 28, 40
⋮						

表 5-9 采用第二种常规方案后的系统矛盾及其求解

改善的参数	恶化的参数	29 制造精度	30 作用于对象的有害因素	31 对象产生的有害作用	32 可制造性	33 操作流程的方便性
23	物质损失	35, 10 24, 31	33, 22 30, 40	10, 01 34, 29	15, 34 33	32, 28 02, 24
24	信息损失		22, 10 01	10, 21 22	32	27, 22
25	时间损失	24, 26 28, 18	35, 18 34	35, 22 18, 39	35, 28 34, 04	04, 28 10, 34
26	物质的量	33, 30	35, 33 29, 31	03, 35 40, 39	29, 01 35, 27	35, 29 10, 25
27	可靠性	11, 32 01	27, 35 02, 40	35, 02 40, 26		27, 17 40

原理分析：依照上述两组数据，可以找到相对应的发明原理（见表 5-10）。解决矛盾一的发明原理有 No.10 预先作用原理，No.30 柔性壳体或薄膜结构原理以及 No.04 不对称原理。解决矛盾二的发明原理为 No.27 一次性用品替代原理，No.17 多维化原理以及 No.40 复合材料原理。然后，将推荐的发明原理逐个应用到具体问题上，探讨每个发明原理在该问题上是否有效。

表 5-10　发明原理与信封问题的关联性

常规方案	发明原理名称	与问题的关联性
采用第一种常规方案（矛盾 1）	04 增加不对称性原理	对解决问题无效
	10 预先作用原理	对解决问题有效
	30 柔性壳体或薄膜原理	对解决问题无效
采用第二种常规方案（矛盾 2）	17 多维化原理	对解决问题无效
	27 廉价替代品原理	对解决问题无效
	40 复合材料原理	对解决问题有效

解决方案：最后，分析总结出最佳解决方案，如图 5-3 所示。根据表 5-10 我们得出"10 预先作用原理"和"40 复合材料原理"可以解决存在的技术矛盾。设计一种带有"撕带"的安全便捷的信封，就可以很轻松地拆开信封。拆信时，人们只要轻轻一拉"预先存在"的另一种材料"撕带"，就可以拆开信封。内部的文件和资料不会损坏，且信封也保持了整洁。

图 5-3　改进后的设计方案——安全便捷信封

案例 3　纺织工艺流程的改进

问题描述：纺织印涂工艺过程中，织物要经过印涂辊进行印涂。印涂辊的结构中，有一个存放涂敷混合物的料槽。涂敷混合物是一种乳液状的黏着剂。凹版印辊的表面是一些雕刻好的印刷单元，它的一半浸在料槽里面的涂敷混合物中，当凹版印辊转动的时候，印辊表面上那些雕刻好的印刷单元在槽中被涂上涂料。这些涂料经过一个修理铲的休整，印辊表面多余的涂层被清除，被清除的涂敷混合物回到料槽中被再次利用。印辊休整后，与一个向下扎压的橡皮辊相遇。织物就是从这两个辊之间通过，织物在印辊和橡皮辊之间受到扎压。在扎压的过程中,会产生一个微小的真空。涂敷混合物由于真空的吸合而离开印涂辊,涂在织物的表面。这个特殊的涂敷过程使布料表面产生涂层,因而不再用浸泡织物的方法来产生涂层。经过这个工艺的织物含有湿涂层,接着该织物被卷入到加热的干燥罐中进行脱水,这样涂层就黏着在织物的面上。涂敷生产过程如图5-4所示。印涂辊的结构由以下几部分组成:橡皮辊、凹版印辊、涂敷混合物、修理铲以及织物。

图 5-4 涂敷生产过程

问题分析:系统存在的技术矛盾是,在这个操作中,机器的速度提高了,但是涂层的重量减轻了。我们需要的是一种方法在增加涂敷速度的同时提供足够的涂层重量。因此,使系统提高的参数是"速度",由此带来的使系统恶化的参数是"运动物体的重量"。理想化目标是增加涂敷速度的同时使织物有足够厚的涂层。

原理分析:通过查阅阿奇舒勒矛盾矩阵表,得出最可能解决该矛盾的四个创新原理,分别是 No.11 事先防范原理,No.35 物理或化学参数改变原理,No.27 廉价替代品原理以及 No.28 机械系统替代原理。

解决方案:应用以上四个创新原理,可以得出如下解决方案。

(1) 应用 No.11 事先防范原理。

建议:在改进过程中,通过事先使用某些对策,来增加物体的可靠性。

要解决的问题:涂层重量随涂敷速度增加而减少。

解决方向:改变织物的物理特性或涂敷物的物理特性,增加相互间的吸附能力。

解决方案:① 对织物进行化学处理:添加某种化学物质来改进织物的湿面特性,织物增加了对涂敷物的吸附能力,这样就能保证织物在涂敷速度增加的同时吸附上更多的涂敷物。② 对涂敷物进行化学处理:添加某种化学物质,使涂敷物的黏性增加,更利于涂敷物在织物的表面吸附。

(2) 应用 No.35 物理或化学参数改变原理。

建议:改变物体的各种状态参数,如改变物体的密度、弹性程度或温度等。

要解决的问题:涂层重量随涂敷速度增加而减少。

解决方向:改变织物的组成或改变涂敷物的物理特性。

解决方案:如果织物改为100%的棉织物,织物能成功地吸附涂敷物,这是由于棉纤维固有的棉芯吸附特性,但这样的改变将会完全改变我们的最终产品。这种改变,既改变最终产品的物理特性(抗张强度、延展性和手感),又改变织物本身的成本(100%的棉织物比棉/化纤比例为50/50的合成纤维织物昂贵得多)。

在织物的涂敷过程之前,可应用预热方法使织物在涂敷过程中吸收涂敷物。预热方法有利于织物的干燥,也有利于涂敷物的吸收。加热涂敷物之后,涂敷物的黏度会降低,从而优化了涂敷物的流体特性,更利于涂敷物从涂敷部件转移到织物上。

(3) 应用 No.27 廉价替代品原理。

建议:以廉价的东西代替昂贵的东西,这个方案可改进现存的系统,但不能解决系统中的根本问题。

要解决的问题:涂层重量随涂敷速度增加而减少。

解决方向:更换部件,用更好的部件来完成涂敷过程。

解决方案:将钢性修理铲用一个便宜的塑料铲来替代。从专利中我们发现,塑料铲更可靠,并适合更好的涂敷重量控制。

(4) 应用 No.28 机械系统替代原理。

建议:用一个光学系统、声学系统或气味的系统来代替机械系统,即更换物质场。

要解决的问题:涂层重量随涂敷速度增加而减少。

解决方向:改变或改善系统的作用场。

解决方案:当前的捏合辊,在涂敷过程中,会在织物上形成压力,它有一个硬橡皮层,印辊则是由坚固的钢制造的。因为辊的橡皮相当硬,当它和印辊接触时没有弹性,这就使橡皮辊和印辊间的接触面积较小。当压力一定时,如果使用一个更软一点、更富有弹性的橡皮辊,橡皮辊和印辊之间的接触面积将增加,这将增加织物吸附涂敷物的滞留时间。印辊得到的机械压力来自啮合辊,啮合辊也可用一个充气辊来代替,充气辊是中空的辊,可通过中间充气或放气来增加辊的硬度。

最终解决方案:

通过理论上的分析,我们利用创新原理,最终解决了问题,即使用更软一点的辊,涂层重量大大增加了,涂敷速度就可以在一定范围内增加。根据研究结果,改变原来的硬度为 90(邵氏硬度)的橡皮辊,取而代之的是硬度为 60(邵氏硬度)的软一点的橡皮辊。期望总涂层重量大约为 2.50 oz./yd^2(盎司/平方码)。以前以 30 yd/min(码/分钟)速度运行涂层重量大约 2.35 oz./yd^2(盎司/平方码)。改变辊的硬度后,取得了非常满意的效果,问题得到了有效的解决。

案例 4 菲利普灯泡的创新设计

问题描述:Philips 公司开发的小型荧光灯(Compact Fluorescent Lamp,CFL)是白炽灯良好的替代产品。它具有省电,使用寿命长,易回收再利用和环保的优点。荧光灯的发光原理是,荧光灯管里充满了水银蒸气,灯管内壁涂有荧光剂,水银蒸气受高压电激发使电子跳脱出来,部分电子撞击荧光剂后发出白光。在长期使用的情况下,荧光灯往往亮度变弱。这是由于真空玻璃管吸收水银蒸气,造成管中的水银蒸气不断减少。这不仅削弱了荧光灯的亮度,而且缩短了荧光灯的寿命。由此可见,如果管内水银蒸气量过少,会降低荧光灯工作的可靠性,使产品在市场上缺乏竞争力。由于对真空玻璃管的水银吸收率缺乏真实的统计数据,以及不精确的制造技术,传统的荧光灯往往填充过量的水银蒸气,造成了物质上的浪费。如果荧光灯管破损,大量的水银蒸气释放出来,对环境和人体的损害是非常大的。但是,降低管内的水银蒸气量会增加电能的耗费,因为为了保证亮度,需要增加能量以激发出更多的电子。

问题分析:系统存在的技术矛盾有,为了保证荧光灯亮度的稳定性,就不得不增加水银蒸气的量;减少水银蒸气的量,有利于环境保护,但降低了荧光灯工作的可靠性;减少水银蒸气的量,有利于环境保护,但增加了能量的耗费。

根据以上分析,共有三种常规解决方法,可以定义以下三组技术矛盾:

(1)采取第一种常规方案:减少水银蒸气的量(优化的参数:No.2静止物体的重量),但荧光灯工作的可靠性降低(恶化的参数:No.27可靠性),将其定义为矛盾1。

(2)采取第二种常规方案:减少水银蒸气的量(优化的参数:No.2静止物体的重量),但需要耗费更多的电能(恶化的参数:No.22能量损失),将其定义为矛盾2。

(3)采取第三种常规方案:减少水银蒸气的量,有利于环境保护(优化的参数:No.30作用于对象的有害因素),但荧光灯使用的能量增加了(恶化的参数:No.20静止物体的能量消耗),将其定义为矛盾3。

原理分析:对这三组技术矛盾分别查找阿奇舒勒矛盾矩阵表,得到多个创新原理,经进一步分析筛选,分别选择以下发明原理。

(1)针对矛盾1,最终选择创新原理为No.28机械系统替代。解决方案:用高频的电磁场来打破这个玻璃囊。

(2)针对矛盾2,最终选择创新原理为No.7嵌套。解决方案:在真空管的里面内嵌一个玻璃囊。

(3)针对矛盾3,最终选择创新原理为No.37热膨胀。解决方案:利用金属线和玻璃囊的热膨胀系数的不同释放水银蒸气。

最终解决方案:经过计算满足性能要求的最小剂量的水银蒸气被密封在玻璃囊中。在玻璃囊的内壁上嵌着金属线圈。该玻璃囊被内嵌在真空管的一端。荧光灯被制造出来后,通过一个高频的电磁场来加热玻璃囊。由于玻璃囊和金属线圈的热膨胀系数不一样,使得金属线圈能够切断玻璃囊,释放出水银蒸气。同一般的荧光管相比,用这种新的制造技术,至少可以减少75%的水银含量,减少了对环境的污染。

案例5 开口扳手的改良设计

问题描述:在生活、工作中经常需要用扳手松动或拧紧螺栓、螺母。由于扳手受力集中在螺栓的2条棱边,棱边容易变形而造成扳手打滑。要想避免打滑,扳手的开口尺寸需要做到合适,在确保可卡入螺栓头的前提下,扳手开口与螺栓头之间的间隙要尽可能小。通过增加受力面来减少对棱角的磨损,需要提升制造精度,但这样会提高制造成本。

问题分析:首先,确定形成上述"技术矛盾"的"通用工程参数"。该矛盾是由"对象产生的有害作用"和"制造精度"两个参数构成的。需要改善的参数为"No.31对象产生的有害作用",会因此恶化的参数为"No.29制造精度"。

原理分析:查找阿奇舒勒矛盾矩阵表,得到推荐的四个发明原理,分别为No.4增加不对称性原理,No.17多维化原理,No.26复制原理以及No.34抛弃或再生原理。在此基础上探讨每个发明原理在该问题上是否有效,见表5-11。

表 5-11　发明原理与扳手问题的关联性

发明原理	与问题的关联性
No.04 增加不对称性原理	对解决问题有效
No.17 多维化原理	对解决问题有效
No.26 复制原理	对解决问题无效
No.34 抛弃或再生原理	对解决问题无效

最终解决方案：根据表 5-11 我们得出，No.17 多维化原理和 No.04 增加不对称性原理可以解决存在的技术矛盾。开口扳手设计中，在扳手卡口内侧壁开几个弧，此时扳手的作用力作用在螺栓的棱面上，有效地保护了棱角。图 5-5 所示的设计方案就是基于该原理的实际产品，该设计为美国专利（US Patent 5406868）。

图 5-5　改进后的设计方案

案例6　新型排污管道的设计

随着国家环境保护力度的加大，传统的水泥管正在逐步退出市场，20世纪90年代后期，新型替代产品即各类环保排水管材开始在工程上应用。在排污管道领域，应用较多的是塑料管，如 PVC 双壁波纹管、PE 双壁波纹管以及 HDPE 缠绕结构壁管等（见图 5-6）。近几年，采用欧洲瑞士与美国技术制作的镀锌螺旋钢管（见图 5-7）开始进入国内市场，广泛应用于通风、雨水管道系统中，由于受防腐性能限制，还没有大量进入污水管道工程。（王传友，2009）

图 5-6　塑料排污管道
(a)PVC 双壁波纹管；　(b)PE 双壁波纹管；　(c)HDPE 缠绕结构壁管

图 5-7 螺旋钢管

问题描述：分析以上两类管材的性能差别，主要是由于材质不同，两类管材性能上具有的优势不同，镀锌螺旋钢管的优点是环刚度较大，耗材较少，其不足是防腐性能一般，并且不耐磨损，塑料管的优点是耐腐蚀、耐磨损，但环刚度提高受限，耗材较多。

问题分析：首先分别列出寻求改进这两种管子的技术矛盾。对于塑料管，耐腐蚀，耐磨损，但是径向刚度低，易变形，稳定性差。要提高刚度，就要加厚管壁，也就增加了材料。这是一个技术矛盾。对于镀锌螺旋钢管，强度高，刚度高，但是耐腐蚀、耐磨损性差，也就是稳定性差。要提高耐腐耐磨性，就要加厚镀锌层和钢板。这是一个技术矛盾。因此，无论选择哪种类型的管子进行分析，其技术矛盾都是一致的。改善一方：No.13 对象的稳定性；恶化一方：No.2 静止物体的重量。

原理分析：从矛盾矩阵表上查得创新原理 No.26 复制原理，No.39 惰性环境原理，No.1 分割原理以及 No.40 复合材料原理。显然可以选取"No.40 复合材料"作为排污塑料管的创新原理。

最终解决方案：要使用复合材料，用什么材料复合呢？一目了然，就是用塑料与钢材复合，做成塑钢复合管。这就将创新原理"复合材料"转换成一个创新方案。具体的方法为，在镀锌钢板的两面上熔融粘贴塑料片，再以此复合板材为原料，在专用设备上加工成复合管（见图 5-8）。此项技术工艺为国内领先，该产品填补了国内污水管的空白。这是黑龙江省推广应用 TRIZ 后，企业取得的一项可喜的成果，该产品填补了国内塑钢复合排污管的空白。

图 5-8 塑钢复合管

5.4 物理矛盾及其解决方法

阿奇舒勒对物理矛盾的定义是,一个技术系统中由表述系统性能的同一个参数具有相互排斥(相反的或不同)需求所构成的矛盾,即当矛盾中"改善的通用工程参数"和"恶化的通用工程参数"是同一个参数时,就属于物理矛盾。

物理矛盾可表述为,技术系统要求某一参数性质为 A+,同时又要求这一参数性质为 A−。例如在同一个室内有人希望温度高,有人希望温度低。这对室内的温度这个参数就有了两个不同的要求。再如,为了容易起飞,飞机的机翼应有较大的面积,但为了高速飞行,机翼又应有较小的面积,这种要求机翼具有大的面积与小的面积同时存在的情况,对于机翼的设计就是物理矛盾,解决该矛盾是机翼设计的关键。与技术矛盾相比,物理矛盾是一种更尖锐的矛盾,设计中必须解决。相对于技术矛盾,物理矛盾是一种更突出、不容易解决的矛盾。常见的物理矛盾见表 5−12。

表 5−12 常见物理矛盾的互斥特性举例

几何类物理矛盾	材料及能量类物理矛盾	功能类物理矛盾
"长"与"短"	"多"与"少"	"疏通"与"堵塞"
"对称"与"非对称"	密度"大"与"小"	"推"与"拉"
"平行"与"不平行"	传导率"高"与"低"	"热"与"冷"
"薄"与"厚"	温度"高"与"低"	"快"与"慢"
"圆"与"非圆"	时间"长"与"短"	"移动"与"静止"
"宽"与"窄"	黏度"高"与"低"	"软"与"硬"
"水平"与"垂直"	功率"大"与"小"	"强"与"弱"
"尖"与"钝"	摩擦力"大"与"小"	成本"高"与"低"
⋮	⋮	⋮

前面介绍的阿奇舒勒矛盾矩阵中,45°对角线的方格都是空的,没有推荐的发明原理。这些方格对应"行"和"列"的工程参数是同一个,因此都是物理矛盾。

技术矛盾和物理矛盾反映的都是技术系统的参数属性。技术矛盾是技术系统中两个参数之间的矛盾。物理矛盾是技术系统中同一个参数对立的两个状态。

技术矛盾和物理矛盾是相互联系的。技术系统中的技术矛盾是由系统中矛盾的物理性质造成的。矛盾的物理性质是由元件相互排斥的两个物理状态确定的。而相互排斥的两个物理状态之间的关系是物理矛盾的本质。由此可见,技术矛盾和物理矛盾是相互联系并可以相互转化的。

5.4.1 物理矛盾的描述

将技术系统中的问题转化为物理矛盾是非常重要的。如何准确描述和定义问题中的物理

矛盾,对问题最终解决十分关键。物理矛盾的描述形式如下:

技术系统(或子系统)的某参数 A 必须 M+,因为 X;但同时,参数 A 又不许 M-,因为 Y。

其中 M+和 M-分别代表参数 A 的相反的取值。X 和 Y 分别代表参数 A 取 M+和 M-的原因或取 M+和 M-后可以达到的效果。在物理矛盾的描述过程中,由于问题的复杂性增加,"参数"的选择可能会超出 39 个通用工程参数。在物理矛盾中,我们更加关注参数的"互斥特性",而非参数本身。

例如,我们希望手机的屏幕大,这样浏览网页更加清楚;同时我们又希望手机的屏幕小一些,这样携带起来更方便。针对这一问题,对手机这一技术系统的物理矛盾描述如下:

(1)手机屏幕的尺寸(A)需要大(M+),因为可以看得清楚。
(2)但同时,尺寸(A)需要小(M-),因为可以便于携带。

例如,卡车需要车身坚固从而能承载更多的货物。因此,卡车需要用大量的钢材来制造更大更结实的车身。但这样会使车身重量加重,在行驶过程中需要耗费更多的燃油。如果将这一问题用上一节讲过的"技术矛盾"进行定义,可以描述为 39 个通用工程参数中"强度"和"运动物体的重量"之间的矛盾。如果要用物理矛盾来定义的话,则需要找到某一个有对立要求的参数,例如可以从卡车车身的"材料密度"这一参数来定义该问题的物理矛盾,并描述如下:

(1)卡车车身材料的密度(A)必须高(M+),因为这样可以使车身坚固并运输重的货物。
(2)但同时,卡车车身材料的密度(A)必须低(M-),因为这样可以节省卡车运输所需的燃油。

该物理矛盾的描述也可以采取表格的形式(见表 5-13)。

表 5-13 用表格的形式定义物理矛盾

步骤	结果
(1)确定问题相关组件及其参数(A)	系统组件:卡车车身; 参数:材料的密度(A)
(2)确定该参数的正向取值,指定要求的作用、物理状态或参数值。用"必须"、"应该"等描述	必须:高
(3)说明该正向取值的目的(X)。用"因为这样可以…"进行描述	因为这样可以使车身坚固并运输重的货物
(4)但同时	但同时
(5)确定问题相关组件及其参数(A),同第一步	系统组件:卡车车身; 参数:材料的密度(A)
(6)确定该参数的逆向取值,指定要求的作用、物理状态或参数值。用"又必须"、"又应该"等描述	又必须:低
(7)说明该正向取值的目的(Y)。用"因为这样可以…"进行描述	因为这样可以节省卡车运输所需的燃油

5.4.2 解决物理矛盾的分离原理

解决物理矛盾的核心思想是实现矛盾双方的分离,解决问题的模式如图 5-9 所示。

图 5-9 物理矛盾解题模式

现代 TRIZ 理论在总结解决物理矛盾方法的基础上,提炼出了四个"分离原理",包括空间分离、时间分离、条件分离和整体与部分分离(见图 5-10)。下面将对这四种分离原理分别进行具体介绍。

图 5-10 分离原理的四种类型

1. 空间分离

空间分离原理是指矛盾双方(同一参数的两个相反的需求)在空间上处于不同的地点,可以让系统在不同的地点具备相应的特性以满足不同的需求。当关键子系统的矛盾双方在某一空间中只出现一方时,可以进行空间分离。

例如,伞的发明。春秋时期巧匠鲁班在乡间为百姓做活,日晒雨淋很辛苦。妻子云氏突发奇想:"要是随身有个小亭子带上就好了。"鲁班听了妻子的话,茅塞顿开。这位本领高强、无所不能的中国发明大王依照亭子的样子,裁了一块布,安上活动骨架,装上把儿,于是世界上第一把"伞"就这样问世了。"收拢如棍,张开如盖",用空间分离的原理很好地解决了伞在"用的时候大,不用的时候小"的物理矛盾。

用声呐探测器在海面上进行海底测量时,若将声呐探测器安装在船上的某一部位,船上的各种干扰会影响测量精度;如果通过电缆连接,将声呐探测器置于距船千米之外,声呐探测器和船内的各种干扰在空间上予以分离,从而会使测试精度获得大幅度提高。

如果确定可以使用空间分离解决物理矛盾的话,可以进一步尝试表 5-14 中的发明原理,这些发明原理有助于实现物理矛盾的空间分离。

表 5-14 有助于实现空间分离的发明原理

分离原理	发明原理
空间分离	1. 分割原理
	2. 抽取原理
	3. 局部质量原理
	4. 增加不对称性原理
	7. 嵌套原理
	13. 反向作用原理
	14. 曲面化原理
	17. 多维化原理
	24. 借助中介物原理
	26. 复制原理
	30. 柔性壳体或薄膜原理

【案例 5-2】

当老师讲课时，需要教杆长一些，方便使用。课后希望教杆短一些，便于携带。我们就用"嵌套原理"较好地解决了这个物理矛盾。使用教杆和收纳教杆在空间可以分离，把教杆设计成嵌套形状，就可根据不同空间自由伸缩。

2. 时间分离

时间分离原理是把矛盾双方在不同的时间段上分离，以解决问题或降低解决问题的难度。当关键子系统矛盾双方在某一时间段上只出现一方时，就可以进行时间分离。

例如：折叠自行车，如图 5-11(a)所示。当自行车行驶时，体积要大方便使用；在携带、存放时，体积要小方便收纳。折叠自行车用时间分离原理很好地解决了自行车在"用时大，不用时小"的物理矛盾。

舰载飞机的机翼大一些，这样有更好的承载能力，提供更大的升力；但机翼小一些，可以在航空母舰有限的面积上放更多的飞机。用时间分离原理可以解决这个物理矛盾。飞机在航母上机翼可折叠存放，在飞行时飞机机翼打开，如图 5-11(b)所示。

(a)

(b)

图 5-11 折叠自行车和舰载飞机

如果确定可以使用时间分离解决物理矛盾的话,可以进一步尝试表5-15中的发明原理,这些发明原理有助于实现物理矛盾的时间分离。

表5-15 有助于实现时间分离的发明原理

分离原理	发明原理
时间分离	9. 预先反作用原理
	10. 预先作用原理
	11. 事先防范原理
	15. 动态特性原理
	16. 未达到或过度的作用原理
	18. 振动原理
	19. 周期性作用原理
	20. 有效持续作用原理
	21. 减少有害作用的时间原理
	26. 复制原理
	34. 抛弃或再生原理
	37. 热膨胀原理

【案例5-3】

在把混凝土桩打入地基的过程中,人们希望桩头比较锋利,以便使桩容易进入地面。同时又不希望桩头过于锋利,因为在桩到达位置后,锋利的桩头不利于桩承受较重的负荷。"预先作用原理"较好地解决了这个物理矛盾。在混凝土桩的导入阶段,采用锋利的桩头将桩导入。到达指定的位置后,将桩头分成两半或采用预先内置的爆炸物破坏桩头,使得桩可以承受较大的载荷(见图5-12)。

图5-12 打入桩施工与混凝土打桩头

3. 条件分离

条件分离原理是将矛盾双方在不同的条件下分离,以解决问题或降低解决问题的难度。当关键子系统的矛盾双方在某一条件下只出现一方时,可以进行条件分离。

例如，水射流。水射流可以是软质物质，用于洗澡按摩；也可以是硬质物质，用来切割金属。水射流既是"软的"也是"硬的"，取决于水流的速度，能满足在不同的场合使用。

厨房中使用的水池箅子（见图5-13），对于水而言是多孔的，允许水流过；而对于食物而言是刚性的，不允许食物通过。

图5-13 水池箅子

如果确定可以使用条件分离解决物理矛盾的话，可以进一步尝试表5-16中的发明原理，这些发明原理有助于实现物理矛盾的条件分离。

表5-16 有助于实现条件分离的发明原理

分离原理	发明原理
条件分离	28.机械系统替代原理
	29.气压和液压结构原理
	31.多孔材料原理
	32.颜色改变原理
	33.均质性原理
	35.物理或化学参数改变原理
	36.相变原理
	38.强氧化剂原理
	39.惰性环境原理

【案例5-4】

跳水运动员希望游泳池的水能"硬"得支撑住身体，而不会撞到池底。同时也希望游泳池的水足够"软"，减轻水对身体的冲击伤害。游泳池的水既要"硬"又要"软"。"物理或化学参数改变原理"较好地解决了这个物理矛盾。在游泳池内打入气泡，让水的平均密度降低，水就变得更"柔软"（见图5-14）。

图 5-14　有气泡的游泳池

4. 整体与部分分离

整体与部分分离原理是将矛盾双方在不同的层次分离,以解决问题或降低解决问题的难度。当矛盾双方在关键子系统的层次只出现一方,而该方在子系统、系统或超系统层次内部出现时,可以进行整体与部分分离。

例如市场的需求有两种情况:一种是大众化的产品,要求生产线大批量的连续生产来满足市场需求,这是主体;而个性化的消费需求也是一种潮流,这部分需求也要满足。采用零库存、准时生产原理的柔性生产线能满足两种需求。

对于自行车链条来说,各个零部件(键条上的每一个链接)是刚性的,但是系统在整体上(链条)是柔性的,如图 5-15 所示。

图 5-15　链条的局部与整体特征

如果确定可以使用整体与部分分离解决物理矛盾的话,可以进一步尝试表 5-17 中的发明原理,这些发明原理有助于实现物理矛盾的整体与部分分离。

【案例 5-5】

为了能保持通话,听筒和电话机身必须连在一起,可人们在通话时不能随意走动,非常不方便。听筒与机身连在一起保证了通话,但听筒与机身连在一起使用不便。"机械系统替代原理"较好地解决了这个物理矛盾。无绳电话用电磁场连接,代替了听筒与机身之间的电线连接。听筒(部分)与电话机身(整体)分离,接听电话不再受"线"的限制。

表 5-17 发明原理解决物理矛盾

分离原理		发明原理
整体与部分分离	转换到子系统	1. 分割原理
		5. 组合原理
		12. 等势原理
		25. 自服务原理
		40. 复合材料原理
		33. 均质性原理
	转换到超系统	6. 多功能性原理
		22. 变害为利原理
		23. 反馈原理
	转换到竞争性系统	27. 廉价替代品原理
	转换到相反系统	8. 重量补偿原理
		13. 反向作用原理

5.4.3 解决物理矛盾的通用工程参数法

在经典 TRIZ 理论中,解决技术矛盾的阿奇舒勒矩阵表是由 39 个通用工程参数和 40 个发明原理组成的一个 39×39 的矩阵。在此矩阵表中,表示物理矛盾(同一个参数的矛盾)的主对角线上的位置是空白的。

2003 年,美国科技人员在引入 TRIZ 理论的基础上,对约 1 500 万件专利加以分析、研究、总结、提炼和定义,在 39 个通用工程参数的基础上又增加了 9 个通用工程参数,同时,将经典 TRIZ 的 40 个发明原理扩充到了 77 个。在此基础上,阿奇舒勒矛盾矩阵表(1970 矛盾矩阵表)也由原来的 39×39 的矩阵扩充为 48×48 的矩阵,尤其值得一提的是,在这个新的矛盾矩阵表(国内外 TRIZ 研究者将其称为"2003 矛盾矩阵表")中不再出现有空格,物理矛盾与技术矛盾的求解同时在矛盾矩阵表中显现。该表不仅为解决技术矛盾,同时也为解决物理矛盾提供了有序、快速和高效的方法。

本书在经典 TRIZ 理论的基础上,结合美国学者的研究成果,将"2003 矛盾矩阵表"中与解决物理矛盾相对应的创新原理列举出来,即单独把"2003 矛盾矩阵表"对角线上的创新原理与对应的通用工程参数摘录下来,形成如表 5-18 所示的通用工程参数与创新原理的对应表,专门用来解决物理矛盾。这样,除了 4 种分离,解决物理矛盾又多一个通用工程参数法,使思路更加开阔,方法更加多样化。

表 5-18 物理矛盾相应的通用工程参数与创新原理对应表

通用工程参数	可用于解决由该参数引起的物理矛盾的发明原理
1. 运动物体的重量	35,28,31,08,02,03,10
2. 静止物体的重量	35,31,13,17,02,40,28
3. 运动物体的长度	17,01,03,35,14,04,15
4. 静止物体的长度	17,35,03,28,14,04,01
5. 运动物体的面积	05,03,15,14,01,04,35,13
6. 静止物体的面积	17,35,03,14,04,01,28,13
7. 运动物体的体积	35,03,28,01,07,15,10
8. 静止物体的体积	35,03,02,28,31,01,14,04
9. 速度	28,35,13,03,10,02,19,24
10. 力	35,03,13,10,17,19,28
11. 应力、压强	35,03,40,17,10,02,09,04
12. 形状	03,35,28,14,17,04,07,02
13. 对象的稳定性	35,24,03,40,10,02,05
14. 强度	35,40,03,17,09,02,28,14
15. 运动物体的作用时间	03,10,35,19,28,02,13,24
16. 静止物体的作用时间	35,03,10,02,40,24,01,04
17. 温度	35,03,19,02,31,24,36,28
18. 照度	35,19,32,24,13,28,01,02
19. 运动物体的能量消耗	35,14,28,03,02,10,24,13
20. 静止物体的能量消耗	35,03,19,02,13,01,10,28
21. 功率	35,19,02,10,28,01,03,15
22. 能量损失	35,19,03,02,28,15,04,13
23. 物质损失	25,10,03,28,24,02,13
24. 信息损失	24,10,07,25,03,28,02,32
25. 时间损失	10,35,28,03,05,24,02,18
26. 物质的量	35,03,31,01,10,17,28,30
27. 可靠性	35,03,40,10,01,13,28,04
28. 测量精度	28,24,10,37,26,03,32
29. 制造精度	03,10,02,25,28,35,13,32
30. 作用于对象的有害因素	35,24,03,02,01,40,31
31. 对象产生的有害作用	35,03,25,01,02,04,17

续表

通用工程参数	可用于解决由该参数引起的物理矛盾的发明原理
32. 可制造性	01,35,10,13,28,03,24,02
33. 操作流程的方便性	25,01,28,03,02,10,24,13
34. 可维修性	01,13,10,17,02,03,35,28
35. 适应性、通用性	15,35,28,01,03,13,29,24
36. 系统的复杂性	28,02,13,35,10,05,24
37. 控制和测量的复杂度	10,25,37,03,01,02,28,07
38. 自动化程度	10,13,02,28,35,01,03,24
39. 生产率	10,35,02,01,03,28,24,13

5.5 物理矛盾解决案例

如何实现矛盾双方的分离,是解决物理矛盾的关键。对同一个物理矛盾运用不同的分离原理可以得到不同的问题解决方法。

案例1 十字路口的物理矛盾及其解决

问题描述:随着城市的发展,车的数量也在激增,在道路交叉处设置十字路口也成为必然。十字路口方便了车辆行驶,使人们更快捷地到达目的地。十字路口的存在,也造成了车辆相互碰撞的可能,带来了很多安全隐患。

问题分析:首先,十字路口的存在,就是我们面临的物理矛盾。其次,可以用四个分离原理来解决这个矛盾。

原理分析及解决方案:

(1)运用空间分离原理解决十字路口问题。前面我们介绍了与空间分离原理相关的发明原理有10个(见表5-14)。"空间维数变化原理"就能较好地解决这个物理矛盾。搭建立交桥、地下通道就能使车辆和人安全、快捷地顺畅通行(见图5-16)。

(2)运用时间分离原理解决十字路口问题。与时间分离原理相关的发明原理有12个(见表5-15)。"预先作用原理"就能较好地解决这个物理矛盾。预先在十字路口安装上红绿灯,让人、车分时通过(见图5-17)。

(3)用条件分离原理解决十字路口问题。与条件分离原理相关的发明原理有13个(见表5-16)。"曲面化原理"就能较好地解决这个物理矛盾。在十字路口中心设置圆形转盘,四个方向的车流到达路口后,均进入转盘,形成减速和分流(见图5-18)。

(4)整体与部分分离原理解决十字路口问题。与整体与部分分离原理相关的发明原理有9个(见表5-17)。"等势原理"就能较好地解决这个物理矛盾。将十字路口设计成两个"丁字"路口,延缓一个方向的行车速度,加大与另一个方向的避让距离,从而缓解交通压力(见图5-19)。

图 5-16 立交桥

图 5-17 红绿灯

图 5-18 十字路口的圆形转盘

图 5-19 两个"丁字"路口

案例 2　老年人眼镜的创新设计

问题描述：很多中老年人，既近视同时眼睛也老花了。看近距离的物体时，需要屈光度高。看远处时，需要屈光度低。如何让这些人既能看清近处，又能看清远处是我们面临的问题。

问题分析：首先，屈光度就是我们面临的物理矛盾。因此，可以用四个分离原理来解决这个矛盾。

原理分析及解决方案：

(1)运用空间分离原理解决屈光度问题。与空间分离原理相关的发明原理有10个。其中,"分割原理"可以较好地解决这个物理矛盾。其方案为:在同一镜片上有两种屈光度。矫正远距离视力的屈光度数在镜片上方,矫正近距离视力的屈光度数在镜片下方(见图5-20)。其优点是同一镜片同时包括远、近两个屈光度数,可交替看远近物体,而不用更换眼镜。缺点是看远部分和看近部分之间有明显的分隔线,看近处的部分相对较小,因此视野受到一定限制。

图5-20 双光眼镜

(2)运用时间分离原理解决屈光度问题。与时间分离原理相关的发明原理有12个。其中"预先作用原理"能较好地解决这个物理矛盾。其方案为:准备两副眼镜,一副是老花镜,一副是近视镜。其优点是简单地解决了该问题,使用现有产品就可。缺点是两副眼镜来回更换,十分不便。

(3)用条件分离原理解决屈光度问题。与条件分离原理相关的发明原理有13个。经分析,"组合原理"能较好地解决这个物理矛盾。在眼镜的玻璃中间夹一层很薄的液体结晶,并缚上一个电极环。电极能调配镜头的调焦功率,使镜片在瞬间达到最理想的视觉效果。其优点是视野范围不受限制,缺点是整体结构复杂且成本较高。

(4)整体与部分分离原理解决屈光度问题。与整体与部分分离原理相关的发明原理有9个。经分析,"复合材料原理"能较好地解决这个物理矛盾。将镜片分成两层,进行组合使用(见图5-21)。单镜片(凹透镜)独立使用时可以看清楚近处。当另一个镜片(凸透镜)叠加上来时,就可以看清楚远处的物体。其优点是视野范围不受限制,缺点是镜片结构复杂,需要加入一定的机械结构,所以不够轻便。

图5-21 双层眼镜

5.6 将技术矛盾转化为物理矛盾

一般情况下,技术矛盾都可以转换成物理矛盾。技术矛盾是一方改善同时引起另一方恶化的矛盾,它涉及两个方面,是技术系统两个参数之间的矛盾;物理矛盾是对一个元件、一个参数提出两种相反要求的矛盾,只涉及一个元件、一个参数。

当解决技术矛盾遇到麻烦时,可将技术矛盾转化为物理矛盾。例如,为了提高子系统 Y 的效率,需要对子系统 Y 加热,但是加热会导致其邻近子系统 X 的降解,这是一对技术矛盾。同样,这样的问题可以用物理矛盾来描述,即温度既要高又要低。高的温度提高 Y 的效率,但是恶化 X 的质量;而低的温度不会提高 Y 的效率,也不会恶化 X 的质量。所以技术矛盾与物理矛盾之间是可以相互转化的,利用它们之间的这种转化机制,我们可以将一个冲突程度较低的技术矛盾转化为一个冲突程度较高的物理矛盾,进而显著地缩小解决方案搜索的范围和候选方案的数目。下面举例说明技术矛盾向物理矛盾的转化。

【案例 5-6】

(1) 在 5.3 节案例 1 中,经分析,飞机发动机系统的技术矛盾可以定义为:"运动物体的面积"和"运动物体的长度"两个参数之间的矛盾。需要改善的参数为"运动物体的面积",会因此恶化的参数为"运动物体的长度"。如果将飞机发动机进气罩的技术矛盾转化为物理矛盾,则可以定义为:进气罩直径要加大,以增加进气量;又不能加大,以保证罩下沿的对地距离。要大又不能大,这是一个物理矛盾。

(2) 管道法兰盘(见图 5-22)螺栓多,为了密封性能好,有的法兰盘螺栓多达 100 多个,装卸非常麻烦。在这个问题中,需要提高(改善)密封性能,但是装卸的效率恶化了,这是一个典型的技术矛盾。将法兰盘系统的技术矛盾转化为物理矛盾,则可以定义为:法兰盘的螺栓要多,密封好;螺栓要少,拆卸方便。既要多又要少,这是一个物理矛盾。

图 5-22 管道法兰盘

思 考 题

1. 什么是技术矛盾？解决技术矛盾的目的是什么？技术矛盾的解决方法是什么？
2. 39个通用工程参数有什么作用？
3. 简述矛盾矩阵表的构成要素和特点。矛盾矩阵表是如何使用的？
4. 什么是物理矛盾？解决物理矛盾采用什么方法？解决物理矛盾的目的是说明什么？
5. 分离原理有哪几种？分离原理和40个发明原理是何关系？
6. 新造的船在岸边完工后，要下水了，需要有一个平板车将船从岸边的制造车间移动到海水里面，如图5-23所示。但是当平板推车的车轮进入海水中时，海水也会进入到车轮的轴承，海水将会腐蚀轴承，轴承的清洗处理非常复杂而且耗时，并且非常昂贵。这样我们就遇到了一对矛盾，如何来解决这个问题？

图5-23 船和平板推车

7. 在捕鱼时，捕鱼用的捞网（见图5-24）的开口需要大一些，以方便鱼进入，但如果开口太大，进入网中的鱼又会逃出去，所以要求捕鱼器的开口既要大，又要小，如何解决这一物理矛盾？

图5-24 捕鱼用的捞网

8. 汽车安全气囊是为了最大限度地保护驾驶员和前排乘客。但是，调查发现安全气囊每保护20个人，就有1个人不能受保护而死亡。造成这一结果的原因是，目前的气囊只保护了身高的司机和乘客，对身材矮小的司机和乘客可能起伤害作用。进一步分析可知，气囊在完全膨胀后由于表层的弹性可以对司机和客户起到保护作用，但气囊在膨胀过程中，像一个刚体，很容易碰到身材矮小(离方向盘近)的司机和乘客,而使他们受伤。请应用本章所学知识尝试解决这一问题。

9. 为了提高击打的力度,需要增加羽毛球排的重量,但是为了节省运动员的体力,又希望球拍很轻。请分别用技术矛盾和物理矛盾来描述这一问题,并提出创新性的设计思路。

10. 路灯需要做得高一些,这样可以扩大照明范围,但是这样会给维修带来不便。请分别用技术矛盾和物理矛盾来描述这一问题,并提出创新性的设计思路。

参 考 文 献

[1] 赵锋. TRIZ 理论及应用教程[M]. 西安:西北工业大学出版社,2010.

[2] 赵敏,张武城,王冠殊. TRIZ 进阶及实战:大道至简的发明方法[M]. 北京:机械工业出版社,2016.

[3] 王传友,王国洪. 创新思维与创新技法[M]. 北京:科学出版社,2009.

[4] 杨清亮. 发明是这样诞生的:TRIZ 理论全接触[M]. 北京:机械工业出版社,2006.

[5] 牛占文,徐燕申,林岳,等. 发明创造的科学方法论——TRIZ[J]. 中国机械工程,1999,10(1):84-89.

[6] Genrich Altshuller. 创新算法:TRIZ、系统创新和技术创造力[M]. 谭增波,茹海燕,Wenling Babbitt,译. 武汉:华中科技大学出版社,2008.

第 6 章
发明问题的物-场分析和 76 个标准解法

第 5 章介绍了 TRIZ 理论中解决发明问题的两个"问题模型",即技术矛盾和物理矛盾,以及相应的解决方法和步骤。本章将介绍阿奇舒勒原创的另一套解决发明问题的工具——物-场分析法及标准解系统。物-场分析法是 TRIZ 理论中另一种重要的问题描述和分析工具。

物-场分析法首先需要通过分析,建立系统中"最小问题"的物-场模型,然后根据物-场模型的类型及特点,在 76 个标准解中查找相应的解决思路和方法。这一过程中,物-场模型(问题模型)就如同技术矛盾和物理矛盾解决过程中构建的"矛盾",而 76 个标准解法就恰好对应了解决矛盾问题的 40 个发明原理。

标准解中"标准"的意思是解决不同领域中相同问题的通用"诀窍"。标准解即指不同领域发明问题的通用解法,是通过物-场模型来使发明创造者有序地解决发明问题的方法,是 TRIZ 理论研究技术系统转化和发展的工具之一。无论从发明问题解决方法的数量上还是从结果的质量上来看,76 个标准解法都比 40 个发明原理更综合、更有力、更高效的发明问题解决方法。

6.1 物-场分析法

6.1.1 物-场分析法及其特点

技术系统存在的目的是实现功能,功能的实现是在系统时间和空间上的合理设计或安排相应的物理现象(成思源,2014)。例如,要想使电动牙刷的刷毛产生直线往复运动,电动马达的旋转运动必须转换为振动或直线往复运动来驱动刷毛运动,而马达则是将电池的电能转换成机械能。这种系统组件之间的相互作用和能量转换,实现了技术系统的功能。作为 TRIZ 的基础,阿奇舒勒通过对功能的研究发现了如下三条定律:

(1)所有的功能都可分解为三个基本要素:两个物质和一个场。

(2)一个存在的功能必定由以上三个基本要素构成。

(3)缺一不可的三个基本要素以合适的方式有机组合,才能有效实现一种功能。

物-场分析法是基于以上定律产生的一种通过分析技术系统内部构成要素间相互关系、相互作用而导致发明创新和技术创造的一种方法。物-场模型用来描述系统中的相互作用或行为,所有的技术系统都可以用物-场模型来描述。

传统设计方法中是用文字对问题进行描述的,由于人的知识背景不同,对文字有不同的理解。实验证明很少有两个人对同一段文字有相同的认识。由于文字不能清楚地表达需要描述的问题,造成不能正确地分析和理解问题。物-场分析法用图形描述问题引起的歧义相对少一些。此外,这种结构化分析问题的方法更易于产生不同的新概念。

物-场分析法的缺点在于物-场模型只是对技术系统的描述,并不能表达技术系统元素或部件的实质。它还需要功能来辅助表达技术系统,还需建立在对技术系统的功能定义及功能分解的基础上。同时,使用该方法的人需要有较强的相关问题的工作背景。

一般来说,我们用"问题的原因"和"问题解决方向"两个指标对需要解决的问题进行划分。其中,"问题的原因"和"问题解决方向"均未知的问题解决难度最大。该类问题的解决需要逐步分析问题、确定问题,直到找出解决方法。物-场分析法适合此类问题的求解。

6.1.2 物-场模型中的基本概念

"物-场"虽然是"物质"与"场"两个词的新组合,但并不是狭义的"物质场所"的意思。物-场一词,在物-场分析法中具有特定的含义。所谓物-场,是指物质与物质之间相互作用与互相影响的一种联系。比如,电铃的响声给了人一种信号,其中"电铃""人"属于"物质"的概念,那么"场"又是指什么呢?只要分析一下电铃的响声为什么会传到人的耳里,就会知道"空气的振动"是其中的原因,如果是在真空中,人是听不到电铃的声音的。即是说,在"电铃"与"人"之间存在着一个"声场"。事实上,世界上的物体本身是不能实现某种作用的,只有同某种"场"发生联系后才会产生对另一物体的作用或承受相应的反作用。

物-场分析理论认为,任何一个具有特定功能的技术体系(如产品、设备、装置及其系统等)都包含"物质""场"和"相互作用"。这三者相互联系、相互制约,构成一个完整的物-场体系。在这个体系中,物质与物质之间在场的作用下,形成一个具有特定功能的技术功能体系,也称之为物-场体系。一个完整的物-场体系至少要包含两个物和一个场,也就是说,由两个物和一个场组成的物-场体系是最小的技术体系,只有满足这个条件才能产生一定的有时甚至是意想不到的特定功能。

1. 物质

"物质(Substance)"在TRIZ中表达的意思非常广泛,主要取决于其具体的应用。它可以表达从简单的物体到具有各种复杂程度的系统,如材料(包括各种基料、辅料等)、工具(例如流水线、设备、部件(组件)零件……)、结构、形状、人或环境(例如超系统中的各种组件)等任何东西。"物质"可以是只有一个简单组件的系统,例如螺钉、别针、杯子,也可以是一个作为整体的复杂系统,例如汽车、太空船、大型计算机等。"物质"的状态也是多样的,例如可以是典型的物理状态,如真空、等离子体、气体、液体和固体等,也可以是中间态和化合态,如气溶胶、液溶胶、固溶胶、泡沫、粉末、凝胶体、多孔物质……

TRIZ理论中关于"物质"的定义及范围之所以如此一般化和发散,其目的在于,物-场分析为了简化解决问题的进程,需要人们抛开(或暂时忘记)物体所有多余的属性,只区分那些引起矛盾的特性。物体的名称被更为一般化的"物质"替代后,解除了以往对该物体的认知惯性,使矛盾显得更突出、更明显。

一个完整的物-场体系至少要包含两个物和一个场,这两个物质中,提供功能的物质称为"工具(Tool Substance)",功能作用对象称为"作用对象(Object Substance)"。这种定义方式和 TRIZ 功能模型分析中的功能定义是一致的,只是名称上的一个区别而已。

2. 场

"场(Fields)"是指工具和对象之间的相互作用所需的能量,两种物质依靠场来进行连接。场本身就是某种形式的能量,它可以给系统提供能量,促使系统发生反应,从而来实现某种效应。因此,"场"用于表达物质间的相互作用、控制所必须的能量。

在物-场模型中,场是一个很广泛的概念,包括机械场、引力场(重力场)、电磁场、热场、化学场等基本物理能量,还包括风场、放射场、生物场、声场、嗅觉场、光场、离心场等其他作用场。TRIZ 将场的概念与范围扩大,并认为物质之间的相互作用如果出现了能量的产生、吸收或转换,这种相互作用及能量转换就是"场",场的类别就是相互作用的类别。如果两种物质之间发生机械作用,就是机械场,如果发生了化学作用,就是化学场。

作用在物质上的能量或场的类型可用脚标的形式表示,即"F_{Type}"的形式,其中"Type"主要包括 Me—机械能、Th—热能、Ch—化学能、E—电能、M—磁能、G—重力能;由以上能量所产生的场可分别表示为"$F_{Me},F_{Th},F_{Ch},F_E,F_M,F_G$"。表 6-1 列举了物-场模型中常见的场。

表 6-1 物-场模型中常见的场

符号	名称	举例
F_G	重力场	重力
F_{Me}	机械场	压力,惯性,离心力
F_P	气动场	空气静力学,空气动力学
F_H	液压场	流体静力学,流体力学
F_A	声学场	声波,超声波
F_{Th}	热学场	热传导,热交换,绝热,热膨胀,双金属片记忆效应
F_{Ch}	化学场	燃烧,氧化反应,还原反应,溶解,键合,置换,电解
F_E	电场	静电,感应电,电容电
F_M	磁场	静磁,铁磁
F_O	光学场	光(红外线、可见光、紫外线),反射,折射,偏振
F_R	放射场	X 射线,不可见电磁波
F_B	生物场	发酵,腐烂,降解
F_N	粒子场	α,β,γ 粒子束,中子,电子,同位素

3. 物-场模型及符号化表达

TRIZ 中,采用两种物质和一种场的方式来表达技术系统中相互作用和能量转换关系的符号模型称为物-场模型(Su-Field Models)。图 6-1 所示为物-场模型的图形化表达,其中,S_1 表示工具,S_2 表示作用对象,F 表示场。图中,S_1 与 S_2 之间用带箭头的线段连接,箭头由 S_1 指向 S_2,表示 S_1 对 S_2 有作用,该作用为 S_1 与 S_2 之间的作用场 F。场与两个物质之间仅用直线连接。

图 6-1 物-场模型的图形化表达

表 6-2 给出了物-场模型中各种符号的含义。其中,"作用"是指在场与物质的相互作用与变化中,所实现的某种特定功能。物-场模型三要素之间的"相互作用"有 4 种常见情况:正常作用(有用并且充分的作用)、作用不足(有用但不充分的作用)、作用过度(有用但过度的作用)以及有害的作用。其描述和表达方式与本书第 3 章中关于功能的分类是一致的。

表 6-2 物-场模型的符号化表达及含义说明

类别	符号	符号含义
物质	S_1, S_2, …, S_n	系统中的各个物质(n 为自然数)
场	F_{Me}, F_G, …, F_{Ch}	系统中的各种类型场
作用	——————	有关联的作用
	——————→	有效、定向的正常作用
	←——————→	有效、定向的相互作用
	- - - - - - →	有效、定向、不足的作用
	++++++++→	过度、定向的作用
	∿∿∿∿→	有害、定向的作用
	-?-?-?-?→	缺乏信息的作用

【案例 6-1】

用物-场模型表示"榔头钉钉子"这一技术系统。

榔头和钉子,是这一系统中的两种物质,并分别为"工具"和"作用对象";敲击力,是它们之间的相互作用场,属于"机械场"。就简单的"榔头钉钉子"这一技术系统而言,其相互作用存在三种情况。

(1) 用一把大小合适的榔头来钉钉子,这种情况下,榔头对钉子的作用属于"正常作用",其物-场模型如图 6-2(a)所示。

(2) 如果用一把非常小的榔头来钉一颗大号的钉子,这种情况下,榔头对钉子的作用属于"不足的作用",其物-场模型如图 6-2(b)所示。

(3) 如果用一把特别大的榔头(如八磅锤)来钉一颗小钉子(如小鞋钉),这种情况下,榔头对钉子的作用属于"过度作用",其物-场模型如图 6-2(c)所示。

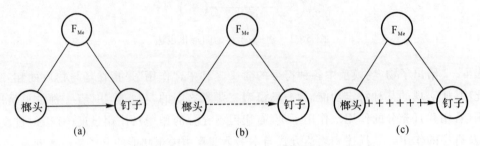

图 6-2 榔头钉钉子的物-场模型

6.1.3 物-场模型与功能模型间的关系

细心的读者会发现,物-场模型和第 3 章功能模型有着密不可分的关系。下面分别按照正常的功能、不足的功能和过度的功能建立"榔头钉钉子"这一技术系统的功能模型,如图 6-3 所示。

图 6-3 榔头钉钉子的功能模型

对比图 6-2 和图 6-3 可以看出,就其本质而言,"物-场"就是一个最小的具有工作能力的技术系统模型。物-场模型是由系统"最小问题"的功能模型转化而来的。因此,在建立物-场模型的时候,在确定了系统边界后,就可以围绕系统的"最小问题",即发生问题的两个组件之间的关系建立该"最小问题"的物-场模型。

而物-场分析(Su-Field Analysis)正是通过分析技术系统构成要素以及构成要素之间的相互关系,采用物-场模型的方式用符号语言清楚地描述系统和(或)子系统中的各种矛盾问题,用于描述系统问题、分析系统问题的一种系统分析方法。通过物-场分析,构建技术系统最小问题模型,目的是通过技术系统的最小变化来解决问题。

6.1.4 物-场模型的分类

根据阿奇舒勒对物-场的分类,可以将物-场模型分为 5 类。其中,除第一种"有效完整的物-场模型"外,其余四类都属于有问题的物-场模型。这类有问题的物-场模型正是发明问题过程中需要解决的问题,而其每一类都可通过标准解法获得相应的解决思路和解决方法。

发明问题的物-场分析和76个标准解法 第6章

1. 有效完整的物-场模型

该系统中的三要素都存在,且都有效,是设计者追求的模型(见图6-1)。

2. 不完整的物-场模型

组成系统的三要素中部分组件不存在,需要增加组件来实现有效完整功能,或用一新功能代替(见图6-4)。

图6-4 不完整的物-场模型
(a)仅有1个物质; (b)仅有2个物质; (c)仅有1个物质和场

3. 作用不足的物-场模型

系统中的三要素都存在,一个物质对另外一个物质的作用与我们的期望一致,但没有达到预期的要求,如图6-5所示,作用不足的物-场模型需要对其进行改进以达到要求。例如,产生的力不够大、温度不够高等,需要改进以达到要求。

4. 作用过度的物-场模型

系统中的三要素都存在,但设计者所追求的效果未能完全实现,存在作用过度,需要对其进行改进以达到要求,如图6-6所示。例如,产生的力太大、温度太高等,需要改进以达到要求。

图6-5 作用不足的物-场模型　　图6-6 作用过度的物-场模型

5. 有害作用的物-场模型

系统中的三要素都存在,但产生与设计者追求效果相冲突的因素,需要消除有害功能(见图6-7)。

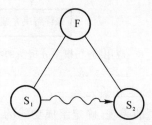

图6-7 有害作用的物-场模型

6.2 应用物-场分析法的步骤

阿奇舒勒经过分析大量的专利后发现,如果专利所解决问题的物-场模型相同,那么其解决方案的物-场模型(方法)也相同。各种技术系统及其变换都可用物质和场的相互作用形式表述,将这些变化的作用形式归纳总结后,就形成了发明问题的标准解法。发明问题的标准解法可以用来解决系统内的矛盾,同时也可以根据用户的需求完成发明。在利用物-场模型分析法解决发明问题时,我们可以按照以下5个步骤进行,如图6-8所示。

图6-8 应用物-场模型分析法的步骤

步骤一:明确问题发生部位并确定相关元素。

根据问题所存在的区域和问题的表现,确定组成功能的三个要素(组件),以缩小问题分析的范围。首先为功能定义名称,如采用"动词+名词"组成的短语表示;然后识别工具(功能载体)S_1、作用对象 S_2、场或能量 F,被分析系统的功能处于何种状态。

步骤二:建立问题的物-场模型。

根据问题情形,表述相关元素间的作用,确定作用的程度,建立问题所在的物-场模型,模型反映出的问题应该是与实际问题相一致的。发现待设计系统的这些缺陷并加以改进正是设计的目的。

步骤三:选择物-场模型合适的解法。

按照物-场模型所表现出的问题,查找此类物-场模型的一般解法,或在76个标准解中选择适用于该特定问题的标准解法。如果有多个解法,就逐个进行比较,寻找最佳解法。

步骤四:得到解决方案的物-场模型。

根据得到的最佳解法,建立最终解决方案的物-场模型。

步骤五:进行概念设计支持最终解。

将 TRIZ 提供的解法与实际问题相比较,并考虑到各种限制条件下的实现方式,在概念设计中加以应用,从而形成问题的最终解决方案。

这5个步骤实际上是一个循环往复的过程。在实际操作中,使用者经常需要在第三步和第四步之间往复进行,直到建立一个完整的系统。为了构造一个完整的系统,使用者应该考虑多种选择方案。

6.2.1 物-场模型的一般解法

运用物-场分析法解决问题的过程,就是通过对问题或矛盾的分析,按物-场规则确定其物-场类型,将需解决的问题模型化,并有针对性地选择物理、化学或场的效应,然后根据物-场改造规则,通过引入第二物质或场对原物-场进行重新建构、破坏和转换以消除需解决的物理矛盾。针对物-场模型的类型,TRIZ 理论提出了相应的5个一般解法。

解法一:物-场模型的构建。

该解法主要针对不完整模型,即对不完整物-场模型进行补充使其完整。这里,不完整物-场模型主要指只有两个模型组件的物-场模型。

【案例 6-2】

冷冻机液体泄漏问题的解决。

问题描述:冷冻机密封不严,液体(如氟里昂、润滑油、液氨等)从密封不严处渗漏,要迅速而准确地寻找到冷冻机渗漏的位置。请问该如何检查渗漏的位置?

问题解决:冷冻机为 S_1,渗漏的液体为 S_2,此时物-场模型缺少一个场,于是我们增加一个不影响现有功能系统且只在检修状态下才发生作用的"紫外线场 F",但是场 F 无法和 S_1 或 S_2 发生作用,所以引入新物质荧光粉 S_3。于是此问题的解决方法就是把荧光粉与液体一起注入冷冻机,在暗室中用紫外线照射,根据渗漏液体中荧光粉发出的荧光确定渗漏的位置。

解法二:物-场模型的破坏。

该解法主要针对有害作用的完整模型,即消除两组件间的有害作用。常用方法有:①去除一种元素;② 割断联系;③ 引进第三种物质代替场;④ 引进第三种物质,该物质是原物质之一的变形(或变种),这样就解决了"既要第三种物质,又不要第三种物质的矛盾"。实践表明,第④种措施最有效。

【案例6-3】

问题描述:形状复杂的晒图机镜面被击碎,制新镜子花费时间太多,如果用有机玻璃代替镜子,会使描图纸移动时带电,并会贴在有机玻璃上,该怎么办?

问题解决:通常,工程技术人员都想方设法排除电荷,但静电问题不好克服。如果掌握了破坏物-场的方法,问题就容易解决多了。在玻璃与描图纸之间加入第三种物质就可以了,于是采用玻璃和描图纸的变形——透明描图纸,透明描图纸被吸附在了玻璃上,则带电的描图纸就不会被吸附了。

解法三:物-场模型的发展。

该解法主要针对作用不足的完整模型。常用方法有:① 增加某一物质组件 S_1 或 S_2 的分散程度,则物-场的有效性增加;② 场 F 作用于工具 S_1 会比作用于对象 S_2 有效;③ 物-场本身为电磁场或磁场比非电磁场(温度场、机械场、引力场等)更有效;④ 物质 S_2 的颗粒越小,控制工具 S_1 越灵活;⑤ 改变工具 S_1 比改变制品 S_2 有利。

【案例6-4】

问题描述:为了清除燃气中的非磁性尘埃,使用多层金属网的过滤器,但清理过滤器费事且困难,该怎么办?

问题解决:把金属网分散碎化为铁磁颗粒,引进磁场,替代原来的机械场。利用铁磁颗粒为过滤器,在磁场中形成多孔结构。当磁场接通时孔变小,可捕捉尘埃;当磁场关闭时孔变大,可方便地清理尘埃。其表达式为:尘埃 S_1、金属网 S_2、铁磁颗粒 S_3、空气形成的力场 F_1、磁场 F_2(见图6-9)。

图6-9 解法三的物-场模型

解法四:物-场模型的复合。

该解法主要针对作用不足的完整模型,既保留了原有物-场,同时还需要引进新的相互作用,以发展成独立的物-场(见图6-10)。

图6-10 解法四的物-场模型

【案例 6-5】

问题描述：用砂轮在金属筒内加工，在不中断加工的情况下，如何测量砂轮直径？

问题解决：机械场通过砂轮作用于圆筒组成一个物-场系统。该问题对加工过程没有提出要求，于是可以通过变换成串联式物-场模型的方法解决——在砂轮上贴上感应片，通电后便可测量砂轮直径。

解法五：效应结合。

该解法主要针对作用不足的完整模型。两个场结合起来形成一个物理效应。若有的物质需要把一种场换成另一种场（或改变场的参数），就可以用结合规则。

【案例 6-6】

问题描述：由于地下岩石变形，有时钻杆被卡在钻孔中。解决的办法是在卡钻处放振动器以防止被卡，但不知深度怎么设置。

问题解决：在终端最好有一个易于被发现和测量的电磁场。转换物质不宜取土壤，因为人们并不知道卡钻处是什么土壤。钻杆的性质已知，故取它为转换物质，由于钻杆（钢制、铁磁体）的磁场随其所受冲击载荷的张力大小而变化，利用这种磁弹性效应就可测钻杆的卡钻部位。在钻杆中放上一个仪器，每隔 100 m 作一磁记号，然后用卷扬机向上提一下钻杆，由于提升力的冲击，卡钻部位以上磁记号消失，以下磁记号不变，再用测磁仪测量深度就容易了。

物-场模型的 5 个一般解法，如果能够结合在一起应用，可以更加有效地解决问题。

6.2.2 物-场模型的标准解法

标准解法分为 5 个类别，18 个子系统，共 76 个标准解，具有应用的广泛性、一致性和有效性。凡属 TRIZ 标准问题，通过标准模型，仅需一两步就能快速实现创新。

与使用其他 TRIZ 工具解决问题的步骤一样，在运用物-场模型和标准解来解决问题的时候，要先将具体的关键问题转换成为问题的模型，即问题的物-场模型，然后运用 76 个标准解作为工具，找到相应解决方案的物-场模型，最后将其转化为具体的解决方案，如图 6-11 所示。

图 6-11 运用物-场模型和标准解法解决问题的一般流程

如果我们遇到工程问题的时候，将每个标准解都尝试一遍，显而易见这种工作效率是很低的，可操作性也比较差。为了提高这些标准解的可用性，阿奇舒勒对这些标准解进行了分类，对于每一类，都对应某一种有问题的物-场模型。这样，在解决关键问题的时候，只要将其转化为相应的问题的物-场模型，就可以用相应类别的标准解来解决问题了。阿奇舒勒将76个标准解分为如下五大类。

第一类标准解：建立和拆解物-场模型。

这一类标准解主要适用于不完整的物-场模型或有害作用的物-场模型，通过建立和拆解物-场模型来解决工程问题。第一类标准解包括2个子类，共计13个标准解。

第二类标准解：完善物-场模型。

这一类标准解适用于有用但不足的物-场模型，主要是通过对工程系统内部做较小的改变，由直接进行效应不足的物-场模型的改善，以及提升系统性能但实际不增加系统复杂性的方法所组成。这一类标准解包括4个子类，共计23个标准解。

第三类标准解：转换到超系统或微观级别。

这一类标准解适用的物-场模型同样为不足的物-场模型，与第二类标准解不同的是，它通过超系统级别或者微观系统级别来解决工程问题。这一类标准解包括2个子类，共计6个标准解。

第四类标准解：用于检测和测量的标准解。

这一类标准解要解决的问题是解决工程系统中的"测量或检测"类问题。这一类标准解包括5个子类，共计17个标准解。

第五类：标准解的应用。

前四类标准解提出了解决方案，但在实际运用的时候，这个解决方案并不能真正付诸实施，所以需要对前面提出的解决方案进行调整，第五类标准解指出如何有效地引入物质、场或者科学效应来克服上述问题。这一类标准解包括5个子类，共计17个标准解。

运用物-场模型求解时，可依据标准解法寻求实际问题的解。在TRIZ中，常认为建立和变换物-场模型是创新设计的关键点。我们在具体的选择中可以根据不同的问题类型来挑选自己合适的标准解。为了避免从头到尾的逐个浏览，采用如图6-12所示的流程图可以减少标准解的浏览量和查找时间。

6.3 76个标准解法详解及实例说明

76个标准解法和40个发明原理有很多相似之处。首先，76个标准解也是有编号的，如S1.2.2表示第一类标准解的第2个子系统中的第2个标准解法——引入已有物质S1（或S2）的变形。S4.3.1表示第四类标准解中第3个子系统中的第3个标准解法——利用物理效应和现象。其次，如同40个发明原理一样，每个标准解法都有相应的解释说明和案例。这样，不仅可以方便我们根据物-场分析得到的物-场模型（问题）迅速查找到相应的标准解（解决思路或方案），而且通过说明和案例，可以让我们尽快理解每一个解决方案的含义和使用方法。

发明问题的物-场分析和76个标准解法 第6章

图6-12 标准解法系统的一般应用流程

在76个标准解法中包含了不同的问题状况,包括有害作用、不足作用、过度作用等,不同的问题状况可以使用76种标准解法中不同的解法。76个标准解法就像一本手册,发明过程中遇到问题的时候,通过标准解可以使我们明确问题发生的状况,找到思考方向,并从手册中查询适用于这种模型的解法。与40个发明原理相比,76个标准解法更接近于解决方案,发明原理过于抽象,标准解法这种解的模型可以给我们很多具体的建议,帮助我们高效地解决实际问题。

TRIZ理论中将这76个标准解法分为五类,每一类对应于一些特定的问题模型,这样就简化了问题的求解工作。这5种类型如下:

(1)第一类标准解:建立或完善物-场模型,详见表6-3。
(2)第二类标准解:强化物-场模型,详见表6-4。
(3)第三类标准解:向超系统或微观级系统进化,详见表6-5。
(4)第四类标准解:测量与检测,详见表6-6。
(5)第五类标准解:应用标准解的策略与准则,详见表6-7。

根据建立的物-场模型,选择1个或多个适合于该问题的标准解,将这些选定的标准解具体化为特定的解,即可得到问题的解。

6.3.1 第一类标准解:建立或完善物-场模型

S1.1 完善物-场模型

S1.1.1 建立完整的物-场模型

详细说明:在建立物-场模型时,如果发现仅有一种物质 S_1,那么就要增加第二种物质 S_2

和一个相互作用场 F,只有这样才可以使系统具备必要的功能。见表 6-3。

表 6-3　第一类标准解:建立或完善物-场模型

子系统(共 2 个)	标准解(共 13 个)
S1.1 完善物-场模型	S1.1.1 建立完整的物-场模型
	S1.1.2 引入附加物 S_3 构建内部合成的物-场模型
	S1.1.3 引入附加物 S_3 构建外部合成的物-场模型
	S1.1.4 直接引入环境资源,构建外部物-场模型
	S1.1.5 构建通过改变环境引入附加物的物-场模型
	S1.1.6 施加过度物质
	S1.1.7 最大作用场模式
	S1.1.8 选择性最小和最大作用场模式
S1.2 消除物-场模型的有害效应	S1.2.1 引入现成物质 S_3
	S1.2.2 引入已有物质 S_1(或 S_2)的变形
	S1.2.3 在已有物质 S_1(或 S_2)的内部(或外部)引入物质 S_3
	S1.2.4 引入场 F_2 来抵消有害作用
	S1.2.5 采用退磁或引入一相反的磁场

例如:① 如果在榔头钉钉子的系统中只有一个榔头,那么什么都不会发生。如果系统中有榔头和钉子,那么同样无法正常实现系统的功能。因为在这个有效完整系统中应包括榔头、钉子和将榔头作用在钉子上的机械场。② 卡车行驶的有效完整系统应包括卡车、燃油和从燃油的化学能到卡车的机械能的转换。

S1.1.2　引入附加物 S_3 构建内部合成的物-场模型

详细说明:如果系统中已有的对象无法按需改变,可以在 S_1 或者 S_2 中引入一种永久的或者临时的内部添加物 S_3,帮助系统实现功能。

例如:① 混凝土是由水泥 S_1、沙子和石子 S_2 在化学场 F_{ch} 的作用下混合而成的,但有时为了减轻混凝土的重量,可以通过给沙子和石子 S_2 中添加充气炉渣 S_3 来降低混凝土的密度;② 在烘烤面包时,通过添加氨水重碳酸盐以增强面包的伸缩率,添加发酵粉以增强酵母的作用;③ 医生给人治病时,通过添加维生素 C,以增强免疫系统的抵抗力;④ 在治疗心肺疾病时,通过添加肝磷脂减少血液凝块,肝磷脂随后产生代谢。

S1.1.3　引入附加物 S_3 构建外部合成的物-场模型

详细说明:与 S1.1.2 相同的情况下,也可以在 S_1 或者 S_2 的外部引入一种永久的或者临时的外部添加物 S_3。

例如:①滑雪是雪橇 S_2 通过重力场 F_G 作用在雪 S_1 上组成的系统,为了减小雪橇与雪之间的摩擦,可以通过往雪橇上打蜡 S_3 来改进系统;② 用老式相机 S_2 照的相片 S_1 必须通过其他设备才能将相片以数字的格式存储在计算机里,代价很高而且很不方便,如果用数码相机 S_3 替代老式相机就能直接将相片以数字的格式存储起来;③ 在空气压缩机系统中,将聚四氟乙烯磁带添加用于密封线接头,以增加其密封性能;④ 用卡车运送货物,如果货物在卡车行驶中会损坏,就在货物周围添加缓冲物(如泡沫包装),以此来保护货物而免受损坏。

S1.1.4　直接引入环境资源,构建外部物–场模型

详细说明:与 S1.1.2 相同的情况下,如果不允许在物质的内部引入添加物,可以利用环境中已有的(超系统)资源实现需要的变化。

例如:当转动轴密封时,如果用皮革密封条密封,会十分容易发生泄漏。因为皮革是干的,所以不能紧密地配合轴从而发生泄漏。通过向皮革密封条上添加油就能使皮革膨胀,从而紧密地配合轴,不会发生泄漏。F 是转动轴 S_1 和皮革密封条 S_2 之间不充分的机械场,在为这个系统引入皮革密封条上的油 S_3 后,大大增大了 F,从而减少了泄漏。

S1.1.5　构建通过改变环境引入附加物的物–场模型

详细说明:与 S1.1.2 相同的情况下,如果不允许在物质的内部引入添加物,可以通过在环境中引入添加物(例如:改进的超系统)来解决问题。

例如:① 在有计算机的办公室里,由于计算机产生大量的热量增加了房间的温度,进而影响了计算机的性能。因此,可以在办公室安装空调来降低房间的温度,通过改变环境而不影响计算机性能。② 感冒患者通过嘴,而不是鼻子呼吸。但是因为用嘴呼吸的气流通道短,而且空气无法预湿,所以感冒患者容易感到喉咙干燥。通过向房间里添加潮湿空气来改变环境,以免发生喉咙干燥。

S1.1.6　施加过度物质

详细说明:有时候很难精确地达到需要的微小量,通过多施加需要的物质,然后再把多余的部分去掉。

例如:① 给手柄涂涂料时,先将手柄浸在涂料中,然后从涂料中移出手柄。在重力作用下,多余的涂料就会沿手柄流下,使得手柄上的涂料均匀。这样就通过重力消除多余的涂料,使得涂料在手柄上均匀分布。② 为了获得给定高度的混凝土平面,将混凝土倒在一个格子(格子的高度等于混凝土所需要的高度)里,如果多倒一些混凝土,然后再去掉多余的,就能很好地控制高度和保持水平面。③ 在喷射模塑法中,模型中的一些不规则孔洞很难填充,填充孔洞的一种方法是在孔洞表面开设一个小的通风孔,允许气流通过,并允许材料流出,这样填充材料就能将孔洞完全填充,但同时也使得开孔处出现了多余的材料,只要随后清除多余的材料就能得到所需的模型。

S1.1.7　最大作用场模式

详细说明:如果由于各种原因不允许达到要求作用的最大化,那么让最大化的作用通过另

一个物质 S_2 传递给 S_1。

例如：① 厨房里的普通双层蒸锅就是一个实例。烹饪材料 S_1 不能经受直接火焰 S_2 的加热，就用火焰加热与容器内部相联系的水 S_3，容器内部的温度不会超过水的沸点，这样就能保护烹饪材料，同时能达到预期的效果。② 在生产预压混凝土时，先加热钢筋使其伸长到预期长度，然后将钢筋的两端固定，浇注混凝土后松开钢筋。冷却后的钢筋产生收缩力，从而完成了预压，形成了预压混凝土。

S1.1.8 选择性最小和最大作用场模式

详细说明：系统中同时需要很强的场和很弱的场，那么在给系统施以很强的场的同时，在需要较弱场作用的地方引入物质 S_3 来起到保护作用（见图 4-16）。

例如：① 盛装药品的玻璃瓶口是通过火焰使蜡熔化实现密封的，但火焰的热量导致玻璃瓶 S_2 的温度升高而使得药品 S_1 药质发生变化。解决方法是：加热时将玻璃瓶浸入水中，以便让药品处在一个安全的温度，却能实现瓶口密封。② 锡焊时，使用热水槽以保护易受热损坏的构件。

S1.2 消除物-场模型的有害效应

S1.2.1 引入现成物质 S_3

详细说明：当前系统中同时存在有用的、有害的作用。可以在 S_1 和 S_2 之间引入 S_3，从而消除有害作用。

例如：医生用手 S_2 对病人 S_1 实施手术，戴上消毒手套 S_3 是为杀菌，以避免手 S_2 上的细菌感染病人 S_1。

S1.2.2 引入已有物质 S_1（或 S_2）的变形

详细说明：同 S1.2.1，但是不允许引入新的物质 S_3。此时可以改变 S_1 或 S_2 来消除有害作用，如利用空穴、真空、空气、气泡、泡沫等，或者加入一种场，这个场可以实现所需添加物质的作用。

例如：① 冰鞋 S_1 在冰面 S_2 上滑行时，冰表面坚硬（支撑），F_1 有助于冰鞋的平滑运动。冰鞋与冰面之间的摩擦 F_2 妨碍了连续滑动。但摩擦使冰发热，产生水 S_2'，水大幅降低了摩擦并有利于滑动。② 为了实现两个部件的过盈配合，冷却内部部件以使其直径减少，以便能将其放入外部零件内。随着部件温度的升高，其体积逐渐膨胀，于是就实现了部件的过盈配合。这种方法就在不增加新物质的条件下，利用热胀冷缩将两个部件配合起来。

S1.2.3 在已有物质 S_1（或 S_2）的内部（或外部）引入物质 S_3

详细说明：如果由某个场对物质 S_1 产生有害作用，可以引入物质 S_2 来吸收有害作用。

例如：① 医学上的 X 射线 S_1 仅仅在成像的地方是必须的，照射在人 S_2 的其他部位是有害的，但发射 X 射线的管子只能创造出一宽束射线。因此，为了保护病人的其他部位免受 X 射线的照射,采用了铅板 S_3,并用铅屏蔽墙保护射线操作者免受 X 射线的照射。

S1.2.4 引入场 F_2

详细说明:如果系统中同时存在有用作用和有害作用,而且 S_1 和 S_2 必须直接接触,这个时候,通过引入 F_2 来抵消 F_1 的有害作用,或者将有害作用转换为有用作用。

例如:① 由水 S_1、泵 S_2 和机械场 F_{Me} 组成的泵抽水系统会发出大量的噪声。于是用声场 F_2 罩住声音来抵消噪声。② 在医生对腿进行外科手术后,腿必须固定不动。支撑物 S_2 通过机械场 F_{Me} 作用于腿 S_1。但如果肌肉不运动,就会很快萎缩,在这期间就通过施加动脉电场 F_E 对肌肉施行理疗以刺激肌肉并阻止肌肉萎缩。

S1.2.5 采用退磁或引入一相反的磁场

详细说明:系统内部的某部分的磁性质可能导致有害作用。此时可以通过加热,使这部分处于居里点以上,从而消除磁性。或者引入一种相反的磁场。

例如:①在操作磁性起重机移动铁屑材料时,所需的能量与运输时间有关。为了减少所需能量,可以通过施加永久磁铁产生的磁场来抓稳货物。在释放货物时,只需要通过激活一反相电场产生所需要的能量来释放货物。它的另一个好处是在没有电场产生能量时,货物不会掉下来。② 汽车和飞机常常要安装一个指南针以帮助导航,而车辆里的磁场却干扰了指南针的正确指向,所以在指南针里要安装一个小的永久磁场以补偿干扰场。③ 磁性记录媒介(磁带或磁盘)由于材料的排列,会形成持续的记忆,可以删除和重写数据。它也可以加热到居里温度之上以使其所有排列无序,以备将来使用。

6.3.2 第二类标准解:强化物-场模型

强化物-场模型见表 6-4。

表 6-4 第二类标准解:强化物-场模型

子系统(共 4 个)	标准解(共 23 个)
S2.1 向复合物-场模型进化	S2.1.1 引入新物质向串联式物-场模型进化
	S2.1.2 引入新场向并联式物-场模型进化
S2.2 加强物-场模型	S2.2.1 使用更易控制的场替代
	S2.2.2 分割物质 S_1 或 S_2 的结构,达到由宏观控制向微观控制进化
	S2.2.3 改变物质 S_1 或 S_2,使成为具有毛细管或多孔的结构
	S2.2.4 增加系统的动态性
	S2.2.5 构造异场或持久场或可调节的立体结构场替代同质场或无结构的场
	S2.2.6 构造异质物质或可调节空间结构的非单一物质替代同质物质或无组织的物质

续表

子系统(共 4 个)	标准解(共 23 个)
S2.3 利用频率协调强化物-场模型	S2.3.1 场与物质 S_1 和 S_2 自然频率的协调
	S2.3.2 合成物-场模型中场 F_1 和 F_2 自然频率的协调
	S2.3.3 通过周期性作用来完成 2 个互不相容或 2 个独立的作用
S2.4 引入磁性添加物强化物-场模型	S2.4.1 原铁磁场(加入铁磁物质)
	S2.4.2 应用铁磁颗粒,构建铁-场模型
	S2.4.3 利用磁性液体构建强化的铁-场模型
	S2.4.4 应用毛细管(或多孔)结构的铁-场模型
	S2.4.5 构建内部或外部的合成铁-场模型
	S2.4.6 将铁磁粒子引入环境,通过磁场来改变环境,从而实现对系统的控制
	S2.4.7 利用自然现象和效应
	S2.4.8 将系统结构转化为柔性的、可变的(或可自适应的)来提高系统的动态性
	S2.4.9 引入铁磁粒子,使用异质的或结构化的场代替同质的非结构化场
	S2.4.10 协调系统元素的频率匹配来加强预-铁-场模型或铁-场模型
	S2.4.11 引入电流,利用电磁场与电流效应,构建电-场模型
	S2.4.12 对禁止使用磁性液体的场合,可用电流变流体来代替

S2.1　向复合物-场模型进化

S2.1.1　引入新物质向串联式物-场模型进化

详细说明:将单一的物-场模型转化成链式模型。转化的方法是引入一个 S_3,让 S_2 产生的场 F_2 作用于 S_3,同时,S_3 产生的场 F_1 作用于 S_1。

例如:如果用铁锤 S_2 直接击打岩石 S_1,很难将岩石击碎。而在铁锤和岩石之间放一个凿子 S_3,用铁锤击打凿子却能很快将岩石击碎。人手持铁锤手柄,并将肌肉的能量转换到手柄上,手柄再将机械能 F_2 传递到铁锤头上,通过凿子将冲击力 F_1 传递到岩石上,提高了击碎岩石的效率。

S2.1.2　引入新场向并联式物-场模型进化

详细说明:双物-场模型,现有系统的有用作用 F_1 不足,需要进行改进,但是又不允许引入新的元件或物质。这时,可以加入第二个场 F_2,来增强 F_1 的作用。

例如:① 在电解过程中,电解的两极是薄铜片 S_1,电解过程中产生的少量沉淀物吸附(F_{Me1})在铜片的表面。如果仅仅用水 S_2 清洗,只能部分地清除沉淀。如果增加第二类场 F_{Me2},使得清洗时进行机械搅动或在超声波振动室里清洗,就能完全地清除沉淀。

S2.2 加强物-场模型

S2.2.1 使用更易控制的场替代

详细说明:用更加容易控制的场来代替原来不容易控制的场,或者叠加到不容易控制的场上。可按以下路线取代一个场:重力场→机械场→电场或者磁场→辐射场。

例如:① 水利控制系统要产生脉动解决方案是非常困难的。如果用电子系统替换水利控制系统,用电子控制泵替换重力流控制就能很容易地产生脉动解决方案。② 在一些外科手术中,采用对组织 S_1 施加热作用 F_2 的激光手术刀 S'_2 取代对组织 S_1 施加机械作用 F_1 的钢刀片式手术刀 S_2。

S2.2.2 分割物质 S_1 或 S_2 的结构,达到由宏观控制向微观控制进化

详细说明:提高完成工具功能的物质分散(分裂)度。

例如:① 用一个不规则的表面支撑物体时,要使支撑力平均地分布在不规则的表面上是非常困难的。如果用充满液体的气袋覆盖在不规则的表面上,然后再将物体作用在气袋上,就能将载荷均匀地分布于不规则的表面。② 为了使汽车的座位更舒适,坐垫设计成气囊的形式,通过气囊对身体的接触点进行自我调整,以使气囊均匀地支撑人的重量,人坐在上面就会十分舒适。

S2.2.3 改变物质 S_1 或 S_2,使成为具有毛细管或多孔的结构

详细说明:在物质中增加空穴或毛细结构。具体做法:固体物质→带一个孔的固体物质→带多个孔的固体物质(多孔物质)→毛细管多孔物质→带有限孔结构(和尺寸)的毛细管多孔物质。

例如:① 减速箱齿轮传动的润滑问题,由于齿轮上有油通道,使得润滑油不能均匀分布。如果运用多孔分配器或用多孔球轴承,就能均匀分布润滑油,以改善齿轮的润滑情况。② 净化水系统运用微孔材料过滤水,这种材料不仅能过滤掉细菌,而且能让水流过而得到净化。

S2.2.4 增加系统的动态性

详细说明:如果物-场系统中具有刚性、永久和非弹性组件,那么就尝试让系统具有更好的柔韧性、适应性、动态性来改善其效率。

例如:① 汽车的变速系统从有级变速到无级变速,使得汽车的变速更为平稳和连续,无极变速系统的动态性能就更好。② 大规模专有化、柔性工厂都能生产许多不同结构的产品,这也是动态性能更好的一个实例。③ 自动变速自行车的重量在后轮的轮辐上,转速根据作用在变速机构上重量的位置来测量。重量越大,齿轮传动比就越高。虽然踏板的转速是固定的,但由于传动比增大了,就使得自行车的转速增大了。

S2.2.5 构造异质场或持久场或可调节的立体结构场替代同质场或无结构的场

详细说明:用动态场替代静态场,以提高物-场系统的效率。

例如:超声波焊接时,为了确定焊接的位置,安装一个调谐装置在小区域集中振动,根据振动频率的不同来确定焊接的位置。

S2.2.6 构造异质物质或可调节空间结构的非单一物质替代同质物质或无组织的物质

详细说明:将均匀的物质空间结构,变成不均匀的物质空间结构。

实例:为了提高混凝土的强度,在制造混凝土时,通过在钢筋里添加增强杆来提高钢筋的强度,以使混凝土的强度提高。

S2.3 利用频率协调强化物-场模型

S2.3.1 场与物质 S_1 和 S_2 自然频率的协调

详细说明:将场 F 的频率,与物质 S_1 或者 S_2 的频率相协调。

例如:①振动进料器由斜坡和振动器组成。为了加快进料器的进料速度,将振动器的频率调到斜坡部件的共振频率,就能使斜坡产生共振,进而加快进料。② 用超声波破碎结石时,将超声波的频率调整到结石的共振频率,使得结石在超声波作用下产生共振,结石就能被震碎,破碎后产生的小微粒就能从体内无痛地清除。

S2.3.2 合成物-场模型中场 F_1 和 F_2 自然频率的协调

详细说明:让场 F_1 与场 F_2 的频率相互协调与匹配。

例如:①飞线钓鱼时,要求来回移动钓鱼竿,目的是为了让钓鱼竿的运动频率和线的频率一致,使得钓鱼线在钓鱼竿的运动下产生共振,从而增强钓鱼线的运动。② 为了消除机械振动,可以通过产生一个频率为同样大小的180°异相位的振动来消除。

S2.3.3 通过周期性作用来完成两个互不相容或两个独立的作用

详细说明:两个独立的动作,可以让一个动作在另外一个动作停止的间隙完成。

实例:当住房空着时才维修,因为只有住房空着时才有可以使用的空间,这时就能很方便地进行维修。

S2.4 引入磁性添加物强化物-场模型

S2.4.1 原铁磁场(加入铁磁物质)

详细说明:在物-场中加入铁磁物质和磁场。

例如:为了提高火车机车的行驶速度,在铁轨 S_1 与机车 S_2 之间添加一个移动磁场 F_M。在磁场的作用下,使得机车悬浮在铁轨上,减少了机车与铁轨之间的摩擦,就能提高运行速度,这就是磁悬浮单轨列车的原理。

S2.4.2 应用铁磁颗粒,构建铁-场模型

详细说明:将标准解法 S2.2.1(应用更可控的场)与 S2.4.1(应用铁磁材料)结合在一起。

例如:为了控制橡胶模型的形状,在橡胶模型里添加一些铁磁材料,然后运用磁场移动铁磁材料,以使橡胶模型能够得到所需的形状。

S2.4.3 利用磁性液体构建强化的铁-场模型

详细说明:运用磁流体。磁流体可以是悬浮有磁性颗粒的煤油、硅树脂或者水的胶状液体。这是 S2.4.2 的一个特例。

例如:磁性门是在门的密封装置里充满一定的居里点的磁性流体,当温度低于居里点时,由于磁性流体产生的磁场作用,门就关闭了。当温度高于居里点时,由于磁性流体的磁性消失,门就打开了。

S2.4.4 应用毛细管(或多孔)结构的铁-场模型

详细说明:应用包含铁磁材料或铁磁液体的毛细管结构。

例如:为了获得铁磁材料微粒在空间内的正确排列,在微粒周围施加一种磁场,通过磁场与微粒之间的相互作用来控制微粒在空间的排列顺序。

S2.4.5 构建内部或外部的合成铁-场模型

详细说明:转变为复杂的铁磁场模型。如果原有的物-场模型中,禁止用铁磁物质替代原有的某种物质,可以将铁磁物质作为某种物质的内部添加物而引入系统。

例如:为了指引药物分子到身体所需要的正确位置,在药物分子里添加磁性分子,并在病人周围施加一个外部排列的磁场,以指引药物到身体所需要的地方。

S2.4.6 将铁磁粒子引入环境,通过磁场来改变环境,从而实现对系统的控制

详细说明:在标准解法 S2.4.5 的基础上,如果物质内部也不允许引入铁磁的添加物,可以在环境中引入,用磁场改变超系统环境的参数。

例如:将内封有磁性材料 S_3 的橡胶垫子放入汽车 S_1 上,然后将工具 S_2 放在橡胶垫子上,以便在工作时能方便地取用工具。这样就不需要人们在汽车外壳内填入防止工具滑落的铁磁物质了。类似的装置还有用于外科手术的器械。

S2.4.7 利用自然现象和效应

详细说明:如果采用了铁磁场系统,应用物理效应可以增加其可控性。利用自然现象,如磁场中物体的排列,或在居里点以上使物体失去磁性。

例如:①磁共振成像(医学上叫"MRI"或"核磁共振"或物理学上的"NMR")就是运用可调谐的振动磁场,以探测特定核子的共振频率,然后将那些核子的中心区域着色成像。例如,某一肿瘤与正常组织的密度不同,于是在磁共振成像时,就能探测到这部分颜色不同于其他组织,于是就能确定出肿瘤具体位置。② 当超导体的温度高于超导转变温度时,磁性就要发生改变。运用这一特性,超导体就可用作磁场屏蔽或作为特定容积空间磁场屏蔽功能的温度开关。

S2.4.8 将系统结构转化为柔性的、可变的(或可自适应的)来提高系统的动态性

详细说明:应用动态的、可变的(或者自动调节的)磁场。

例如:① 不规则孔的壁厚可以用外部的感应换能器与物体内部的铁磁物质来测量。为了增加测量精确度,将铁磁物质做成可以膨胀的气球,以便能和被测物体的内部紧密配合,通过外部的感应换能器就能测量出不规则孔的壁厚。② 为了测量人振动膜的运动,将磁性材料放到振动膜的外部,磁性材料运动时,其周围环绕线圈的电流会发生变化,记录下电流,就能测量出人振动膜的运动情况。

S2.4.9 引入铁磁粒子,使用异质的或结构化的场代替同质的非结构化场

详细说明:利用结构化的磁场更好地控制或移动铁磁物质颗粒。加铁磁颗粒改变材料结构,施加磁场移动颗粒,使非结构化系统变为结构化系统,或反之。

例如:① 可以在聚合物 S_1 中掺杂传导材料来提高其传导率。如果材料是磁性的,就可以通过磁场来排列材料的内部结构,这样使用材料很少,而传导率更高。② 为了让塑料垫子 S_1 的表面形成复杂的形状 S_2,在塑料垫子中混合一些铁磁微粒 S_3,然后用有规律的磁场将微粒拖拽成所需的形状,并保持其形状直到垫子冷却凝固,就出现了所需的复杂形状。

S2.4.10 协调系统元素的频率匹配来加强预-铁-场模型或铁-场模型

详细说明:铁磁场模型的频率协调。在宏观系统中,利用机械振动来加速铁磁颗粒的运动。在分子或者原子级别,通过改变磁场的频率,利用测量对磁场发生响应的电子的共振频率谱来测定物质的组成。

例如:① 每类原子都有一个共振频率,材料的成分可以通过电子对磁场频率改变响应的共振频率光谱来确定。这种技术叫作电子旋转共振(ESR)。② 微波炉能加热食物是因为它能使水分子在共振频率下振动,运用振动产生的热量来加热食物。

S2.4.11 引入电流,利用电磁场与电流效应,构建电-场模型

详细说明:应用电流产生磁场,而不是应用磁性物质。

例如:① 有多种形状和尺寸的电磁石,它们可以在超过材料居里点的温度范围内使用。它们还有更重要的优势是在没有电场作用时,电磁石不会产生磁场,而且磁场的大小可以通过电流的大小来控制,这样就可以通过改变电流来精确地调整磁场。② 常规的电磁冲压中金属部件 S_1 采用了强大的电磁铁 S_2,该磁铁可产生脉冲磁场 $F_{磁场}$。脉冲磁场在胚板中产生涡电流,其磁场排斥使它们产生感应的脉冲磁场。排斥力 $F_{电磁场}$ 足以将胚板 S_1 压入冲压模。

S2.4.12 对禁止使用磁性液体的场合,可用电流变流体来代替

详细说明:电流变流体具有被电磁场控制的黏度,所以通过电场,可以控制流变体的黏度。利用此性质及其他方法一起使用,如电流变流体轴承等。

例如:①铣床的通用卡盘使任何形状的部件都能安全地固定。将部件放入流变池里,却很

难正确定位,运用电场让液体凝固,并使部件处于正确的位置。② 对于动态减震器,用电场控制以允许或禁止流变流体的流动来实现其减震的功能。

6.3.3 第三类标准解:向超系统或微观级系统进化

向超系统或微观级系统进化见表 6-5。

表 6-5 第三类标准解:向超系统或微观级系统进化

子系统(共 2 个)	标准解(共 6 个)
S3.1 向双系统或多系统进化	S3.1.1 系统进化 1a:创建双、多系统
	S3.1.2 改进双、多系统间的链接
	S3.1.3 系统进化 1b:加大元素间的差异性
	S3.1.4 双、多系统的进化
	S3.1.5 系统进化 1c:使系统部分与整体具有相反的特性
S3.2 向微观级系统进化	S3.2.1 系统进化 2:向微观系统进化

S3.1 向双系统或多系统进化

S3.1.1 系统进化方式——1a:创建双系统和多系统

例如:① 在运输薄玻璃时,玻璃很容易被损坏。用油做临时的粘接剂,将许多片玻璃粘接成一批来运输,就能防止运输时玻璃的损坏。② 为了将几层布料裁剪成同一式样,将几层布料重叠在一起裁剪,就能裁剪成同一个式样;③ 红绿灯和信号灯都由一批发光二级管制造而成,每个发光二级管都是独立的系统,一批发光二级管组合就形成了可以发不同颜色的光的信号灯和红绿灯;④ 水力电气大坝有多个闸门和多个发电机组,多个发电机组的相互组合就能输送功率很大的电能,多个闸门实现了多辆船舶的同时通行。

S3.1.2 改进双、多系统间的连接

详细说明:改进双系统或多系统中的连接。

例如:① 多隔舱潜水船,通过向隔舱里充水来控制船的下沉,并通过排除隔舱里的水来实现上浮。② 视频/音频唱片系统,不仅可以实现画面输出,还可输出声音。相对于音频唱片系统,它就是一个二级系统。③ 复杂十字路口的红绿灯,为了能自动控制车的流量,要求根据车辆的动态流量对红绿灯的停留时间做适时调整,它相对于简单的红绿灯而言,就是一个多级系统。④ 码头的漂浮物和防撞系统,码头随着潮汐的升降而升降,防撞系统自动地改变靠岸和码头的坡度,以避免停泊的船撞在码头上。

S3.1.3 系统进化 1b:加大元素间的差异性

例如:① 为了适应不同穿透深度的需要,订书机有多种尺寸的钉书钉。如果增加一个钉书钉清除器,订书机的用处会更大。② 复印机能将文件复印到不同尺寸的不同媒介(如打印纸、牛皮纸和幻灯片等)上,如果安装了附属机构,还可将不同的文档分类、校对和装订。③ 用于在电子显示屏幕上书写的电子笔,为了增加其功能,可以添加橡皮以便能很方便地实现改写功能。

S3.1.4 双系统和多系统的简化

详细说明:经过进化后的双系统和多系统再次简化成为单一系统。双系统和多系统可以通过简化得到加强。首先是通过简化系统中起辅助作用的部分来获得,比如一把双管猎枪只有一个枪托。完全简化的双系统和多系统又会变为单系统,整个循环会在更高级的级别上重复进行。

例如:① 家用音响虽然有不同种类的音频装置,但都使用通用的扬声器。② 复印机已经发展成更高水平或超系统的文件生成器,新的单一系统通过增加传真、打印和扫描而成为新的复印机聚系统,这种系统的功能就非常齐全,这种更高水平的系统可以称为电子文档发送器。通过增加邮件和语音邮件的发送,还可运用这更高水平的单一系统接收网络信息。③ 如今的照相机增加了自动调焦、缩放、闪光、自动曝光、自动装胶卷和自动倒卷、胶卷速度识别等功能,每种功能可以独立地控制和产生各自的行为,与老式相机相比,它就是一种新的聚系统。

S3.1.5 系统进化 1c:使系统部分与整体具有相反的特性

详细说明:系统进化方式1c:利用部分或整体表现相反的特性或功能。通过将相反的特性分别赋予系统和其子系统,来加强双系统和多系统的转换。结果,系统在两个水平上获得应用,整个系统具有特性"P",而子系统具有特性"-P"。

例如:① 帐篷竿和拐杖都是刚性而长的,而功能部件却很短。如拐杖的主要功能是支撑人,虽然整个拐杖很长,但实现这一功能的部件却是很短的手柄。② 自行车链条是刚性组件,以使前后轮相互连接,但链条的联接处却是韧性系统,以实现链条和链轮之间的相互啮合。③ 藻类单个个体生活的生命很短,但群体生活的生命却很长。

S3.2 向微观级系统进化

S3.2.1 系统转化 2:向微观系统转化

详细说明:系统可以在进化过程中的任意阶段,通过从宏观级别到微观级别的转换得到加强。无论是一个系统还是其子系统,都可被在某种场的作用下实现所需功能的物质代替。一种物质有众多的微观状态(晶格、分子、离子、原子、基本粒子、场等)。因此,在解决问题时应考虑各种过渡到微观级和各种从一个微观级过渡到另一个较低层级的方案。

例如:①计算机工业的所有部件的历史就显示了这种趋势:打印机发展从 9 Pin 点矩阵到 24 Pin 点矩阵再到 100 Pin 点矩阵喷墨打印或激光打印,到 1 200 Pin(便宜的个人用打印机),而商用打印机更高(几千点每英寸);② 声乐工业的发展也显示了这种趋势:开槽的蜡留声机被有更细开槽的密纹唱机(LP)替代,后来又被有光学记号的光盘(CD)替代,如今又被有数字传输信号的 MP3 替代,声音的清晰度与开槽尺寸已经毫无关系了。

6.3.4 第四类标准解:测量与检测的标准解

第四类解决方案是探测与测量技术(见表 6-6)。探测与测量通常运用于控制。探测是二元的(要么发生,要么不发生),而测量有一些量化和精度的水平。例如,测量可以是 3.24 m ±0.02 m。在许多情况下,最革新的解决方案就是通过利用物理、化学或几何因素的优势,实现不探测、不测量下的自动控制。

表 6-6 第四类标准解:测量与检测

子系统(共 5 个)	标准解(共 17 个)
S4.1 间接方法	S4.1.1 改变系统,使检测或测量不再需要
	S4.1.2 应用复制品间接测量
	S4.1.3 用两次检测来替代
S4.2 建立测量的物-场模型	S4.2.1 建立完整有效的测量物-场模型
	S4.2.2 建立合成测量物-场模型
	S4.2.3 检测或测量由于环境引入附加物后产生的变化
	S4.2.4 检测或测量由于改变环境而产生的某种效应的变化
S4.3 加强测量物-场模型	S4.3.1 利用物理效应和现象
	S4.3.2 测量系统整体或部分的固有振荡频率
	S4.3.3 测量在与系统相联系的环境中引入物质的固有振荡频率
S4.4 向铁-场测量模型转化	S4.4.1 构建预-铁-场测量模型
	S4.4.2 构建铁-场测量模型
	S4.4.3 构建合成铁-场测量模型
	S4.4.4 实现向铁-场测量模型转化
	S4.4.5 应用与磁性有关的物理现象和效应
S4.5 测量系统的进化方向	S4.5.1 向双系统和多系统转化
	S4.5.2 利用测量时间或空间的一阶或二阶导数来代替直接参数的测量

S4.1 间接方法

S4.1.1 改进系统,使检测或测量不再需要

详细说明:改变系统,从而原来需要检测与测量的系统,现在不再需要测量。

例如:① 音乐盒安装了一个速度受空气阻力限制的自旋调节器,以控制回转轴的速度和频率,所以就不需要测量速度,因为调节器会自动地将回转轴调整到合适的速度。② 天然气过户系统要求精确传递仪表计量的气体,不是测量体积,而是用临界孔口限制流动的最大驱动压力来测量。③加热系统的自动调节是通过运用热电偶或双金属片作为自动转换开关来实现的,当温度低于给定温度时,热电偶是接通的。当温度高于给定温度时,热电偶就会自动断开,将系统保持在给定的温度下。

S4.1.2 应用复制品间接测量

详细说明:若S4.1.1不能实现,则用针对对象复制品、图像或图片的操作替代针对对象的直接操作。

例如:①为了迅速得到军人和装备的数量,或为了迅速了解水鸟(鹅或鸭)的数量,如果逐个地数,是很难数清的。但是如果通过卫星所拍摄的军人或水鸟的图像来计算其数量却是很方便的。②如果要测量一块农田的每一特定区域施肥最小而充足的数量,用常用的测量方法是很难实现的,但如果用卫星拍摄庄稼的生长状况,根据其生长状况就可以得出施肥数量。③测量金字塔的高度,可以通过测量塔阴影的长度来计算。

S4.1.3 用两次检测来替代

详细说明:若S4.1.1和S4.1.2不能实现,则应用两次间断测量,代替一次连续测量。例如,让一个环具有机械组件的外部公差极限,而让一个实体具有其内部公差极限。当组件通过环(1级探测)而实体通过组件(2级探测)时,组件就具有正确的尺寸。

例如:①为了在装配时能匹配,需要测量韧性物体的真实直径。通过连续地测量物体的最小轴和最大轴尺寸,就可以计算出韧性物体的真实直径。② 在不同环境灯光下,染色或复印都要求与确定的颜色标准相匹配,在两种或几种已知光源下,将测试项目与标准相对照,以此确定测试项目的颜色,这也是确定颜色全面匹配的常用的简便方法。

S4.2 建立测量的物-场模型

S4.2.1 建立完整有效的测量物-场模型

详细说明:如果一个不完整物-场系统十分不便于检测和测量,就要通过增加单一或两个物-场系统,且一个场作为输出。假如已存在的场是非有效的,在不影响原系统的条件下,改变或加强该场,使它具有容易检测的参数。

例如:①塑料制品是否穿孔以及穿孔尺寸的大小是很难测量的。如果让塑料制品充满空气,并且密封将它在低压(真空)下浸入液体池中,根据液体中的气泡就可测量其是否泄露,以及泄露的尺寸。②如果仅仅用耳朵听胸腔的声音,是很难听清声音的容量和水平的,而听诊器将胸腔产生的声场放大,这时用耳朵就很容易听清。

S4.2.2 建立合成测量物-场模型

详细说明:测量引入的附加物。如引入的附加物与原系统的相互作用产生变化,可以通过测量附加物的变化,再进行转换。

例如：① 生物标本（细胞、细菌、动物或植物组织）可以在显微镜下观察到，但细微的差别很难区分和测量。在标本中添加化学染色剂，使其结构组件可以观察和测量，就能观察到标本结构之间的细微差别。② 医学上的胃镜也是这种方法的应用实例之一。在 X 光测量胃之前，将钡吞入胃内，钡就覆盖在胃的内表面，X 光就能通过测量钡的密度和位置来测量胃的状况。③ 放射性碘集中在甲状腺内，测量放射出的碘的位置，就可显示甲状腺产生碘的状况，从而就能指示甲状腺的状态。④ 飞机和汽车外形的微小变化就对空气阻力有很大的影响，进而影响其性能。如果需要观察与测量这些影响，就可以在测试物体的风洞实验中引入烟雾，以测试物体外形对阻力的影响。

S4.2.3　检测或测量由于环境引入附加物后产生的变化

详细说明：如果不能在系统中添加任何东西，可以在外部环境中加入物质，并且测量或者检测这个物质的变化。

例如：当一个人远离陆地、道路或路标时，要想知道自己的精确位置是非常困难的。如果使用卫星全球定位系统，就能准确地知道自己的位置。因为卫星提供了覆盖整个地球表面的连续信号，通过使用手持式全球定位系统接收器，就能接收卫星提供的信号，根据信号就能测量出自己的绝对位置，还能测量位置的改变。测量的是人相对于卫星的位置，据此就能确定人在地球上的位置。

S4.2.4　检测或测量由于改变环境而产生的某种效应的变化

详细说明：如果系统或环境不能引入附加物，可以将环境中已有的东西进行降解或转化，变成其他的状态，然后测量或检测这种转化后的物质的变化。

例如：云房可用于研究因为爆炸碰撞产生的亚原子微粒的运动性质。在云房中，液态氢保持在沸点的温度和压力下，通过的高能粒子引起局部沸腾，形成气泡轨道的照片，并以此来研究粒子的运动。在云房中，充满了饱和的酒精蒸气，当粒子通过时，使蒸气电离形成一行核子，而浓缩成小滴，小滴的照片就能显示出粒子通过的路径。

S4.3　加强测量物-场模型

S4.3.1　利用物理效应和现象

详细说明：应用在系统中发生的已知的效应，并且检测因此效应而发生的变化，从而知道系统的状态，提高检测和测量的效率。

例如：① 传导液体的温度可以通过测量液体传导率的改变来确定，因为液体的温度随液体传导率的改变而改变。② 霍耳效应（流过半导体的电压依赖于垂直于它的磁场）用于测量和控制精密变速电动马达，霍耳电动势是穿过平板电流的磁场的电势差，该装置利用霍耳效应还可用于测量力、张力、电能与谐波分析。③ 质谱分析法是通过控制粒子通过磁场的速度来获得的，粒子在磁场中的运动路径还依赖于它的电离状态。当粒子通过磁场时，就可以通过计算粒子的运动轨道来测量粒子的质量。

S4.3.2 测量系统整体或部分的固有振荡频率

详细说明:如果不能直接测量或者必须通过引入一种场来测量时,可以通过让系统整体或部分产生共振,通过测量共振频率来解决问题。

例如:使用音叉来为钢琴调律。钢琴调律师需要调节琴弦,通过音叉与琴弦的频率发生共振,来进行调谐。

S4.3.3 测量在与系统相联系的环境中引入物质的固有振荡频率

详细说明:若S4.3.2不能实现,则可以通过与系统相连的物体或环境的自由振动,获得系统变化的信息。

实例:不直接测量电容,将未知电容的物体插入已知感应系数的电路中,然后改变电路中电压的频率,寻找产生谐振的共振频率。据此,可以计算出物体的电容。

S4.4 测量铁磁场

在遥感、缩影、纤维光学、微处理器技术等发展以前,测量中引入铁磁材料是非常普遍的。

S4.4.1 增加或利用铁磁物质或者利用系统中的磁场,从而方便测量

例如:交通系统通常是通过红绿灯来管理车辆通行的。如果需要知道车辆在红绿灯前要排队多长时间,就可以通过观察埋在人行道的行车线的位置就能估计出所需等待的时间。

S4.4.2 构建铁-场测量模型

详细说明:在系统中增加磁场颗粒或改变一种物质成为铁磁颗粒,通过检测其磁场以实现测量。

例如:将铁磁微粒混合在特定的颜料中,并将颜料印在货币上。在判别货币真假时,将磁场作用在货币上,通过铁磁微粒就能确定货币的真假。

S4.4.3 构建合成铁-场测量模型

详细说明:如果磁性颗粒不能直接加入到系统中,建立一个复杂的铁磁测量系统,将磁性物质添加到系统已有物质中。

例如:岩石层中的液体在压力作用下,导致了岩石层的水力爆炸。为了控制液体的爆炸,将铁磁粉末引入液体中,就可以利用磁场控制铁磁粉末来控制液体的爆炸。

S4.4.4 实现向铁-场测量模型转化

详细说明:如果不能在系统中引入磁性物质,可以通过在环境中引入。

例如:在水中移动模型船时,要在水中形成波浪。为了研究波浪的特性,在水中加入铁磁微粒,通过研究铁磁微粒来研究波浪的特性。

S4.4.5 应用与磁性有关的物理现象(效应)或自然现象

详细说明:应用与磁性有关的物理现象和效应,获得提高系统检测与测量的有效性和准确性。通过测量与磁性相关的自然现象,比如说居里点、磁滞现象、超导消失、霍尔效应等。

例如:① 磁共振成像。② 为了让床单上的棉絮自动脱离或是要让羽毛与羽毛杆分离,用电离气流吹,使两者带上同一类型的静电电荷,运用"同性相斥"的原理,小块的棉絮会被排斥,并容易地被吸尘器吸入。

S4.5 测量系统的进化方向

S4.5.1 向双系统和多系统转化

详细说明:如果单一的测量系统不是足够精确,就应使用两个或多个测量系统。由一个测量对象和两个或多个传感器,并由传感器接受被测对象两个或多个信息组成。由于被接受信息的增强,测量的效率显然可以获得增强。

例如:① 为了检查视力,验光师使用一系列仪器来测量聚焦远处的能力、聚焦近处的能力以及视网膜一致性地聚焦在一个中心的能力。② 为测量滑水者的跳跃距离,水面和水下各放置一个麦克风,两个麦克风接受信号的时间间隔与滑水者的跳跃距离成正比,据此可以测算出跳跃距离。

S4.5.2 利用测量时间或空间的一阶或二阶导数来代替直接参数的测量

详细说明:测量系统为了获得所需要的某参数信息,由直接测量对象的参数转向测量该信息参数一级或二级派生物来替代。测量精度将会随着测量路径的进化而有所提高。

例如:①飞行器位置与速度测量的地面雷达系统,运用直接的雷达反射和雷达频率的改变,以计算出每个飞行器的准确位置和速度。② 山脉地震的张力以前是通过测量岩石的电导率来得到的。为提高测量精度,现在是通过测量电导率的变化速度来得到的。

6.3.5 第五类标准解:应用标准解的策略与准则

应用标准解的策略与准则见表6-7。

表6-7 第五类标准解:应用标准解的策略与准则

子系统(共5个)	标准解(共17个)
S5.1 引入物质	S5.1.1 间接方法
	S5.1.2 将物质分裂为更小的单元
	S5.1.3 利用能"自消失"的添加物
	S5.1.4 应用充气结构或泡沫等"虚无物质"的添加物
S5.2 引入场	S5.2.1 应用一种场,产生另外一种场
	S5.2.2 应用环境中已存在的场
	S5.2.3 应用可以创造场的物质

续 表

子系统(共5个)	标准解(共17个)
S5.3 相变	S5.3.1 相变1:变换状态
	S5.3.2 相变2:应用动态化变换的双特性物质
	S5.3.3 相变3:利用相变过程中伴随的现象
	S5.3.4 相变4:实现系统由单一特性向双特性的转换
	S5.3.5 应用物质在系统中相态的变换作用
S5.4 利用自然现象和物理效应	S5.4.1 应用由"自控制"实现相变的物质
	S5.4.2 加强输出场
S5.5 通过分解或结合获得物质粒子	S5.5.1 通过分解获得物质粒子
	S5.5.2 通过结合获得物质粒子
	S5.5.3 兼用S5.5.1和S5.5.2获得物质粒子

S5.1 引入物质

S5.1.1 间接方法

详细说明:应用"不存在的物体"代替引入新的物质。比如增加空气、真空、气泡、泡沫、水泡、空穴、毛细管等;用外部添加物代替内部添加物;用少量高活性的添加物;临时引入添加剂等。

(1)使用无成本资源或免费的"虚无物质"资源,如空气、真空、气泡、泡沫、缝隙、毛细管、洞穴等。

例如:① 设想给潜水的人生产保暖衣服,通常的想法就是增加橡皮的厚度,然而这样衣服就会很重,所以增厚是不可接受的。不增加橡皮,而添加泡沫,使其重量更轻,热绝缘性更好,这就是如今的紧身潜水衣。② 木板材料的屋顶需要用防火材料代替。虽然混凝土能防火,但对于木制材料来说太重。在安装混凝土时让空气通过,通过产生混凝土泡沫来防火,这样就很轻了。③ 当跳水运动员在发生误跳动作时,为了防止运动员在坠入水中时会造成伤害,教练踩下脚踏板,让压缩气瓶中的空气通过安装在水池底部多孔的管道涌出,使水池内的水变成充满气泡的"软水"。

(2)利用场代替物质。

例如:① 快餐店需要检查生产芥末包装的小塑料袋的密封性能。第4类解决方法是运用水压和视觉系统,但更为简单的是利用真空,把包装袋样品放入真空房中,而后再拿出来,好的包装要膨胀,而坏包装的芥末要泄露出来。这里是利用压力差场来区分塑料袋的密封性能的。②在不能在墙上钻孔的情况下,要发现墙体内的钉子,通常使用三类场探测器:轻叩墙壁,听空旷区域与钉子区域的差异;运用磁铁探测钉子;运用超声波脉冲发生器和探测器,因为钉子会发出更为强烈的回声。

(3)用外部附加物代替内部附加物。如果有必要在系统中引入一种物质,然而引入物质内部是不允许的或不可能的,那么就在其外部引入附加物。

例如：① 飞机上安装有降落伞,以防止飞机出事时,让乘客与飞行员顺利脱险。② 当维修高压输电线路时,有时会出现这样的意外：一个工人没看见正在作业的人就合闸,造成了严重伤人事故。有效的防触电的方法是不能让现有的交变电场对人直接产生作用。引入含磁性粒子的物质,做成手镯佩戴,把它佩戴在正在从事高压设备维修的人员手上,利用获得的电流来控制人的肌肉,一旦出现电流,肌肉就会收缩,手臂会自动远离有危险的高压源。

(4)利用小剂量活性附加物。

例如：① 硅中掺有杂质可以改变部件的电子特性,以此就可以控制集成电路的特性。在硅中掺杂添加剂以使其能在较低的电压下操作,还可获得体积小得多的电路组件。② 利用铝热剂爆炸将铝焊接到某物体上。③ 飞机的爆炸只有在汽油的蒸汽与空气经混合后才有可能发生。如何防止这种混合气体的形成是防止飞机爆炸的关键。为了使这种易于引起爆炸的汽油蒸汽不存在,在燃料中加入极少量的聚合物,使燃料从液态转化为凝胶状态,从而大大降低了燃料的汽化点。

(5)将附加物集中到一特定位置上。在系统的特定位置（物质的个别部分）引入小剂量活性附加物,是为了在需要最大作用的区域通过引入的小剂量活性附加物,用于生成局部的强化场。

例如：① 为了清除衣服上的污点而不让整个衣服遭受强烈化学药品的腐蚀,方法就是将化学药品仅仅集中于污点处,就可以只清除污点而不腐蚀整件衣服。② 分子靶向治疗。分子靶向治疗是指利用具有一定特异性的载体,将药物或其他杀伤肿瘤细胞的活性物质选择性地运送到肿瘤部位,把治疗作用或药物效应尽量限定在特定的靶细胞、组织或器官内,而不影响正常细胞、组织或器官的功能,从而提高疗效、减少毒副作用的一种方法。其特点为具有较好的分子选择性,能高效、选择性地杀伤肿瘤细胞,减少对正常组织的损伤。

(6)引入临时附加物。

例如：① 医治癌症病人的放射疗法。就是将毒性极强的化学药品短时期地引入体内,在短时间内破坏癌变细胞,而不损坏健康组织,而后将毒性极强的化学药品流出病人体外。② 对于某些种类的骨损伤,在康复开始时,用金属夹板夹住骨伤处,将骨伤处固定,以便能快速愈合,待骨伤好后才去除夹板。③ 为生产多孔的空心金属小球,预先用聚苯乙烯做成小球,再把金属电镀到聚苯乙烯小球上,最后将小球放到有机溶液中,将小球内部的聚苯乙烯溶解掉。

(7)假如原系统中不允许附加物,可在其复制品中增加附加物,这包括仿真器的使用。

例如：① 电视会议允许所有与会者在不同的地点同时开会。② 为增加立体研究的准确性,通过使用放在物体透明模型内部的一个液体水平面,来获得三维体的平面复制品。模型的空间位置可以很容易进行改变。

(8)引入化合物,当它们起反应时产生所需要的化合物,而直接引入这些化合物是有害的。

例如：① 人的身体需要钠元素以新陈代谢,但金属钠对人体却有害。于是就消化普通的食盐以转换成身体所需的钠和氯。② 为了获得更高的能量,赛车使用一氧化二氮而不是空气作为燃气,因为一氧化二氮燃烧时比空气燃烧时放出的热量要大得多。③ 在面粉中引入化合物添加物——发酵粉,经发酵反应,产生气泡,面包的体积得到增加。

(9)通过对环境或物体本身的分解获得所需的附加物。引入由分解(或电解)系统环境或系统物质本身由相变生成所需的附加物,包括极少系统元素和环境的聚合状态的变化。

例如：① 在花园里填埋垃圾,而不使用化学肥料,以充分利用资源而不增加肥料产生的负面影响。② 在电-化学加工工序中,通过测量在工作区域的电解液中获得的气泡的位移来提高测量的精确度。

S5.1.2 将物质分裂为更小的单元

详细说明：将物质分割为更小的组成部分。如果系统不可改变,又不允许改变工具,也禁止引入附加物时,则可将物质分割为更小的单元(特别是在微粒流中,可以将微粒流分成同样的和不同样两部分电荷),利用这些更小单元间的相互作用来代替物质,获得增强的系统功能。

例如：① 飞机的速度越快,就要求越大功率的发动机。功率越大,叶轮长度就越长。但当长度增加到一定程度时,叶轮尖端的速度将超过声速,会引起冲击波,冲击波将损坏叶轮,所以使用两个小的发动机就比一个大的发动机好。同样地,喷气发动机的压缩机、工厂的空气调节装置等都是采用同样的原理。② 用一系列钢丝代替标准的钢筋混凝土中常用的较粗钢筋,可以制造出"针式"混凝土,使其结构能力获得了增强。

S5.1.3 利用能"自消失"的添加物

详细说明：添加物在使用完毕之后自动消失。引入的添加物,在它一旦完成所需的功能后,就能在系统或环境中自行消失或变成与系统中相同的物质存在。

例如：① 形状复杂的型钢中的夹沙可用干冰清除。将型钢放入干冰中,当干冰升华时,渣滓就随干冰清除了。② 射击场上被打碎的飞碟残片对靶场会产生有害作用,如果将残片收集,收集难度大,收集不干净,日积月累会污染靶场;如果不收集,则靶场的垃圾很快会超出可以承受的范围。用冰来做成飞碟,冰粒子对土地无害,它可以自由穿透土地,且会自我消失。

S5.1.4 应用充气结构或泡沫等"虚无物质"的添加物

详细说明：如果条件不允许加入大量的物质,则加入虚空的物质。如果环境不允许引入大量的物质,使用对环境无影响的充气结构或泡沫等作为添加物来实现系统的功能。其中,应用充气结构属于宏观级的标准解法;应用泡沫属于微观级的标准解法。

例如：① 供客人使用的气垫床垫,可以压缩以便储藏,对客人很方便,而且比住旅馆花费更小。对主人来说,也比在没有客人时还要留一间客房更为方便。② 当水槽车装满水时,为降低在急转弯时的风险,使用了轻浮球覆盖液面,即使速度达到 60 km/h,球下面的液面也不会晃动。

S5.2 引入场

S5.2.1 应用已有的一种场,产生另外一种场

详细说明:当需要向系统引入一个场时,首先使用物场系统中已经存在的场,场的载体就是系统中所包含的物质。

例如:Therma RestTM床垫是一种自膨胀床垫,床垫在储藏或运输时,压缩出空气,而且关闭通气孔。当空气阀打开时,通过压缩泡沫而产生膨胀,压缩泡沫产生的膨胀机械力引起了压力差,驱使外面的空气进入床垫。然后关闭通气孔,床垫膨胀以支撑人的重量。

S5.2.2 应用环境中已存在的场

详细说明:当需要向系统引入一个场,而系统物质所含有的载体中不存在场时,考虑应用环境中已存在的场。

例如:① 收音机可以使用光电池代替普通电池以备应急,在没有普通电池时,可以让太阳对光电池充电,用光电池带动收音机。光电池还可将电池的重量和尺寸最小化。电池的更进一步改进是使用手持盘簧发电机代替电池,就不需要电池。这种将机械能产生电能带动收音机,即使在黑暗中也是很方便的。② 利用每个元件发出的热量而产生的温差,引起空气流动来进行冷却,而无须额外附加风扇。

S5.2.3 应用可以创造场的物质

详细说明:利用系统或外部环境中已有的物质作为媒介物或源而产生的场。如果必须在系统中引入一个场,并且根据标准解法5.2.1和5.2.2是不可能做到的,那么就应引入能在局部生成场的附加物,用以补偿在最小作用下的不足部分,使系统获得了需要的最大作用场,提高了系统的功能效率或为系统获得附加的效应。

例如:① 为了得到直接破坏肿瘤的伽马射线,将放射颗粒植入肿瘤内,放射颗粒产生伽马射线杀死肿瘤细胞,放射颗粒完成其功能后清除。② 在汽车行驶时,由于发动机要产生大量的热量,于是就将发动机冷却液作为热源,用于给乘客提供热量,而不直接利用燃料燃烧提供热量,节省了能源,降低了消耗。

S5.3 相变

S5.3.1 相变1:变换状态

详细说明:在不引入其他物质的条件下,通过改变某种物质的相态,改善利用物质的效率。

例如:① 运用同一物质的气相、液相或固相的变化依赖于温度(压力或体积)的特性,实现所需要的功能。如天然气转换成低温的液体来运输以节约空间,而后膨胀并加热成气态燃料供使用。② 为解决潜水员能较长时间停留在水中,呼吸器中的氧为液化氧。利用氧气由液态转换为气态的相变来提高对氧气的使用效率。

S5.3.2 相变2:应用动态化变换的双特性物质

详细说明:根据工作条件的变化,物质从一种相态转变为另一种相态,利用物质的这种能力可以提供"双重"特性。

例如:① 在滑冰过程中,冰刀下的冰转变成水减少了摩擦,而后水又转变成冰,以更新冰的表面。② 产品的抛光方法:工作介质由单相溶化的铅液体和铁磁颗粒组成代替通用钢玉粉进行抛光。

S5.3.3 相变3:利用相变过程中伴随的现象

详细说明:在所有类型的相变中,随着聚合状态的改变,物质的结构、密度、导热系数等也发生变化。此外,在相变过程中还伴随着能量的释放和吸收。

例如:① 超导体的另一个实例是当超导体达到零点电阻时,就变成了很好的热绝缘体。利用这个性质可将超导体用作隔绝低温设备的热转换器。② 用来运输冰冻重物的装置,使用冰来制作支撑件,伴随在运输过程中出现的熔化的冰,可起到润滑作用,可以有效地减少摩擦力。

S5.3.4 相变4:实现系统由单一特性向双特性的转换(向双相态转化)

详细说明:实现系统由单相态向双相态转换,目的是为实现系统由单一特性向双特性的转换。应用不同的相变材料,就可以实现这种转换。

例如:① 制造可变电容使用绝缘金属相变材料。当加热时就变成了导体,当冷却时就绝缘了,以此由温度来控制电容。② 在切削过程中会产生气泡、碎片和噪声。如果用泡沫盖住切削区,除噪声和气泡不可能穿过外,其他则均可以穿过。在不影响切削工序的情况下,噪声得以减弱。

S5.3.5 应用物质在系统中相态的变换作用

详细说明:利用系统的相态交互,增强系统的效率。在物质或系统的相态间建立交互作用。利用分解、合成、电离-再合成等的物理-化学变化,获得物质的产生或消亡,以此来实现提高系统功能的有效性或给系统附加新的功能。

例如:① 用化学反应材料做热循环引擎的工作元素。材料在加热下分裂,冷却下再结合,以便改进引擎的功能(分裂的材料有较低的分子量,因此传热更快),使引擎的功率增强。② 白兰地经过两次蒸馏后,放在木桶中进行保存。这时,木材和液体之间相互作用。③ 空调机中的制冷剂液体经压缩时吸收热量,冷凝时放出热量,周而复始,不断循环。

S5.4 利用自然现象和物理效应

S5.4.1 应用由"自控制"实现相变的物质

详细说明:应用由"自控制"能实现相位转换的物质就是指该物质能有效而可靠地周期性

地存在于不同物理状态中,能够随着工作环境的改变,物质本身能自动地实现相变转换。

例如:① 阿奇舒勒设计的保护射电望远镜的避雷针就是一个实现自动控制转换的实例。避雷针是一个充满低压气体的管子,当这个区域的静电高到闪电以前时,管子中的气体就被电离,闪电就通过电离气体的通道释放。闪电释放后,电离的气体再重新结合,被保护的装置周围就是中性了,这样就保护了望远镜。② 摄影玻璃在有光亮的环境中自身会变黑,在黑暗的环境中自身会变得透明。③ 饮料分装机上的微型阀门由电动改为用具有双相态特性的记忆合金来控制启闭。在可变热场作用下,利用双相态的记忆合金产生的形状变化(受热会伸展,冷却会收缩)。

S5.4.2 加强输出场

详细说明:当输入场较弱时,加强输出场,通常在接近状态转换点处实现。

例如:真空管、继电器与晶体管都可以非常小的电流控制很大的电流。

S5.5 通过分解或结合获得物质粒子

S5.5.1 通过分解获得物质粒子

详细说明:通过降解来获得物质颗粒(离子、原子、分子等)。若在解决问题时,需要某种物质的粒子,如离子,但根据问题的特定条件,无法直接获得,则可以考虑通过分解物质某高层级结构的物质获得,如分子。

例如:如果系统需要氢,而手边又没有氢,只有水,通过电解将水转换成氢与氧。如果需要氧原子,就用紫外线光电解臭氧。

S5.5.2 通过结合获得物质粒子

详细说明:通过组合,获得物质粒子。若在解决问题时,需要某种物质的粒子,如离子,但根据问题的特定条件,无法通过标准解 S5.5.1 获得,则可以考虑通过化合物质某低层级结构的物质获得,如离子。

例如:① 树利用太阳光的光合作用吸收水分和二氧化碳而生长。② 为了减少轮船的流体动力阻力,利用高分子混合物来应用托马斯效应,然而这将伴随着大量聚合体的浪费,因此可以在电磁场的作用下生成水分子的联合体。

S5.5.3 兼用 S5.5.1 和 S5.5.2 获得物质粒子

详细说明:同时应用 S5.5.1 和 S5.5.2。如果一个高级结构的物质需要降级,但是又不能降解,就应用次高水平的物质。另外,如果需要把低级结构的物质组合起来,我们就可以直接应用较高级的结构物质。

例如:① 如需要传导电流,可先将物质变成导电的离子和电子。离子和电子脱离电场之后,还可以重新结合在一起。② 使用避雷针保护天线,不妨碍天线预期功能的实现能力问题。避雷针是以低压下内在的空气作电介质的方式制成的,当没有雷击时,避雷针担当电介质的角色,不妨碍天线的机能;当雷击时,气体分子被电离,而不是整个天线,创造了释放闪电的通道,在雷击中的电子与离子重新合成,恢复成中性分子,避雷针变成了电传导,得以保护天线。

从第一类解到第四类解的求解过程中,可能使系统变得更复杂,因为往往要引入新的物质或场;第五类解是简化系统的方法,以保证系统理想化。从第一类到第三类有了解以后,或解决第四类检测测量问题后,再回到第五类去解,这才是正确的解题方法。

6.4 物-场分析和标准解法的应用实例

案例1 用"标准解法"解决金属颗粒对输送管路磨损的问题

问题描述:通过高压空气传输金属颗粒,如图6-13所示。在工作过程中,由于高速运动的金属颗粒对管道拐弯处的管壁产生撞击和磨损,使得该处非常容易损坏。如何通过改进设计,延长管道拐弯处管壁的寿命?

图6-13 金属颗粒的气动输送管路系统示意图

问题分析:

步骤一:明确问题发生部位并确定相关元素。

定义功能名称为"输送金属颗粒",F_{Me}—机械能,S_1—金属颗粒,S_2—弯管。

步骤二:建立问题的物-场模型。

用符号系统表示功能模型(见图6-14)。该模型表明,在完成有用功能"输送金属颗粒"的同时,又产生了有害功能"撞击管壁"。

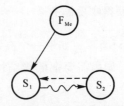

图6-14 气动输送金属颗粒的物-场模型

步骤三:选择物-场模型合适的解法。

在76个标准解中选择适用于该特定问题的标准解。由于该问题中同时存在有用及有害功能,标准解S1.2.1,S1.2.2以及S1.2.4都可应用,并产生不同的解。现采用S1.2.4产生一个解。

步骤四:得到解决方案的物-场模型。

根据标准解S1.2.4:如果系统中同时存在有用作用及有害作用,而且S_1及S_2必须直接接触,此时可以通过引入一个新的场F_2来抵消掉F_1的有害作用,或将有害作用转换为有用作用,如图6-15所示。

图6-15 S1.2.1标准解物-场模型

步骤五:进行概念设计支持最终解。

解决方案:在管道拐弯处的管壁外部加上一块磁铁(引入磁场),使得部分金属颗粒被吸附在管壁内侧,这部分被吸附的金属颗粒作为缓冲层对管壁起到了保护作用(见图6-16)。

图6-16 最终解决方案示意图

对于这个案例,聪明的读者可能会有这样的疑问:如果将管道内的金属颗粒换成沙子,那么管道拐弯处磨损的问题依然存在,而且依据同样的方法建立的物-场模型也是一样的,查找到的标准解法也相同,但此时再采取放置磁铁(增加"磁场")的解决方法显然是无效的。我们首先要对提出这种疑问的读者大加赞赏。这是一种善于思考、善于发现问题的表现,这种表现非常有助于发明问题解决方法的学习。

对于这个新的问题,通过建立物-场模型,查找到的标准解法同样是S1.2.1,S1.2.2以及S1.2.4。同样根据标准解S1.2.4,如果系统中同时存在有用作用及有害作用,而且S_1及S_2必须直接接触,此时可以通过引入一个新的场F_2来抵消掉F_1的有害作用,或将有害作用转换

创新思维与发明问题解决方法

为有用作用。

在此建议下,经过对各种可能的"场"进行分析和尝试,最终采取的方案是引入一个"重力场",即在管道拐弯处的内壁焊接一个可以使沙粒堆积的凸台,在系统运行的过程中,就会有部分沙粒堆积在凸台上,形成对管道内壁的保护,如图6-17所示。对于这两种情况下的不同问题,读者也可以尝试从标准解S1.2.1和S1.2.2中寻求解决方案。

图6-17 气动输送沙粒的解决方案

案例2 用"标准解法"解决高压管道破裂问题

问题描述:在高压管道系统中输送液体时,有时会由于液体的骤然停滞(比如管路被快速截断)产生的液压冲击使管道内的压力急剧升高并在管道内高速扩散,造成管道破裂等危害。安全阀或者其他防护装置都无法承受这种急剧升高的压力,怎么办?

问题分析:

步骤一:确定相关的元素:S_1—液体;S_2—管道;F_H—液压场。

步骤二:构建高压管道输送液体的物-场模型,如图6-18所示。

图6-18 高压管道输送液体物-场模型

步骤三:选择物-场模型的一般解法。

在76个标准解中选择适用于该特定问题的标准解。由于该问题属于有害效应的完整模型,可应用标准解S1.2中的5种标准解法。该5种解法分别如下:

1)S1.2.1在当前系统中,有害的和有用的效应同时存在。不必把S_1,S_2直接相连,通过引入S_3去除有害效应。

2)S1.2.2引入已有物质S_1(或S_2)的变形,但是不允许引入新的物质S_3。此时可以改变S_1或S_2来消除有害作用。

3) S1.2.3 在已有物质 S_1(或 S_2)的内部(或外部)引入物质 S_3。如果由某个场对物质 S_1 产生有害作用,可以引入物质 S_2 来吸收有害作用。

4) S1.2.4 引入场 F_2。如果系统中同时存在有用作用和有害作用,而且 S_1 和 S_2 必须直接接触,这个时候,通过引入 F_2 来抵消 F_1 的有害作用,或者将有害作用转换为有用作用。

5) S1.2.5 采用退磁或引入一相反的磁场。系统内部的某部分的磁性质可能导致有害作用。此时可以通过加热,使该部分处于居里点以上,从而消除磁性。或者引入一种相反的磁场。

经分析,本问题可通过 S1.2.2,即引入第一种或第二种物质的变形体加以解决。

步骤四:得到解决方案的物-场模型。

经分析,可以引入液体的变形体,即将部分液体汽化后混入液体中(见图 6-19)。

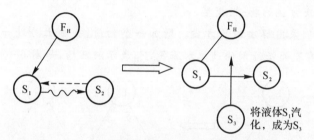

图 6-19 增加另外一个场 F_2 来强化有用的效应

解决方案:按照苏联专利 1078178,建议使用已知的物理效应——气穴效应(空化现象),它可以从液体里分离出溶解的气体(这种气体绝对存在于所有的液体中,不过处于真正的溶解状态)。气穴效应是借助于超声波(过程类似水沸腾)引发的。第三种物质(液体中的气体)在瞬间由液体本身产生,而在关闭超声波时它同样会瞬间消失(气体重新溶解)。

案例 3　用"一般解法"解决汽车清洗问题

问题描述:汽车在使用过程中受阳光辐射、酸雨侵蚀和使用环境等影响,时间一长表面会沉积各种腐蚀性污垢,如油脂、工业尘垢、沥青、树油、昆虫和水泥等,继而使漆面暗淡无光、漆质氧化,缩短汽车车漆寿命。因此,必须要清除这些污垢。但是,对于沉积时间较长的沥青、树油或昆虫等污垢以及煤烟、焦油等工业尘垢,用普通洗涤剂和水很难冲洗掉。这一问题该如何解决呢?

问题分析:

步骤一:明确问题发生的部位并确定相关元素。

根据普通的水洗工艺,确定相关的元素如下:F_{Me}——机械力(冲击力);S_1——水;S_2——污垢。

步骤二:建立问题的物-场模型。

在现有情况下,该系统不能满足希望效应的要求,如图 6-20 所示。

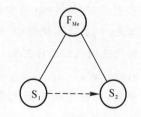

图 6-20 水洗工序的物-场模型

步骤三:选择物-场模型合适的解法。

该系统的物-场模型属于物-场模型类型中的"作用不足的完整模型",可以使用的一般解法有3个,分别是解法三、解法四和解法五。

(1)应用解法三:用另外一个场来代替原来的场。例如,使用超声波清洗,利用化学物质雾化清洗,引入某种放射场清洗,改变清洗环境温度和利用高压力场等。

(2)应用解法四:增加一个物质,并加上另外一个场来提高有用效应。例如,利用含有表面活性剂的过热水蒸气和高压力场来改善清洗。

(3)应用解法五:增加另外一个场来强化有用的效应。例如,利用磁场磁化水改善清洗,利用含有表面活性剂的化学特性水来改善清洗,利用热水的热能改善清洗和利用含有某种生物反应的特性水来改善清洗等。

步骤四:得到解决方案的物-场模型。

在本实例中,我们采用解法四的方案。增加一个物质,并加上另外一个场来提高有用效应。其中 S_2 表示含有表面活性剂的过热水蒸气,F_H 表示液压场,如图6-21所示。

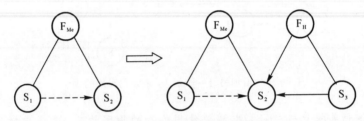

图6-21 解决方案的物-场模型

步骤五:进行概念设计支持最终解。

解决方案:使用含有表面活性剂的过热水蒸气且与高压力相结合。含有表面活性剂的过热水蒸气在与汽车表面沉积的污垢发生化学反应的同时,将对污垢形成强烈的爆炸冲击,从而将污垢彻底从车体表面清除。

案例4 用"一般解法"解决纯铜板的清洗问题

问题描述:在纯铜电解生产过程中,少量的电解液会残留在铜板表面的微孔中,在铜板存储过程中,这些残留的电解液会挥发出来而形成氧化斑点,从而影响铜板表面质量并降低其价值。为避免这种损失,在存储之前先清洗铜板,以去除铜板表面微孔中的残留电解液。但是,由于微孔非常小,微孔中的电解液很难彻底清洗。该如何改进铜板的洗涤呢?(杨清亮,2006)

问题分析:

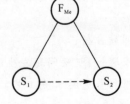

图6-22 铜清洗工序的物-场模型

步骤一:确定相关的元素。根据原来的水洗工艺,确定相关的元素如下:S_1—水,S_2—电解液,F_{Me}—机械力(洗涤冲击)。

步骤二:联系问题情形,构建铜清洗工序物-场模型,如图6-22所示。

步骤三:选择物-场模型的一般解法。效应不足的完整模型,有三个一般解法:增强物-场模型、双物-场模型、链式物-场模型。

步骤四：得到解决方案的物-场模型。

(1)应用一般解法双物-场模型。增加另外一个场 F_2 来强化有用的效应，如图 6-23 所示。

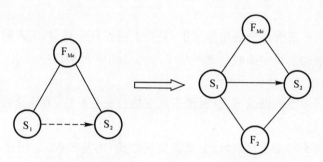

图 6-23　增加另外一个场 F_2 来强化有用的效应

通过系统地研究各种能量场来选择可用的场形式，例如：
1)机械冲击力，使用超声波清洗；
2)热冲击力，用热水清洗；
3)化学冲击力，使用表面活性剂溶解来加强残留电解液的移动；
4)磁冲击力，将水磁化以加强洗涤。

以上各种能量形式，对改善清洗效果都是有效的，但似乎并没有达到最终理想解。TRIZ 要求对问题彻底解决，追求获得最终理解，因此对问题进一步分析。

(2)应用一般解法链式物-场模型。插进一个物质 S_3 并加上另一个场 F_2 来提高有用效应，最终确定相关元素如下：S_3——蒸汽，F_1——压力，如图 6-24 所示。

解决方案：使用过热水(100℃以上)且与高压力结合。过热的水蒸气可达到微孔内，穿进并充满微孔，形成对残留电解液的强烈爆炸冲击并牵制将其彻底排出微孔。

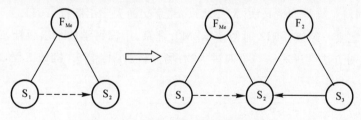

图 6-24　增加 S_3 及 F_1 提高有用效应

思　考　题

1.什么是物-场模型？一个完整的物-场模型包括哪几个要素？
2.物-场模型的类型有几种？
3.过度作用和有害作用的区别是什么？

4. 标准解系统共有多少级？分别是什么？简述各级标准解之间的关系。

5. 两个物质间的场，当有用与有害作用并存时，请选用一个标准解来消除有害作用，并举例说明。

6. 汽车中收音机会因为信号被屏蔽而无法正常使用，请对这一问题建立物-场模型，并试着提出解决方案模型。

7. 炼钢企业有一个很大的设备用于炼钢，设备上面开有观测口，工人可以通过这个口看炼钢的生产情况。炼钢的过程中不时会有一些小的火星和碎石从口中飞出，会伤到工人。请根据物-场分析法对问题进行分析。

8. 我国东北地区冬季降雪较多，这时汽车在雪地行驶会打滑，造成交通事故，构建物-场模型，并选择标准解加以解决。

9. 玻璃厂会运输一些成品玻璃块，但是玻璃比较脆，容易破损，运用什么样的方法运输可以降低破损率，尝试用物-场分析解决问题。

10. 猎人的耳朵有一段时间受伤了，打猎时不能像以前那样顺着狗的叫声去寻找猎物。请建立该问题的物-场模型，并用物-场分析法尝试给出解决办法。

11. 包装机将纸箱放在桌子上，水果从一个通道滚到箱子里，一台电动机振动着桌子使水果装好。虽然这个方法效率很高，但在此过程中，水果在箱子中相互碰撞会撞伤水果，如何避免？并用物-场分析法尝试给出解决办法。

参 考 文 献

[1] 赵锋. TRIZ 理论及应用教程[M]. 西安:西北工业大学出版社,2010.

[2] 王妍玮,王述洋,等. 基于 TRIZ 的新型厢式烘干机设计[J]. 机电产品开发与创新,2009(3).

[3] 檀润华. TRIZ 及应用——技术创新过程与方法[M]. 北京:高等教育出版社,2010.

[4] 杜永平. 创新思维与创造技法[M]. 北京:北京交通大学出版社,2011.

[5] 李海军,丁雪燕. 经典 TRIZ 通俗读本[M]. 北京:中国科学技术出版社,2009.

[6] 徐明泽. 发明方法学讲座——第四讲 物-场分析法(上)[J]. 机械工程,1987(5).

第7章
发明问题中的进化理论及其应用

达尔文在 1859 年出版的《物种起源》一书中系统地阐述了以"物竞天择,适者生存"为核心思想的生物进化论,认为生物存在着从低级到高级、从简单到复杂、从种类少到种类多的进化规律。与达尔文的生物进化论相类似,在 20 世纪中后期,阿奇舒勒通过对众多技术发展历程的研究和总结,提出了技术系统进化理论。

所谓技术系统的进化,就是人类在发明创造的过程中,不断地用新技术替代老技术,用新产品替代旧产品,实现技术系统的功能从低级到高级变化的过程。技术系统进化是构成 TRIZ 理论的核心内容之一。

TRIZ 强调技术系统一直处于进化之中,也就是在不断更新、发展中。不管人们是否认识了技术系统,技术系统的进化都在客观地进行着。认识和掌握技术系统的进化规律,有利于发明创造者掌握规律、少走弯路,尽可能地沿着解决发明问题的"正确"方向前进。

TRIZ 提出的进化理论是一个相对独立的系统,与其他 TRIZ 工具一样,可以独立地解决问题。TRIZ 进化理论关于技术预测的方法通俗易懂,不仅可以作为解决问题的工具,也可以作为识别问题的工具,能帮助发明者,尤其是研发团队在较短的时间内找到众多的备选方案来开发新产品,推动技术系统的升级换代。

7.1 技术系统的进化与发展趋势预测

阿奇舒勒在分析大量专利的过程中发现技术系统是在不断发展变化的,产品及其技术的发展总是遵循着一定的客观规律,而且同一条规律往往在不同的产品或技术领域被反复应用。即任何领域的产品改进、技术的变革过程,都是有规律可循的。这也是为什么不同国家的不同发明家在他们各自独立研究某一系统的技术进化问题时,能得出相同结论的原因。

阿奇舒勒关于技术系统进化论的观点主要包括以下几个方面:
(1)技术系统的进化并非随机的,而是遵循一定的客观进化模式。
(2)所有系统都是向"最终理想化"进化的。
(3)系统进化的模式可以在过去的发明专利中发现,并可以应用到新系统的开发。

阿奇舒勒指出,技术系统的进化不是随机的,而是遵循一定的客观规律。同生物系统的进化类似,技术系统也面临着自然选择、优胜劣汰。因此,如果人们能够掌握这些规律,就可以能动地进行技术发展预测,并预测产品的未来发展趋势。阿奇舒勒和他的合作伙伴经过长期的研究,对技术系统的发展规律进行了总结和抽象,提出了技术系统进化理论,并将进化规律抽象为一些公理,以"进化法则"的形式进行表述,形成了著名的八大技术系统进化法则,构成

TRIZ 理论的核心内容之一。

在 TRIZ 理论中,能完成一定功能的一个产品就称为一个技术系统,一个技术系统可以包含一个或多个执行自身功能的子系统,子系统又可以分为更小的子系统,一直到分解为由元件和操作构成。使用技术系统的场所或技术系统所处的环境被称为超系统。所谓技术系统的进化,是指实现技术系统功能的各项内容,从低级向高级变化的过程。对于一个具体的技术系统来说,人们对其子系统或组件不断地进行改进,以提高整个系统的功能,这个不断改进的过程,就是技术系统的进化过程。

7.1.1 技术系统的 S 型进化曲线

每个技术系统的进化,都要经历如图 7-1 所示的 S 型进化曲线(简称 S-曲线)所代表的四个阶段:婴儿期、成长期、成熟期、衰退期。我们把 S-曲线定义为完整地描述了一个技术系统中从孕育、成长、成熟到衰退的变化规律的曲线。

图 7-1 技术系统的 S-曲线

S-曲线描述的是一个技术系统中的诸项性能参数的发展变化规律,这些性能参数都会经历婴儿期、成长期、成熟期、衰退期这四个阶段。例如在飞机这一技术系统中,飞机的速度、安全性等都是其重要的性能参数。

1. 婴儿期

在这一阶段,新的技术系统刚刚诞生。虽然它能提供一些前所未有的功能或技术性能的改进,但是系统本身还存在着效率低、可靠性差等一系列待解决的问题。同时,由于大多数人对系统的未来发展并没有什么信心,缺乏对其人力和物力的投入,因此,在这一阶段系统的发展十分缓慢。

2. 成长期

在这一阶段,人类社会已经认识到新系统的价值和市场潜力,乐于为系统的发展投入较大量的人力、物力和财力。因此,系统中存在的各种问题,逐一被很好地解决,效率和性能都有很大程度的提高。由于技术系统的市场前景看好,能吸引更多的投资,因此更加促进了系统的高速发展。

3. 成熟期

技术系统发展到这一阶段,由于大量人力和财力的不断投入,使其变得日趋完善,性能水平达到最高,所获得的利润达到最大并有下降的趋势。实际上,此时大量投入所产生的研究成果,多是一些较低水平的系统优化和性能改进。

4. 衰退期

在这一阶段,应用于技术系统的各项技术已经发展到极限,很难得到进一步的突破。该技术系统可能不再有更大的需求或者即将被新开发出来的技术系统所取代。此时,新的技术系统将开始其更加耀眼的生命周期,呈现在世人面前。

7.1.2 S-曲线族

技术系统的产生,来源于社会的需求。新技术系统所带来的益处,可以满足人们的某种共同需求。因此,对新技术系统的需求将会逐渐演变成为社会的需求。任何新技术系统在最初阶段都是由个别的、有前瞻性的发明者首先意识到这种需求。在创造出第一个最低级但是有工作能力的技术系统时,原有的技术水平与社会需求之间的矛盾就得到了化解。然而,随着技术系统的发展,又会产生对它的新的要求,促使技术系统进一步发展。

由于在社会系统中存在一些诸如法规、标准等特殊的规定,并且在自然界中存在一些不可逾越的界限,因此技术系统的发展必须要受到一定的限制,即技术系统的扩展是有极限的。一个技术系统的进化完成婴儿期、成长期、成熟期、衰退期这四个阶段后,原有的研发极限被突破,必然会出现一个新的技术系统替代它,即现有技术替代了老技术,新技术又替代了现有技术,形成技术上的交替。每个新的技术系统也将会有一条更高阶段的S-曲线产生,我们称之为"S-曲线的跃迁"。如此不断地替代形成了技术上的交替,进而形成了S-曲线族,如图7-2所示。

图 7-2 S-曲线的跃迁和S-曲线族

图7-3所示是电机的S-曲线族。在19世纪末期,电机就已经产生。常规电机由定子、转子、线圈、电刷等零部件组成。不管电机的尺寸、外形和功率如何变化,在20世纪的100年间,其基本工作原理从来没有变化,即通过轴来传递力矩。但是,无轴电机的出现,让电机的工作原理发生了巨大的变化,不用轴也可以传递力矩。

再例如,混合动力汽车将会取代燃油汽车,燃料电池汽车有可能在未来取代混合动力汽车,更进一步地,太阳能电动车将可能主宰未来汽车时代。图7-4所示为常规燃油汽车与新能源汽车的"S-曲线的跃迁"以及汽车技术系统发展的S-曲线族。

图7-3 电机技术系统发展的S-曲线族

图7-4 汽车技术系统的S-曲线族

7.1.3 S-曲线在技术发展趋势预测中的作用

历史发展证明,新技术的出现能够以多种方式改变竞争的态势,尤其是在产品生命周期极度缩短的今天,对技术发展动向的早期预测和把握是企业成功的关键因素之一。对关键技术的储备和创新是产品创新的基础,这些都依赖于对未来技术发展方向的准确预测。

企业在新产品研发决策过程中,要预测当前产品的技术水平及新一代产品可能的进化方向,这种预测的过程称为技术发展趋势预测,简称技术预测。对技术预测的研究始于20世纪,最初主要是应用于军品领域,后来逐渐拓展到民品领域。当今世界各产业技术创新步伐不断加速,市场竞争正变得日趋激烈。如果企业能准确地预测技术系统的发展趋势并率先开发出下一代技术,就可能取得领先地位及对市场的主导权。在这期间,理论界提出了多种技术预测的方法。由于TRIZ技术进化理论可对技术系统未来的结构状态序列进行较为清晰的描述,并具备较强的可操作性,从而得到了人们更为广泛的关注。

在S-曲线中,通常用横轴表示时间,纵轴表示系统的各种性能参数。技术系统处于不同的时期,其性能参数、专利等级、专利数量和经济收益等四个方面就会呈现出明显的差异。根据针对某项产品性能参数的现有专利数量和发明级别等实际量化的信息,以性能参数、专利等级、专利数量和经济收益为纵轴的 S-曲线是可以计算并绘制出来的。当然这要经过一个比较复杂的分析过程和十分巨大的工作量来实现,如图 7-5 所示。

图 7-5 技术系统各阶段的特点

由于 S-曲线是可以根据现有专利数量和发明级别等信息计算出来的,因此 S-曲线比较客观地反映了产品进化的过程。技术系统在各个阶段从性能参数、专利级别、专利数量、经济收益等 4 个方面所表现出来的特点,可以帮助人们有效地了解和判断一个产品或行业所处的发展阶段,从而制定有效的产品策略和企业发展战略。

对于企业研发决策来说,具有指导意义的是 S-曲线上的拐点。假设某企业正在开发某个产品,在第一个拐点出现时,该企业应从对当前产品所做的原理实现的研究开始转入商品化开发,否则,该企业会被其他已经恰当转入商品化的同类企业甩在后面;当出现第二个拐点时,说明产品的技术已经进入成熟期,该企业因生产该类产品获取了丰厚的利润,但同时要继续研究和优化当前产品核心技术,并着手选择更新一代的核心技术,以便将来在适当的机会转入下一轮的竞争。

在成熟期,企业要有大量的研发投入。但如果技术已经相当成熟,推进技术更加成熟的投入已经不会取得明显的收益,与本项技术有关的专利数量已经趋于零,此时,企业应及时转入研究开发下一代核心技术,选择替代技术或新的核心技术。

如果企业打算引进国外的某项技术,那么首先利用 S-曲线来对其进行技术发展水平和技术发展趋势的预测和评估是非常有必要的。如果经过分析计算,发现企业将引进的技术的性能指标已经处于 S-曲线的成熟阶段后期并即将进入衰退阶段,那么这种引进肯定是不恰当的,有可能造成产品刚引进就落后的尴尬局面。

综上所述,分析 S-曲线可以帮助企业评估系统现有技术的成熟度,有利于合理的研发投入和分配以及帮助做出正确的研发与引进决策。

7.2 经典 TRIZ 的八大进化法则

与 TRIZ 中的其他理论内容相比,技术系统进化不算是非常成熟的理论,还有许多值得进一步研究和发展的地方。由于阿奇舒勒在 1998 年去世,对于技术系统进化的研究只能由其学生和其他研究者来继续完成。也正是因为如此,对于技术系统进化模式,在阿奇舒勒提出的进化模式的基础上,不同的 TRIZ 研究者提出了不同的体系和版本,造成了对技术系统进化模式表述的差异。

在多种对技术系统进化模式的表述中,最经典、最成功的还是以阿奇舒勒为首,联合了鲍里斯·兹罗廷(Boris Zlotin)、阿拉·祖斯曼(Alla Zusmann)和尤里·萨拉马托夫(Yuri Salamatov)等知名 TRIZ 专家(阿奇舒勒的学生和合作者)提出的技术系统进化理论体系,被 TRIZ 理论研究者称为经典 TRIZ 进化法则。该技术系统进化法则的内容,主要体现了技术系统在实现其功能的过程中,技术系统改进和发展的趋势。经典 TRIZ 八大技术系统进化法则包括:

(1)完备性法则;
(2)能量传递法则;
(3)动态性进化法则;
(4)提高理想度法则;
(5)子系统不均衡进化法则;
(6)向超系统进化法则;
(7)向微观级进化法则;
(8)协调性进化法则。

八大进化法则在 S-曲线各个阶段使用频率不同。在初始期使用频率较高的是完备性法则、能量传递法则和协调性法则;在成长期使用频率较高的是提高理想度法则、动态性进化法则和子系统不均衡进化法则;在成熟期使用频率较高的是向微观级进化法则;在衰退期使用频率较高的是向超系统进化法则。图 7-6 标示出了在 S-曲线不同阶段较常用的一些进化法则,但该关联特性只是作为参考,例如提高理想度法则实际上贯穿于 S-曲线的整个生命周期。

图 7-6 S-曲线不同阶段较常用的一些进化法则

技术系统在沿着S-曲线进化的过程中受到这些进化法则的支配。其中,技术系统完备性法则、能量传递法则和协调性进化法则等揭示了技术系统存在的必备条件。提高理想度,获得最终理想解(IFR)代表了技术系统进化的战略方向,如图7-7所示。

图7-7 技术系统进化方向

同S-曲线一样,运用这些法则,我们可以判断当前研发的技术或产品处于技术系统进化模式中的哪个位置。然后,基于法则的提示,我们可以更好地预测出技术系统未来的发展方向。由于技术系统总是处于不断发展与进化过程中,因而解决技术系统进化过程中存在的矛盾,是促进技术系统进化的推动力。

7.2.1 完备性法则

完备性法则指出:技术系统实现某项功能的必要条件是在整个技术系统中,一定要包含四个相互关联的基本子系统,即动力装置、传输装置、执行装置和控制装置。

一个完备的技术系统的结构如图7-8所示。其中,执行装置对系统作用对象实施功能,常称为"工具";传输装置把能量或场传递给执行装置;动力装置从能量源获取能量,转化为系统所需的能量;控制装置控制其他组件如何协调以实现功能。

图7-8 完备的技术系统

图7-9所示为一个"帆船运输"的技术系统,其动力装置、传输装置、执行装置和控制装置分别为帆、桅杆、船体和舵手。

完备性法则的建议如下:

(1)新的技术系统经常没有足够的能力去独立地实现主要功能,所以依赖超系统提供的资源。

(2)随着技术系统的发展,系统逐渐获得需要的资源,自己提供主要的功能。

(3)系统不断自我完善,减少人的参与以提高技术系统的效率。

以"锄头"的进化为例,锄头作为一个以疏松土地为主要功能的系统,以完备性法则为标准,其进化过程经历了"锄头→犁→拖拉机"这样一个不断完备的进化历程,如图7-10所示。图7-11(a)(b)(c)分别为该系统进化到不同阶段时的技术系统图。

图7-9 帆船运输的技术系统

图7-10 锄头的进化历程

掌握"技术系统完备性法则"后,利用该法则去分析技术系统,有助于我们在设计系统的时候确定实现所需技术功能的方法,并达到节约资源的目的。这是因为,该法则可以帮助我们发现并消除整个系统中效率低下的某个子系统。

7.2.2 能量传递法则

能量传递法则指出,技术系统实现其基本功能的必要条件之一是能量能够从"能量源"流向技术系统的所有组件。如果技术系统的某个组件接收不到能量,它就不能产生效用,那么整个技术系统就不能执行其有用功能,或者所实现的有用功能不足。

需要注意的一点是,要使技术系统的某组件具有可控性,必须在该组件和控制装置之间,提供能量传递的通路。例如,收音机的能量传递。收音机在金属屏蔽的环境(如汽车)中不能收听到高质量的广播。尽管收音机内各子系统功能都正常,但电台传导的能量源受阻,使整个系统不能正常工作。在汽车外加上天线,问题就解决了。

降低能量损失可采取的措施包括以下几个方面:

(1)提高系统各部分的能量传导率。例如在电能的传导中使用超导材料。

(2)最好用一种能量(或场)贯穿于系统的整个工作过程,减少由于能量形式的转换所导致的能量损失。

图 7-11 锄头不同进化阶段的技术系统
(a)锄头系统；(b)犁系统；(c)拖拉机系统

(3)缩短能量传递路径,减少传递过程中的能量损失。例如:手摇绞肉机代替菜刀,用刀片旋转运动代替刀的垂直运动,能量传递路径缩短,能量损失减少,同时提高了效率。

(4)如果系统组件可以更换,那么将不易控制的场更换为容易控制的场。各种场的可控性由易到难大致为磁场/电磁场→电场→化学场→热场→声场→机械场。

以火车的进化过程为例,从能量传递的角度来看,火车的进化大致经历了"蒸汽机车→内燃机车→电力机车"的进化历程,如图 7-12 所示。

其中,蒸汽机车的能量利用率仅 5%～15%,其能量传递路径为化学能→热能→压力能→机械能。

内燃机车的能量利用率为 30%～50%,其能量传递路径为化学能→压力能→机械能。

电力机车的能量利用率为 65%～85%,其能量传递路径为电能→机械能。

电动汽车以电动机作为动力装置,尤其是纯电动汽车将电动机直接安装在轮子上,取消了复杂的传动装置,所以大大缩短了能量的传输路径,其能量转化率可达70%～80%,如图7-13所示。

图7-12 火车的进化历程

图7-13 电动车的轮毂电动机

学习了能量传递法则后,我们在设计和改进系统时,首先就要确保能量可以流向系统的各个组件。然后,通过缩短能量传递路径,以提高能量的传递效应。这样,使得系统的各个组件都能为技术系统的正常工作提供最高的效率。

7.2.3 动态性进化法则

动态性进化法则指出,技术系统会向提高其柔性、可移动性和可控性的方向进化。相应地,动态性进化法则包括以下三个子法则。

(1)结构柔性进化子法则。

指提高技术系统结构柔性的进化过程。即技术系统遵循从刚性体逐步进化到单铰链、多铰链、柔性体、液体/气体,最终进化到场的过程。图7-14所示为增加系统柔性的进化路径。

图7-15所示为切割技术及其技术系统的柔性进化过程。

(2)提高可移动性子法则。

提高可移动性子法则指出,技术系统的进化应该沿着技术系统整体可移动性增强的方向发展。这条法则是很容易理解的,在日常生活中,有很多这样的实例。例如从固定电话到手机的进化过程(见图7-16)。

图 7-14 系统柔性进化路径

图 7-15 切割技术的动态性进化

| 贝尔装配的第一台电话机，固定装置 | ⇒ | 听筒和话筒从主体分离，实现部分可移动 | ⇒ | 子母电话机，在一定范围内可移动 | ⇒ | 手机，整体可移动 |

图 7-16 电话系统的可移动性进化过程

(3) 提高可控性法则。

提高可控性法则指出，技术系统的进化，应该沿着增加系统内各部件可控性的方向发展。可控性进化路线为直接控制→间接控制→反馈控制→自动控制。在自动控制系统中，自动控制系统和各种物理、化学效应的应用，提供了自我可控性。反馈装置是技术系统实现自我可控性的一个必要条件。

以电灯的可控性进化为例，其进化路线经历了直接控制→间接控制（普通开关控制）→反馈控制（采用声控、光控开关，具有了反馈机制）→自动控制（能根据环境光线，自动调节亮度，具有智能反馈机制）。

再如温室天窗，其可控性进化路线为木棍支撑的天窗→按钮控制开合的天窗→温度反馈下的按钮控制天窗→根据温度自动开合的天窗。

动态性进化法则可以指导我们花费尽可能小的代价，而取得通用性、高度适应性、可控性的技术系统。

7.2.4 提高理想度法则

技术系统提高理想度法则指出,一个系统在实现功能的同时,必然有两方面的作用:有用功能和有害功能。系统改进的方向是提高系统的理想度。通常采用公式来衡量产品的理想化程度:

$$理想度 = \frac{\sum 有用功能}{\sum 有害作用 - 成本}$$

可以通过以下方式提高系统的理想度:

(1)增加系统的新功能,或从超系统获得有用功能。

(2)尽可能多的功能集中到尽可能少的工作元件上。例如,复印机在没有增加更多元件的情况下集成了扫描仪的功能。

(3)利用超系统免费资源,降低成本。

(4)剔除无效或低效功能。

(5)预防有害功能,将之转化为中性功能。

(6)将有害功能转移到超系统或外部环境中。

(7)在不削弱系统主要功能的前提下,简化系统的某些组件或操作,具体路线包括:

1)简化子系统:简化传输装置→简化动力装置→简化控制装置→简化执行装置。例如,烙铁被完全简化,加热的功能由焊料执行,即焊料可以自加热。

2)简化操作:修正功能的操作→辅助功能的操作→产生功能的操作。

3)简化组件:完整的系统→去掉部分组件→部分简化的系统→完全简化的系统。

4)先扩展再简化:最少组件的系统→引入一个附加组件→引入多个附加组件→扩展系统→(通过裁剪)移除一个组件→(通过裁剪)移除多个组件→最大限度简化的系统。在系统进化的初始阶段,增加新的组件以提供新的功能;在得到满足的效果后,开始系统简化,以减少成本。此进化路线是所有系统在长期时间内的主要进化趋势。

例如,汽车仪表盘的进化历程就遵循了简化低价值组件的路线,如图7-17所示。

 ⇒ ⇒ ⇒

各种仪表离散安置　　部分仪表组合　　通过图线显示数据　　挡风玻璃显示

图7-17 汽车仪表盘的进化历程

产品是某种有用功能实现的载体。按照理想度的概念,最理想的产品应该是:该产品作为实体并不存在,但是其有用功能仍然能够实现,即所谓的"功能俱全,结构消失"。这种情况下的产品,称为最理想的产品,并称这种状况下的设计方案为理想化最终结果。实际上,最理想的产品或者技术系统(也称理想系统)在实际中是不存在的。但是,理想化最终结果是产品设计的一个努力方向,是技术系统向最理想系统进化的过程。

明确问题的理想化最终结果,有可能引领问题的解决者得到最优的、有远见的问题解决方案。技术系统 A 经过不断的发展,历经了系统的不断扩展,子系统数量不断增加,然后其技术系统、子系统、超系统进入了螺旋式发展(扩展)与收缩(修剪)的时期,最终结果是引入了"理想物质"来替代整个技术系统 A,于是系统 A 收缩于系统 B,完成了一轮提高理想度的进化过程。

"提高理想度法则"是 TRIZ 解决矛盾问题时的一个关键思想。首先,理想化最终结果意味着,在技术系统中,每件事情或功能必须仅仅花费系统内部已有的资源,自我实现;其次,在技术系统中,所需的操作必须仅仅在必要的位置上和时间内进行;最后,技术系统的复杂化不一定与提高理想度法则相矛盾。

技术系统提高理想度法则是所有其他进化法则的基础,可以看作是技术系统进化的最基本法则。而技术系统进化的其他法则,则揭示了提高技术系统理想度的具体方法。

7.2.5 子系统不均衡进化法则

技术系统子系统不均衡进化法则指出:

(1)任何技术系统所包含的子系统的进化都不是同步、均衡一致进化的。每个子系统都是沿着自己的 S-曲线向前发展。

(2)这种不均衡的进化经常会导致子系统间的矛盾出现,解决矛盾将使整个系统得到突破性的进化。

(3)整个系统的进化速度取决于系统中发展最慢的子系统。改进进化最慢的子系统,就能提高整个系统的性能。

技术系统子系统不均衡进化法则在技术系统发展和进化的各个阶段都适用。

我们知道,技术系统的每一个子系统以及每个组成组件都有自身的 S-曲线。不同的子系统/组件一般都是沿着自身的进化模式来演变的。同样地,不同的系统组件达到自身固有的自然极限所需的次数是不同的。

很多时候,人们需要对技术系统的某一特定参数进行改进。这就要求实现这一参数的那个子系统要更加完善。在这种情况下,这个子系统的进化就会比其他的子系统要迅速。实际上,某个子系统的进化对其他子系统具有直接或间接的影响。发展到一定程度以后,首先达到自然极限的子系统就"抑制"了整个技术系统的发展,它将成为系统中最薄弱的环节(最不理想的子系统)。在这个(或这些)薄弱环节得到改进之前,整个系统的改进也将会受到限制。这也就是人们常说的"木桶原理",即整个系统的进化速度取决于系统中发展最慢的子系统进化速度。

例如,CPU 一直被视作评价计算机性能的关键指标,作为计算机的一个子系统,对它的研究和应用投入了巨大的人力、物力和财力。截至今天,从技术水平来看,人们还可以在单位面积的硅片上集成更多的微型器件,但现实中却无法操作,因为大量器件的散热问题无法有效解决。当初被视为小角色的散热器,作为计算机的一个子系统,它的研究和应用显然明显滞后于CPU,从而成为制约计算机性能进一步提升的关键影响因素。

再例如,在飞机的发展前期,为了提高飞行速度,人们总是试图增加飞机发动机的功率。由于受各种条件的限制,在一段时间后,依靠功率增加以实现提速的努力几近极限。此时,人们发现限制飞机速度的因素并不仅仅是发动机的功率,飞机外形成为制约飞行速度的重要因素。于是人们将研究重点转移到了飞机外形研究。通过风洞试验进一步提升了飞机的速度。可以预想一下,风洞试验发展到一定极限后,随着新技术、新材料的发展,人们又会将突破点转向发动机或者机身重量(材料)等领域。

子系统不均衡进化法则提示我们,技术系统整体进化的速度,取决于该技术系统中最不理想子系统的进化速度。利用这一法则的知识,可以帮助设计人员及时发现技术系统中不理想的子系统,并改进或以较先进的子系统替代这些不理想的子系统,从而使我们能够以最小成本实现对这一特定参数的改进。

7.2.6 向超系统进化法则

所谓超系统,从广义上讲,应该是超出这个系统之外的其他系统。技术系统在进化的过程中,可以和超系统的资源结合在一起,或者将原有技术系统中的某个子系统,分离到某个超系统中。这样,就能够使该子系统摆脱自身在进化过程中遇到的限制要求,让其更好地实现原来的功能。因此,向超系统进化有两种方式:一是使技术系统和超系统的资源组合;二是让系统的某子系统容纳到超系统中。向超系统进化的过程,可以发生在技术系统进化的任何阶段。技术系统向超系统进化法则是技术系统进化的一种方式。该法则与其他技术系统进化法则结合起来,适用于预测技术系统的整体进化。

技术系统向超系统进化包括以下两个方面:

(1)技术系统的进化是沿着"单系统→双系统→多系统"的方向发展。

(2)技术系统进化到极限时,实现某项功能的子系统会从系统中剥离,转移至超系统,作为超系统的一部分,从而在该子系统的功能得到增强改进的同时,也简化了原有的技术系统。

例如,飞机的子系统——副油箱分离到超系统中,成为独立的子系统——空中加油机(见图7-18)。

图7-18 子系统向超系统的进化实例:空中加油机

7.2.7 向微观级进化法则

技术系统向微观级进化法则指出,技术系统及其子系统在进化发展过程中,向着减小它们尺寸的方向进化。技术系统的组件，倾向于达到原子和基本粒子的尺度。进化的终点，意味着技术系统的组件已经不作为实体存在，而是通过场来实现其必要的功能。在组件从最初的尺寸进化的同时，却能更好地实现所需的功能。例如，计算机芯片技术的进化就是体现由宏观向微观进化的特征。播放机的进化也是技术系统向微观进化的典型事例，如图7-19所示。

图7-19 播放器的微观级进化路线

可以看出，动态性进化法则中的提高柔性子法则里面指出的那条技术系统进化系统，也是符合向微观级进化法则的。

7.2.8 协调性进化法则

技术系统协调性进化法则指出，技术系统的进化，沿着整个系统的各个子系统向互相更协调，与超系统更协调的方向发展。进化到高级阶段的技术系统的特征是，子系统为充分发挥其功能，各参数之间要有目的地相互协调或反协调，能够实现动态调整和配合。协调性法则告诉我们，通过协调各部分工作，可以节约资源，提高效率，保证技术系统的高度可控性和进一步的自动控制性。根据协调性法则，系统单元的很多特性都可以协调，但是最有代表性的系统协调包括形状协调、各性能参数之间的协调、频率协调和材料协调。

1. 形状协调

形状协调指各子系统之间，以及子系统与超系统的形状要相互协调。形状协调的进化路线包括以下几种形式：

(1) 外形的进化：相同形状→自兼容形状→兼容形状→特殊形状。

(2) 表面形状的进化：平滑表面→带有突起的表面→粗糙表面→带有活性物质的表面。

(3) 内部结构的进化：实心的物体→物体内部中空→内部多孔结构→内部毛细结构→动态的内部结构。

(4) 几何形状的进化：物体沿着"点→线→面→体"的方向以及"几何形状复杂化"的方向进化。

例如，耳机和耳机插孔之间的协调；电话话机手柄的弧度与人脸形状的协调；汽车车门与车身的协调；由早期只能摆、搭接的积木玩具，进化到可以自由插合、拼接的玩具，这些就属于结构形状、尺寸上的协调。图7-20所示为汽车保险杠的进化过程，通过结构的改进，使部件薄壁化、轻量化、小型化以及复合化，是实现汽车轻量化设计的主要途径。

图7-20 汽车保险杠的进化路线

2. 频率协调

频率协调包括以下几个方面：

(1)场与作用对象的固有频率相协调(或者失调)。

(2)在技术中存在多个场时,应该协调(或者失调)所使用的各个场的频率。

(3)如果两个动作,两者互不兼容,那么就让一个动作在另一个动作停顿时进行。

例如,英国研制出一种没有噪声的风扇,里面安装有麦克和扩音器,麦克风捕获电机和叶片的噪声,通过电子组件转换成相反相位的声音并被扩音器再次播放出来,噪声就被彻底消除了。再如,建筑工人在混凝土浇注施工中,为了提高质量,总是一面灌混凝土,一面用振荡器进行振荡,使混凝土由于振荡的作用而变的更紧密、更结实。

3. 材料协调

材料协调的进化路线为相同材料→相似材料→惰性材料→可变特性的材料→相反特性的材料。

材料协调的进化趋势指出,系统中各子系统的材料属性应彼此协调。可以考虑使用相同属性材料、类似属性材料、不同属性材料、相反属性材料、惰性材料等来增强子系统之间的协调性。例如,飞机机身蒙皮尽量使用相同属性的材料;汽车刹车片与刹车盘使用类似属性的材料;手机显示屏与金属框使用不同属性的材料;铅笔与橡皮是相反属性的材料;在炼钢过程中使用惰性气体氩气来置换气体或蒸气并防止工艺流程中的氧化等。

4. 各性能参数之间的协调

各性能参数之间的协调是指,各个子系统之间的各种技术参数须彼此协调,某一组件参数的选择要参考系统其他组件参数的值。

车身设计成流线型是为了在运动中减小空气阻力,可以认为是车身风阻系数与环境中的空气阻力的协调。

键盘的进化过程也符合与"人体工学参数"相协调的进化路线。早期键盘的构造,没有从人体工学的角度考虑键盘与人体参数的协调。老式键盘使用中会使人的双臂保持平行,而且没有考虑手腕的角度,从而加速疲劳,如图7-21(a)所示。新一代的键盘采用反向倾斜设计,整个键盘的最高点从操作者这一侧向前与桌面形成20°夹角,键面设计前低后高,符合了人的手腕对舒适角度这一参数的需求,如图7-21(b)所示。最新的键盘设计增加了加宽加厚的手托,使用者操作时可将手腕放在托盘上,舒缓手与前臂造成的压力。同时又考虑到左、右手臂的角度,采取了从中间向两边侧向倾斜的设计,可以使手腕和前臂保持自然、舒适的状态,如图

7-21(c)所示。

图7-21 键盘的进化设计

尽管系统单元的很多特性可以相互协调,但是最有代表性的参数特性为形状、频率和材料。也就是说,"参数协调"实际上是形状、频率和材料协调的共同目的,或者说形状、频率和材料协调是参数协调的不同方面。因此,在很多文献中,对于协调性法则的说明,往往只提及形状协调、频率协调和材料协调。

7.2.9 用经典TRIZ进化理论进行技术发展预测的方法

根据技术系统进化的S-曲线以及八大进化法则可以对技术系统以及相关产品进行技术发展预测,预测的流程可以参考以下步骤:

步骤1:分析系统功能、资源,最终理想解(IFR)以及系统存在的技术矛盾和物理矛盾。

步骤2:根据技术系统进化的S-曲线或选择一条技术系统进化路线,分析当前系统特征,确定系统目前所处的位置。

步骤3:按照步骤2中路线对应的趋势和方向,预测下一代产品应具有的特征,寻找构思。

步骤4:参照每个进化路线,依次对产品执行步骤2和3,进行系统定位和预测。

步骤5:将步骤4得到的所有构思集中组合,得到完整的新一代产品概念。

步骤6:尝试步骤5的概念,选择需要进行可行性研究的范围,列入产品规划。

经典TRIZ理论中的进化法则存在诸多问题。首先,各法则相互独立,之间的逻辑关系不够明确;其次,进化法则内容较为抽象,进化路线不具体;再次,进化法则侧重于描述现象而没有指出现象背后的本质。因此,经典TRIZ理论的进化法则对具体技术系统发展趋势的预测更多地依赖于使用者的经验和知识背景,在解决具体工程问题时的实用性较差。

7.3 现代TRIZ的系统进化理论

与TRIZ中其他理论和工具一样,在全世界众多TRIZ理论研究专家孜孜不倦的工作下,技术系统进化理论本身也在不断地发展进化。其中,俄罗斯圣彼得堡学派、英国TRIZ专家达勒尔·曼恩(D. L. Mann)、俄罗斯TRIZ大师尤里·丹尼洛夫斯基(Yury Danilovsky)以及美国Ideation公司等都对TRIZ进化理论的发展做出了一定的贡献。这些新的研究成果与经典

TRIZ 理论相结合,不仅使进化法则更加具体,进化趋势更加明确,而且深层次地揭示了技术系统进化的本质与驱动力。研究者们将近二三十年在进化理论方面取得的成果统称为现代 TRIZ 进化理论。

现代 TRIZ 进化理论已经成为整个 TRIZ 理论的基础,发明原理、标准解等都成了技术系统进化趋势的具体表现形式,即所有的发明原理、标准解等工具都可以在现代 TRIZ 理论的进化理论中找到。现代 TRIZ 进化理论不仅可以作为解决问题的工具,也可以作为识别问题的工具。因此,TRIZ 进化理论在现代 TRIZ 理论体系中占据着非常重要而独特的位置。

7.3.1 俄罗斯圣彼得堡学派的 11 个进化法则

针对经典 TRIZ 中进化法则存在的问题,俄罗斯圣彼得堡学派以经典 TRIZ 的 8 个进化法则作为基础,对其做了进一步的细分和结构化处理,以 S-曲线为最高进化法则,增加了一些新的进化法则。如把能量传递法则转变为"流进化法则",从向超系统进化法则中发展出了"增加裁剪度法则",开发出了新的"减少人工介入法则"。另外,合并了一些进化法则,如将"向微观级进化法则"合并到"动态性进化法则"之中,最终形成了由 11 个进化法则组成的新的进化法则体系,如图 7-22 所示(赵敏,2016)。

图 7-22 俄罗斯圣彼得堡学派提出的 11 个进化法则

相较于经典 TRIZ 进化法则,俄罗斯圣彼得堡学派提出的 11 个进化法则的特点及优势主要体现在以下几个方面。

1. 在经典 TRIZ 理论的 8 个进化法则的基础上增加了 3 个法则

(1)减少人工介入进化法则。

减少人工介入法则指出,随着技术系统的发展,减少系统中由人力执行的功能数量,由此而提高整个系统的自动化、智能化水平。在一个技术系统中,人工应该逐渐减少乃至停止参与的部分有(赵敏,2016):

1)传动装置——减少人力传递,减轻或消除人的劳动。
2)动力装置——无须人工提供动力,减轻或消除人的劳动。
3)控制装置——让设备(传感器)实现自动控制和判断。
4)决策——由机器(计算机、互联网、大数据等)提供人工智能,辅助人做决策。

减少人工介入法则是由技术系统完备性法则衍生而来的,可以看作完备性进化法则的子法则。随着技术系统越来越完备,技术系统集成了越来越多的功能模块,以前需要人来完成的功能越来越多地被集成,人越来越远地被排除在技术系统之外。

(2)流进化法则。

流进化法则源于经典 TRIZ 理论中的能量传递法则,在现代 TRIZ 理论中,能量传递法则已经被大幅扩充成为流进化法则。现实生活中,除了能量流外,还有物质流和信息流,这些流所遵循的进化趋势是非常类似的,所以被合并为流进化法则。另外,现实中并非所有流都是好的,即除了"有用流"外,还有"有害流"和"中性流"等,它们都可以采用合适的方法来增强或避免。

(3)增加裁剪度法则。

增加裁剪度法则由"向超系统进化法则"发展演变而来。其要点是,随着技术系统的发展,系统的组件或操作在不影响系统功能的情况下被裁剪掉,由此而提高系统的理想度。向超系统进化法则已经表明,在超系统集成到一定程度时,就会不断发生系统组件的裁剪。那么,到底哪些系统组件需要裁剪呢?怎么来判断?增加裁剪度法则回答了这个问题。

首先,裁剪子系统。将经典 TRIZ 完备性法则中组成技术系统的"四个装置"(见图 7-8)看作子系统,可裁剪的顺序依次为传输子系统、动力子系统、控制子系统、执行子系统,最后可以仅仅保留系统中的执行机构(工具),让执行机构具有自我执行有用功能、自我控制、自我传动、自我行动的能力。或者借助超系统来实现其他被裁剪掉的装置(子系统)的功能。例如,眼镜可以把镜框、镜腿、鼻托等系统组件都裁剪掉,而只保留镜片,将其变身为隐形眼镜,仍然可以正常执行眼镜的功能。在这个新的系统中,镜框等组件的功能都被超系统——眼睛代替执行了。

其次,在做好操作流程的功能分析的前提下,把提供辅助功能、矫正功能、条件功能和生产功能的操作裁剪掉,但是仍然保持操作流程可以提供完善的预设功能

最后,在价值分析的支持下,把技术系统中价值度最低(即理想度最低)的组件裁剪掉。组件的价值可以大致分为:高功能低成本,高功能高成本,低功能低成本,低功能高成本。显然,最后一种低功能高成本是最应该被裁剪掉的系统组件,然后是裁剪低功能低成本的组件等。

2. 各进化法则之间有明显的结构层次,逻辑关系更加明显

(1)S-曲线位于所有进化法则的最上端,任何技术系统都遵守 S-曲线进化趋势。

首先,现代 TRIZ 对 S-曲线每个阶段的标志进行了细化,不再以专利的发明级别和专利数量来判断工程系统所处的阶段,而是通过技术系统在市场上的表现、主要价值参数的走势、技术的成熟度以及其他辅助指标来判断某个技术系统的各个主要价值参数所处的阶段。

其次,明确了 S-曲线每个阶段的驱动力,研究表明,技术系统不会无缘无故地处于某个阶段,而是由诸多驱动力共同作用的结果。

第三,现代 TRIZ 理论中的技术系统进化趋势明确了技术或产品所在的阶段不同,应当采取的战略也不尽相同,并对各阶段的战略进行了细化。对于企业的新产品研发、商业规划和技术储备等来说具有非常重要的指导意义。

(2)某个进化法则所反映出来的进化趋势可能是另一个进化法则的子趋势。

第一,提高理想度法则是 S-曲线进化法则的子法则。提高价值(理想度)是 S-曲线进化法则的子法则,具体体现在 S-曲线的不同阶段,理想度的提高方式是不一样的。比如在婴儿期,需要在提高性能的同时,降低成本;在成长期,可以在大幅提高性能的前提下适当增加成本;在成熟期可以在保持性能不变的前提下降低成本等。

第二,向超系统进化法则、系统完备性进化法则、增加剪裁度法则、流进化法则、系统协调性进化法则都属于提高理想度进化法则的子法则。这是因为它们都可以以某种更加具体的方式来提高理想度。比如,一般来说,系统完备性进化法则、流进化法则、系统协调性进化法则都可以提高系统的功能,从而可以提高技术系统的理想度;增加剪裁度的进化法则可以降低成本,从而提高技术系统的理想度;而向超系统进化法则既可以降低技术系统的成本,又可以提高系统的性能,所以理想度也可以相应提高。

第三,子系统不均衡进化趋势是系统协调性进化趋势的子趋势,因为在系统协调进化的时候,子系统的进化有先有后,所以会出现子系统进化不均衡的现象;可控性进化趋势是系统协调进化趋势的子趋势。如果工程系统可控,那么工程系统的参数就可以随着环境、对象等的变化而相应调节,从而实现工程系统的可协调进化;动态性进化趋势是可控性进化趋势的子趋势。动态性进化趋势是指随着工程系统的进化,工程系统的组件获得了更多的自由度。工程系统的组件获得更多的自由度(即动态特性)之后,才可以更加可控(可调节);减少人工介入法则是系统完备性进化法则的子法则。

7.3.2 进化潜能雷达图

经典 TRIZ 理论的 8 个进化法则给出了技术进化的一般目标和方向,没有给出每个方向进化的细节。事实上,在每个进化法则之下,有多条技术进化趋势,每条技术进化趋势由技术所处的不同状态、特性构成。英国 TRIZ 研究专家 D. L. Mann 将经典 TRIZ 理论的 8 个进化法则进一步细化和量化,提出了 11 种进化模式(法则),分别是:

(1)向理想化方向进化。
(2)向增加系统的动态性方向进化。
(3)向增加系统分割的方向进化。
(4)向增加空间分割的方向进化。
(5)向增加表面分割的方向进化。
(6)向增加可控性方向进化。
(7)向超系统方向进化,即先增加系统的集成性再简化。
(8)向增加几何体复杂性的方向进化。
(9)向能量转换路径最短的方向进化。
(10)向增加系统动作协调性的方向进化。

(11) 向增加系统节奏和谐性的方向进化。

每种进化模式都有多条进化路线,每条进化路线是从结构进化的特点描述产品核心技术所处的状态,如图7-23所示。这些进化路线共有35种,D. L. Mann 依时间、空间、界面对该35种进化路线进行了分类,如图7-24所示。

图7-23 Mann 提出的进化模式及其进化路线

图7-24 依据时间、空间、界面对35种进化路线的分类

在以上基础上,Mann 提出了进化潜能的概念,其定义为当前系统的相对成熟度与其达到每个进化趋势的极限点之间的差异,而"进化潜能"就存在于当前进化状态和最高进化状态之间(见图7-25)。据此概念提出利用"进化潜能雷达图"(见图7-26)进行技术进化潜能预测的思想(D. L. Mann,2003)。

图7-25 最终理想解与进化极限

图7-26 技术系统进化潜能图(张付英,2008)

如图7-26所示,每一条射线表示与构件或系统相关的进化模式(法则),数字1~11分别代表11条进化模式,外周表示进化模式沿各条进化路线的进化极限,阴影区域表示目前产品沿进化路线已完成的进化,而进化极限与阴影区域之间的面积差就代表该系统的进化潜能。进化潜能图可直观表示给定技术系统的进化情况,为设计人员确定未来技术开发方向提供了理论依据。

通过量化的多条进化趋势线的雷达图可展示出某项创新发明是从哪里开始,发展到哪里结束。因此,进化潜能雷达图可以用来与竞争对手进行产品分析比较,了解产品改善的途径,识别市场需求、定性技术预测,提供策略性的长远发展计划、产生新技术,且运用进化路线来解决专利布局、选择企业战略制订的时机等一系列前瞻性的问题。

7.3.3 Yury提出的与发明原理相关联的进化法则

在经典TRIZ进化理论的基础上,俄罗斯TRIZ大师Yury Danilovsky对阿奇舒勒的进化法则稍做调整,列出的9个进化法则分别是:① S-曲线模式法则;② 增加传导性法则;③ 增加动态性法则;④ 跃迁到超系统法则;⑤ 提高理想度法则;⑥ 增加完备性法则;⑦ MATCHEM物场法则;⑧ 宏观向微观转化法则;⑨ 协调与不协调法则。

Yury列出的进化法则中,把经典TRIZ中的能量传递法则改成了增加传导性法则;把协调性法则改成了协调与不协调法则(强调了不协调的反趋势);取消了不均衡进化法则,增加了MATCHEM物场法则。

Yury在进化理论上的另一个创新点是把40个发明原理与进化法则做了对应,让二者之间相互匹配,形成了一个树状的关联与延伸,如图7-27所示(赵敏,2016)。而阿奇舒勒曾经认为,有些发明措施是与技术系统的进化无关的。Yury的研究结果则显示40个发明原理全部与技术系统进化有关,这是对经典TRIZ的发展与补充。

图7-27 Yury提出的9个进化法则与发明原理的关系

7.3.4 美国 Ideation 公司提出的直接进化理论

20世纪90年代美国 Ideation 公司将阿奇舒勒经典 TRIZ 理论提出的系统4个演化阶段和8条进化法则加以融合、完善,提出技术系统进化的8个法则,包括技术系统的 S-曲线进化法则;提高理想化水平法则;子系统不均衡进化导致冲突法则;增加动态性与可控性法则;通过集成以增加系统功能法则;部件的匹配与不匹配交替出现法则;由宏观系统向微观系统进化法则;增加自动化程度减少人的介入法则。

在此基础上,Ideation 公司进一步提出了直接进化(Directed Evolution,DE)理论。从概念上来说,直接进化是熊彼得创新定义的直接实现,从操作上来说,直接进化是 TRIZ 中发明原理"No.2 抽取"和"No.5 组合"的实际应用,即辨识、抽取现有产品的先进技术特征和功能属性,对它们加以巧妙组合,形成新的产品创意,让产品快速发展与进化。直接进化也是特性转移概念的一种具体应用(赵敏,2016)。

直接进化的操作比较直观,简明扼要,用少量的步骤就能比较快地获得产品或技术的进化概念。其操作大致分为以下4个步骤:

步骤1:收集和分析系统历史信息,明确系统的结构、功能、超系统等,产品发展与演变史等,包括此前客户对该产品的改进意见。

步骤2:利用 TRIZ 工具,对功能、因果、属性和资源进行诊断,找出现有产品功能上的问题和矛盾,构建产品的 DE 路线。

步骤3:根据诊断结果,产生面向未来新产品概念,如新功能、新应用和新市场,定义包括生产、使用、维修和报废等活动。

步骤4:研发决策,制订产品开发计划,产品方案申请专利,制订知识产权应对策略。

7.4 进化法则应用案例

案例1 洗衣机技术成熟度分析

洗衣机技术成熟度分析。(周长青,2010)

洗衣机是代替人工完成洗涤工作的一种机械装置,使人们从繁重的劳动中解脱出来。世界上第一台自动洗衣机于1937年问世。我国1979年制造出第一台自动型洗衣机,标志着中国洗衣机行业的开始。截至2008年底,我国家用洗衣机的普及率在城市已经超过99%,在农村超过40%。经过30年的发展,洗衣机行业已经成为一个成熟的产业。如今,我国洗衣机年产量约占世界产量的1/4,居于世界首位。目前,我国洗衣机行业已经进入一个新的阶段,这个时期的家用洗衣机产品向着多样化、个性化的方向发展,产品质量显著提高。本案例将采用产品的产销量、专利分析、性能等的变化趋势分析来判断洗衣机行业的技术成熟度。

(1)洗衣机销量变化曲线。

从1997到2008年的12年间,洗衣机销售量呈现平稳发展趋势,年增长率相对变化不大,销售的稳定说明了洗衣机技术本身的成熟和市场需求的稳态(见图7-28)。

图 7-28　我国洗衣机销量变化曲线

(2) 我国洗衣机专利数量曲线。

在中国专利信息中心网站,以"洗衣机"为检索词,得到从 1985 年到 2008 年申请的专利共 7 644 项。

1995 年左右有关洗衣机的专利数开始急剧增长,到 2005 年左右增长出现高峰,2008 年专利数量略有下降(见图 7-29)。从专利的内容来看,近几年的专利大多集中在洗衣机辅助功能的改进和成本降低方面,如控制、噪声降低、新的制造材料、排水阀的改进、衣物的消毒杀菌、局部机构的设计改进,以及像健身洗衣机、音乐洗衣机等附属功能方面的专利。这说明目前洗衣机的制造技术已经处于成熟期。100 多年来,洗衣机基本原理一直是基于水流的运动加上洗涤剂的去污作用来完成洗涤功能,因对衣物的驱动方式不同而分为搅拌式、滚筒式和波轮式三种不同类型,在洗涤基本原理方面的改变将意味着重大的技术变革。

图 7-29　我国洗衣机专利数量曲线变化

(3) 洗衣机性能的变化。

对洗衣机性能的衡量,从 20 世纪来看,我们采用的国家标准与国际标准的时间差距是 8 年左右,进入 21 世纪后,我国采用国际标准的速度开始加快。目前,我国家用洗衣机安全标准已与国际电工委员会(IEC)标准同步。2006 年我国开始了家用洗衣机产品的性能认证,安全认证和性能认证使得我国家用洗衣机的认证制度达到了国际水平。推行标准以来,各主要品牌的洗衣机在洗净比、耗电量、耗水量、噪声、含水量、无故障运行等 6 项指标方面的差别非常小,洗衣机性能稳定性大幅度提高。

综合以上分析,洗衣机目前已处于产品生命的成熟期,企业在对已有功能继续完善和降低成本以获取相应利润外,必须对现有的技术进行创新,寻求新的技术才能使企业在未来的竞争中保持优势地位,这将是企业发展的战略之一。

案例 2　TRIZ 进化法则在"林木生物质粉碎机"创新安全设计中的应用

TRIZ 进化法则在"林木生物质粉碎机"创新安全设计中的应用。(付敏,2010)

(1)问题描述:

大部分林木生物质原料在开发利用前期都需要进行粉碎加工处理,以便进一步加工利用。其中锤片式粉碎机应用最为广泛。

锤片式粉碎机结构如图 7-30 所示。工作时,将物料由进料口送入粉碎室,首先被锤头打击,得到一定程度的粉碎,同时以较高的速度甩向固定在粉碎室内部的弧形内衬板(齿板)和筛板上,受到齿板的碰撞和筛板的搓擦而进一步粉碎。在粉碎室中如此重复进行,直至粉碎到可通过筛孔为止。

在粉碎机工作过程中转子转速很高且有多把刀具同时高速切削物料,极易发生安全事故。因此,在产品设计时必须充分考虑安全性。尝试应用 TRIZ 进化理论进行粉碎机创新安全设计。

图 7-30　锤片式粉碎机及其结构

(2)S-曲线分析:

目前,市场上还没有专为林木生物质能源产业化设计制造的粉碎机,多用秸秆还田粉碎机、林业碎木机械以及饲料产业的牧草秸秆粉碎揉搓设备等替代,包括如图 7-30 所示的锤片式粉碎机也并非林木粉碎专业设备。因此,本设计提出的"林木生物质粉碎机"是一种为满足新需求出现的新产品,现有技术系统有许多设计问题和技术难题有待解决,例如,系统可靠性差、效率低、缺乏人力、物力、财力的投入,发展缓慢等。按照 S-曲线各阶段的特征判断,该类产品尚处于婴儿期,建议加大研发力度,设法提高系统的有用功能,降低成本并消除有害功能。

(3)技术系统进化预测。

应用完备性法则、能量传递法则、协调性法则、提高理想度法则和动态性进化法则分析当前技术系统特征,确定系统所处的位置,预测下一代产品可能的结构状态或应用的原理,产生创新设计方案。

1)应用完备性法则:

系统的动力装置是电动机,传输装置是主轴传动系统,执行装置是粉碎刀具,缺少控制其他组件协调动作以实现系统功能的控制装置。应用完备性法则进行进化预测和产品构思,可以增加系统的控制装置,向人工更少介入的方向发展。

构思方案:应用变速电动机,根据产量和粉碎粒度的不同要求选择不同的主轴转速。

2)应用能量传递法则:

系统的进化是沿着缩短能量传递路径,减少能量损失,提高能量传递效率的方向发展。减少能量损失的途径有:①缩短能量传递路径,减少传递过程中的能量损失;②最好用一种能量或场贯穿系统的整个工作过程,减少能量形式的转换导致的能量损失;③如果系统组件可以更换,可将不易控制的场更换为更易控制的场,按照"机械场—声场—热场—化学场—电场—磁场/电磁场"的顺序,场的可控性增加,能量传递效率提高。

目前粉碎设备用的是机械场,有效能量的利用率大约仅占0.3%~0.6%。这是由于在物料粉碎过程中,会产生发热、振动和摩擦等作用,约有95%~99%的能量转化为热而逸散,使能源大量消耗。

构思方案:可采用热场,利用爆炸、压力方式粉碎物料,提高能量传递效率。

3)应用协调性进化法则:

协调性进化法则指出,技术系统的进化是沿着各个子系统相互之间更加协调,以及系统与环境更加协调的方向发展。子系统形状协调进化路线为相同形状→自兼容形状→兼容形状→特殊形状;表面形状的进化路线为平滑表面→带有突起的表面→粗糙表面→带有活性物质的表面;内部结构的进化路线为实心物体→物体内部中空→内部结构多孔结构→毛细结构→动态内部结构;几何形状的进化路线为点→线→面→体,几何形状复杂化。

构思方案:粉碎刀具由现在的规则平面、实心锤头(见图7-31(a))进化为曲面、内部中空的形状(见图7-31(b)),增加刀刃的数量,使单位时间内单位面积上有效粉碎次数增加,提高粉碎效率。

图7-31 由协调性法则得到锤头进化方案

4) 应用提高理想度法则：

要提高系统的理想度，可以在不削弱系统主要功能的前提下，将系统的某些组件操作简单化。

现有的有筛粉碎机，在粉碎粒度小于 20 目的物料时，筛网极容易堵塞，使粒度合格的物料不能及时通过筛网，造成"过度粉碎"。由于物料过筛能力下降，会导致生产率降低、功耗增加，并且容易造成电机超负荷、卡死，增加安全隐患。

构思方案：采用无筛结构，可通过风选或粉碎后再筛分来获得所需粒度的物料。

5) 应用动态性进化法则：

增加系统动态性可以通过以下方法：①将固定状态变为可动状态；②将系统分割成可动元件；③引进一个可动物体；④应用物理效应。

构思方案：利用振动电机，带动筛网高频微幅振动，提高合格物料的过筛能力。

(4) 新产品的概念方案：

1) 在物料规模化细粉碎过程中，最突出的问题是细粉碎粒度和过筛能力的矛盾。可通过改变刀具结构来提高粉碎效率，采用振动电机带动筛网高频微幅振动来提高过筛能力，采用变速电动机来满足产量和粉碎粒度的不同要求。

2) 当细粉碎粒度和过筛能力的矛盾加剧时，可采用无筛结构粉碎机，通过风选或粉碎后再筛分来获得所需粒度的物料。

3) 采用热场，考虑利用爆炸、压力方式粉碎物料。

案例 3　进化法则在问题求解搜索中的应用

进化法则在问题求解搜索中的应用。(檀润华，2003)

(1) 问题背景：

产品设计中存在大量的问题需要解决。所谓问题是指设计初始或目前存在的状态与所希望状态之间所存在的距离。如果所希望的状态被称为解，则由问题出发确定或求解的过程称为解空间搜索。

对于用户新的需求、新的市场或潜在的市场，设计人员往往首先根据已有的产品及已往的设计经验提出新产品的初步工作原理(如以初步原理草图的形式)，经过不断的修改、完善、评价、再修改、再完善、再评价，经过若干次反复确定问题的解，即原理解，之后转入技术设计与详细设计。在传统设计过程中，解空间搜索的过程有明显试验纠错的特点，称为试验纠错法或试错法。采用该方法，从问题出发，通过搜索会产生大量的解，其中绝大多数解不能实现。这一产生大量解的过程及筛选评价可实现解的过程需要花费很多时间。

(2) 将 TRIZ 进化法则应用于解空间搜索的方法：

正如本章提出的，TRIZ 进化法则是一个相对独立的系统，在其他 TRIZ 工具之外，可以独立地解决问题。TRIZ 技术进化法则及进化路线可有效提高问题求解搜索过程的效率及成功率。这个方法通俗易懂，能帮助发明者，尤其是研发团队在较短的时间内找到众多的备选方案来开发新产品，推动技术系统的升级换代，对指导企业的产品创新具有重要的现实意义。

檀润华教授提出了将 TRIZ 进化法则应用于解空间搜索的过程，如图 7-32 所示。设计者从问题出发,首先选择一条或几条进化定律,其次在进化定律下选择进化路线,之后在进化路线下寻找产品目前的状态及可能移动到的新的状态,参照已有的工程实例,确定在新的状态下产品的工作原理。该工作原理即为问题的解。

图 7-32 通过进化法则搜索问题的解

(3)通过进化法则搜索问题解的工程案例——汽车乘员安全系统设计。

汽车正面碰撞是造成交通事故的主要原因。汽车乘员安全系统的功能是在汽车碰撞发生时对乘员进行保护。早在1964年,美、日等国已使用了座椅安全带。事实证明,在汽车正面碰撞、追尾碰撞及翻车事故中普通座椅安全带可产生良好的乘员保护效果。但随道路条件的改善和汽车技术的进步,汽车行驶速度越来越快,座椅安全带越来越不能对人体起到足够的保护。20世纪80年代后期,汽车生产厂家逐渐采用安全气囊,并与座椅安全带联合使用,组成了一个双系统。由于碰撞的不可预知性,为了充分保护司机,除了在司机正面安装安全气囊外,在车门上还安装了侧面安全气囊,形成一个多系统。根据技术进化法则可以判断,汽车乘员安全系统的发展符合"向超系统进化"法则中的一条进化路线:单系统→引进一种与原系统功能不同的系统形成双系统→多系统→复合系统。

目前安全气囊的设计保护了身材高的司机,有可能伤害身材矮的司机。其原因是后者为了踩刹车及油门,身体较接近于方向盘,在汽车碰撞及气囊膨胀过程中,他们可能碰上气囊。膨胀过程中的气囊像是一个运动中的刚体,会伤害与其碰撞的乘员。由于很难设计出针对个体乘客的安全气囊,因此按照进化路线的最后状态,汽车乘员系统应该向组合系统进化。也就是说,理想的安全气囊可在各种情况下对乘员提供保护。在安全气囊的研究中,引入了智能化设计以形成"安全带—安全带预紧器—安全气囊"三段式安全保护(Kowalice J,1997)。它通过增加传感器,探测乘员的身材高低,以及坐姿及安全带状况,然后经计算分析,合理控制安全气囊膨胀时间和强度,以减少对乘员的意外伤害。从轻微的碰撞到严重的碰撞事故,乘员保护系统都能做出合理的反应。这种智能安全气囊已在GM、丰田、TRW、福特、日产等公司的研究计划中。图7-33所示为汽车乘员安全系统进化路线。

安全带发明者：Nils Bohlin
单系统 ⇒ 安全带+安全气囊 双系统 ⇒ 增加了侧面安全气囊 多系统 ⇒ 增加了智能化的安全带预紧装置 复合系统

图 7-33 汽车乘员安全系统进化路线

案例 4 打夯机技术预测

打夯机技术预测。（高常青，2014）

(1)问题背景：

打夯机是利用冲击作用夯实回填土壤的一种压实机械（见图 7-34）。利用机械离心力冲击进行夯实是其重要的一种功能原理类型，有广泛的应用。下面综合利用已论述的理论知识，针对离心冲击打夯机进行技术预测。

图 7-34 蛙式打夯机

(2)离心冲击打夯技术成熟度预测：

通过对中国专利数据库的检索，查询了 1987—2012 年与离心冲击打夯技术相关的专利 57 件，这些专利的申请数量与专利级别见表 7-1。

表 7-1 中国专利库中离心冲击打夯技术相关专利数量与等级统计

年份	1987—1989	1990—1993	1994—1998	1999—2000	2001—2005	2006—2010	2011—2012
专利数量	3	2	7	6	12	12	15
专利等级	3.3	2	2.3	1.8	1.7	1.5	1.4

将上述专利数据进一步细分，以年份为横轴绘制专利特征曲线。通过对数据点的曲线拟

合,得到该技术成熟度预测曲线。在将专利数量、专利等级拟合曲线与标准专利曲线对比后可以看出,离心冲击打夯技术已经度过了成长期并开始进入成熟前期,如图7-35所示。

图7-35 专利数量与专利等级拟合专利曲线与标准曲线
(a)专利数量; (b)专利等级

根据技术系统在成熟期的特点,企业在该阶段应重视降低产品的成本,优化产品性能,同时应积极寻求可能的未来替代技术,启动新产品的研发储备工作。

(3)离心冲击打夯进化潜能预测:

根据经典TRIZ理论的8大进化法则,分析技术系统当前的进化方式,得到技术进化潜能雷达图,如图7-36所示。通过该图预测打夯机潜在的进化结构状态。图中将进化程度按照从0到5进行量化评价,0表示未沿某进化模式开始进化,5为已按此模式进化到最高级别。

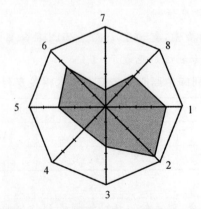

图7-36 打夯机技术进化潜能雷达图

1)完备性法则。技术系统完备性法则告诉我们,技术系统要实现某项功能的必要条件是,在整个技术系统中,一定要包含四个相互关联的基本子系统,包括动力装置、传动装置、执行装置以及控制装置。最原始的打夯工具只有一个执行装置——石杵子;然后发展到多人打夯工具,该工具增加了传动装置;随着技术的不断发展,普通打夯机又增加了动力装置甚至智能遥控装置,打夯机的进化日趋完备,如图 7-37 所示。目前的打夯机的控制装置,即使是智能遥控装置仍然无法完全摆脱人的控制,因此,打夯机在自动化(智能)控制方面还有进化潜能。

(a)　　　　　　　(b)　　　　　　　(c)　　　　　　　(d)

图 7-37　打夯工具完备性进化过程

(a)单人打夯用的石杵;　(b)多人打夯;　(c)打夯机;　(d)智能遥控打夯机

2)能量传递路径法则。从能量的利用效率上看,电能的利用效率高于热能、化学能。大多数离心打夯机采用电机作为动力源装置,由电能转化为机械能的转化效率较高。

3)动态性进化法则。从产品的结构柔性、可移动性、可控制性来看,该技术系统在此进化趋势下还有较大的进化空间。

4)提高理想度法则。打夯机主要实现打夯功能,噪声、振动等有害作用较多,能量消耗较大,理想度有待提高。

5)子系统不均衡进化法则。任何技术系统所包含的各子系统都不是同步、均衡进化的,这种不均衡的进化通常导致技术系统进化过程中出现冲突。打夯机系统的进化取决于各组成子系统之间的协调进化。目前,该技术系统内部还存在较多的技术冲突。

6)向超系统进化法则。当技术系统进化到极限状态时,某子功能便会从中剥离,成为超系统的一部分。目前,已出现集"碾压、夯实"以及"破冰、刨土、夯土"等功能于一体的技术系统。打夯机"单系统→双系统→多系统"的发展趋势已经呈现。

7)向微观级进化法则。从打夯机的尺寸大小演进的角度看,尺寸的微型化趋势不明显。从功能实现的机理层面,目前仍以宏观冲击夯实为主,尚未进入到粉末、分子或场的微观层面展开夯实机理研究与技术应用。

8)协调性进化法则。从频率协调进化的角度,打夯过程经历了"连续动作、脉冲动作、周期性作用"等方式,还可以向"增加频率、共振"等结构形式进化;从打夯工作头的几何形状上看,也经历了"点、线、面"的形式,"复杂几何形状"也是夯头几何形状进化的一种可能状态。

通过上述离心冲击打夯进化潜能预测分析,可以为确定打夯技术的进化状态与结构方式提供依据,为打夯机技术创新提供方向。

思 考 题

1. 什么是S-曲线？S-曲线有什么作用？
2. 请用S-曲线对"手机"这一技术系统的发展及进化趋势进行分析。
3. 图7-38所示是"各类交通工具的S-曲线族"。请指出该图中曲线1到曲线8分别对应哪一个？
   (1)马车进化曲线；(2)发动机驱动车进化曲线；(3)滑轨装置车进化曲线；(4)喷气式飞机进化曲线；(5)螺旋桨飞机进化曲线；(6)化学燃料火箭进化曲线；(7)交通工具总体进化曲线；(8)核燃料火箭和利用太阳能驱动的固体燃料火箭进化曲线。

图7-38 各类交通工具的S-曲线族

4. 世界上第一架有效使用固定向前射击机枪的飞机，机枪射击频率与活塞发动机工作频率同步，使子弹恰好通过螺旋桨叶片的间隙射出，而不打坏叶片。该实例说明了哪个技术系统进化法则？
5. 如图7-39所示，反映了哪条技术系统进化法则下的什么进化路线？

图7-39 汽车方向盘转动轴进化路径

6. 降低能量损失可采取的措施包括哪几种方式？
7. 一个完备的技术系统一定要包含哪四个相互关联的基本子系统？
8. 请根据"完备性法则"，分别画出"手摇折扇"和"电风扇"的技术系统图。
9. 请以某一类产品为例，说明其"动态性进化"发展过程及趋势。
10. 为什么说提高理想度法则是其他技术进化法则的基础？

11. 请结合日常及生活工作经验,举出符合动态性进化法则中"提高可控性"的 2 个实例。

12. 提高系统理想度的方法有哪些?

13. 子系统不均衡进化法则的意义是什么?

14. 列举一个你熟悉的技术系统。请用 S-曲线法则分析该系统处于哪个阶段;请用提高理想度法则确定该系统的最终理想解;请用子系统不均衡法则找出该系统中最不理想的子系统。

参考文献

[1] 赵锋. TRIZ 理论及应用教程[M]. 西安:西北工业大学出版社,2010.

[2] 赵敏,张武城,王冠殊. TRIZ 进阶及实战:大道至简的发明方法[M]. 北京:机械工业出版社,2016.

[3] 孙永伟,谢尔盖·伊克万科. TRIZ:打开创新之门的金钥匙[M]. 北京:科学出版社,2015.

[4] 刘以成,等. 基于 TRIZ 理论的质子交换膜燃料电池膜材料研究进展分析[J]. 化工进展,2014(12).

[5] 陈亮,张志强. 技术演化研究方法进展分析[J]. 图书情报工作,2012(17).

[6] 付敏. 木质生物质粉碎及规模化制粉机械设计及理论研究[D]. 哈尔滨:东北林业大学,2010.

[7] 付敏,王述洋. TRIZ 进化理论在粉碎机创新安全设计中的应用[J]. 中国安全科学学报,2010(4).

[8] Kowalice J. No-compromise Design Solutions to the Air Bag Fatalities Problem [EB/OL]. http://www.triz-journal.com,1997.

[9] 高常青,等. 基于 TRIZ 的技术预测方法研究与应用[J]. 机械设计,2014(08).

[10] Mann D L. Better Technology Forecasting Using Systematic Innovation Methods[J]. Technological Forecasting and Social Change, 2003, 70(8): 779 – 795.

[11] 张付英,张林静,王平. 基于 TRIZ 进化理论的产品创新设计[J]. 农业机械学报,2008(2).

[12] 檀润华,张青华,纪纯. TRIZ 中技术进化定律、进化路线及应用[J]. 工业工程与管理,2003(1).

第8章
科学效应及其在发明问题中的应用

科学效应的学习和推广,对于解决发明问题有着非常重要的作用和超乎想象的效用。但在一般情况下,人们多是以被动的方式学习物理、化学、几何和生物等科学原理,而不是主动地将所学的科学原理应用于不同领域以解决发明创造过程中遇到的各种难题。也就是说,绝大多数的人只学习到了各种科学原理、现象等科学效应本身,而并没有学习如何将这些科学原理、现象应用到实际工作中。另外,作为科学原理和效应的发现者,很多科学家常常并不关心,也不知道该如何去应用他们所发现的效应。

在对大量高水平专利的研究过程中,阿奇舒勒发现了这样一个现象:那些不同凡响的发明专利通常都是利用了某种科学效应,或者是出人意料地将已知的效应应用到以前没有使用过该效应的技术领域中。例如,市场上出售的一次性压电打火机,是利用了压电陶瓷的压电效应制成的。每一个效应都可能是一大批问题的解决方案,或者说是用好一个效应可以获得几十项创新专利。

8.1 科学效应的概念及其应用

效应是由某种原因所产生的一种特定的科学现象,包括物理效应、化学效应、生物效应及几何效应等。它们是由各种科学原理组成的,是构成各种领域知识的基本科学知识。

TRIZ理论专家赵敏教授认为,科学现象与科学效应其实是一个事物的两种称谓,人们在自然现象和生活中所发现的科学因果现象往往称为"科学现象",在基础科研中发现和提炼出来的科学因果现象往往称为"科学效应"(赵敏,2016)。

科学效应是在科学理论的指导下,实施科学现象的技术结果,即在效应物质中,按照科学原理将输入量转化为输出量,并施加在作用对象上,以实现相应的功能。科学原理就是把输入量和输出量联系起来的各种定律,如摩擦效应包含了摩擦定律,杠杆效应包含了杠杆定律,电解效应包含了库仑定律、电化学当量和质量守恒定律等。

科学效应包括了物理效应、化学效应、几何效应等多种效应。效应内部所遵循的数学、物理、化学方面的定理属于科学原理。其相互关系如图8-1所示。

图8-1 科学效应的组成及其与科学原理的关系

科学技术知识主要来源于以下8个方面：百科全书、手册、教科书、专著、专题评论、专利、科技论文和技术报告。其中，专利表达了技术问题的解，它是用之不尽的信息资源。专利文献含有80%以上的人类科学技术知识。若将知识资源从可靠性、真实性和新知识的含量方面进行分析，显然新知识含量最高的是专利。而且，可靠性和准确性相对也比较高。技术知识的来源是我们收集效应的重要依据，效应先从专利开始，然后对其他技术知识来源进行分析。

截至目前，研究人员已经总结了近万个效应，其中4 000多个得到了有效的应用。TRIZ理论专家赵敏教授在其著作《TRIZ进阶及实战》中归纳并较为详细地介绍了900多个科学效应。每一个科学效应或现象都可能是某一个发明问题的原理解，这里举几个例子说明效应的应用。

【案例8-1】

莫比乌斯环（几何效应）。

1858年，德国数学家莫比乌斯（Mobius，1790—1868年）和约翰·李斯丁发现，把一根纸条扭转180°后，两头再粘接起来做成的纸带圈，具有魔术般的性质。该纸环有两个面，一个内表面，一个外表面，如图8-2所示。选择莫比乌斯环上任意一点，沿着环移动，最后会回到开始的那一点上，而在环上移动的距离为普通环的两倍。也就是说，莫比乌斯环的内表面和外表面不再分开，只有一个连续的面，仅仅有一个面。

图8-2 莫比乌斯环的几何特性

莫比乌斯环的应用：

传统的两刃带锯做成一个圈状，固定在两个滑轮上，用来加工各种工件。一旦其中一边锯齿磨损变钝后，将带锯反过来用带锯的另一边锯齿去加工工件。这样，会造成使用的不便和浪费很多时间。运用莫比乌斯环的几何特性可以很好地解决这个问题。将两刃带锯作为莫比乌斯环，绕在两个滑轮上。由于莫比乌斯环的几何特性，作用在工件上的一面锯齿，在滑轮带动下转变成另一面锯齿。带锯两边的锯齿能自动地转换，实现了一个连续作用在工件上的切割刀刃。这种具有莫比乌斯环几何特性的带锯既延长了带锯的寿命，又节约了带锯更换的时间。

针式打印机通过打印针击打色带在纸上留下墨点，为了充分利用色带的两个表面，色带被安装成莫比乌斯环的形式，因此色带两面都可以被充分利用，从而延长了色带的寿命。

运用莫比乌斯环特性设计的磨砂机，其皮带的长短和普通磨砂机没有区别，但是由于它的工作面增加了一倍,所以使用寿命也增加了一倍。

【案例 8-2】

铁磁性材料的居里点(物理效应)。

19世纪末,著名物理学家皮埃尔·居里(居里夫人的丈夫)在自己的实验室里发现磁石的一个物理特性,就是当磁石加热到一定温度时,原来的磁性就会消失。为了纪念他在磁性方面的研究成就,后人将这一临界温度称为"居里点"。不同的铁磁体具有不同的居里点。一般地,磁性材料具有一个临界温度,在这个温度以上,由于高温下原子的剧烈热运动,原子磁矩的排列是混乱无序的。在此温度以下,原子磁矩排列整齐,产生自发磁化,物体变成铁磁性的。

居里效应的应用:

利用铁磁性材料的居里点这个特点,人们开发出了很多控制元件。例如,电饭锅就利用了磁性材料的居里点的特性。在电饭锅的底部中央装了一块磁铁和一块居里点为105℃的磁性材料。当锅里的水分干了以后,食品的温度将从100℃上升。当温度到达大约105℃时,由于被磁铁吸住的磁性材料的磁性消失,磁铁就对它失去了吸力,这时磁铁和磁性材料之间的弹簧就会把它们分开,同时带动电源开关断开,停止加热。

8.2 应用科学效应解决发明问题的方法及步骤

研究表明,工程师自身掌握并应用的效应是相当有限的。例如,发明家爱迪生的1 023项专利里只用到了23个效应;飞机设计大师图波列夫的1 001项专利里只用到了35个效应。一个优秀的工程师知道的效应大概有100个。对于普通的技术人员而言,认识并掌握各个工程领域的效应是相当困难的。因此,很有必要将各种效应合适地组织起来,指导设计者有效地应用各种科学效应。

基于以上原因,阿奇舒勒将科学效应和现象作为TRIZ中一种基于知识的解决问题工具。为了帮助工程师利用科学原理和效应来解决工程技术问题,阿奇舒勒和TRIZ理论的研究者共同开发了一个科学效应数据库。其目的就是为了将那些在工程技术领域中常用到的功能和特性,与人类已经发现的科学原理和效应所能够提供的功能和特性对应起来,以方便工程师进行检索。

经过对数百万份全世界高水平发明专利的研究,阿奇舒勒和TRIZ理论的研究者将高难度的技术问题和所要实现的功能进行了归纳,总结出30个实现技术创新的常用功能,并为每个功能赋予一个代码,功能代码表(见表8-1)列出了这30种功能(代码由F1到F30)。功能与科学效应和现象对应表(见表8-2)列出了这30个功能与TRIZ推荐的100个科学效应和现象(编号由E1到E100)之间的对应关系,我们可以利用此表解决技术创新与发明过程中遇到的问题。

应用科学效应解决问题时,一般可以遵循如下6个步骤:

(1)对问题进行深入分析。

(2)根据要解决的问题,定义并确定解决此问题所需要实现的功能。根据功能从功能代码表(见表8-1)中确定与此功能相对应的功能代码,此代码应是F1~F30中的一个。

(3)从功能与TRIZ推荐的科学效应和现象对应表(见表8-2)中查找此功能代码下TRIZ所推荐的科学效应和现象,获得相应的科学效应和现象的名称。

(4)筛选所推荐的每个科学效应和现象,优选适合解决本问题的科学效应和现象。

(5)查找优选出来的每个科学效应和现象的详细解释,应用于该问题的解决,并验证方案的可行性;如果问题没能得到解决或功能无法实现,重新分析问题或查找合适的效应。

(6)形成可实施的、工程化的解决方案。

需要说明的是,表8-1和表8-2是经典TRIZ理论提出和推荐的较常用功能和科学效应,适用于TRIZ理论初学者和大多数发明(技术创新)问题的求解。在实际使用过程中,如果定义的功能超出了表8-1的范围,或者100个推荐的科学效应无法达到满意的结果,读者可以进一步查询更高级的"功能和效应知识库",这里推荐赵敏教授的《TRIZ进阶及实战》,该书提出了一个较为详尽的"操作物质属性参数实现功能的效应知识库"。其次,也可以通过一些更高级的效应库检索软件查询更多的科学效应。

表8-1 功能代码表

序号	实现的功能	功能代码	序号	实现的功能	功能代码
1	测量温度	F1	16	传递能量	F16
2	降低温度	F2	17	建立移动的物体和固定的物体之间的交互作用	F17
3	提高温度	F3	18	测量物体的尺寸	F18
4	稳定温度	F4	19	改变物体尺寸	F19
5	探测物体的位移和运动	F5	20	检查表面状态和性质	F20
6	控制物体位移	F6	21	改变表面性质	F21
7	控制液体及气体的运动	F7	22	检查物体容量的状态和特征	F22
8	控制浮质(气体中的悬浮微粒,如烟、雾等)的流动	F8	23	改变物体空间性质	F23
9	搅拌混合物,形成溶液	F9	24	形成要求的结构,稳定物体结构	F24
10	分解混合物	F10	25	探视电场和磁场	F25
11	稳定物体位置	F11	26	探测辐射	F26
12	产生/控制力,形成高的压力	F12	27	产生辐射	F27
13	控制摩擦力	F13	28	控制电磁场	F28
14	解体物体	F14	29	控制光	F29
15	积蓄机械能与热能	F15	30	产生及加强化学变化	F30

有了功能代码,可依据功能代码来查找TRIZ推荐的此功能代码下的可用科学效应和现象,科学效应和现象清单见表8-2。

表 8-2 功能与 TRIZ 推荐的科学效应和现象对应表

功能代码	实现的功能	TRIZ 推荐的科学效应和现象
F1	测量温度	热膨胀(E75);热双金属片(E76);琅耳帖效应(E67);汤姆逊效应(E80);热电现象(E71);热电子发射(E72);热辐射(E73);电阻(E33);热敏性物质(E74);居里效应(居里点)(E60);巴克豪森效应(E3);霍普金森效应(E55)
F2	降低温度	一级相变(E94);二级相变(E36);焦耳-汤姆逊效应(E58);珩耳帖效应(E67);汤姆逊效应(E80);热电现象(E71);热电子发射(E72)
F3	提高温度	电磁感应(E24);电介质(E26);焦耳-楞次定律(E57);放电(E42);电弧(E25);吸收(E84);发射聚焦(E39);热辐射(E73);泊耳帖效应(E67);热电子发射(E72);汤姆逊效应(E80);热电现象(E71)
F4	稳定温度	一级相变(E94);二级相变(E36);居里效应(E60)
F5	探测物体的位移和运动	引入易探测的标识:标记物(E6);发光(E37);发光体(E38);磁性材料(E16);永久磁铁(E95)
		反射和发射线:反射(E41);发光体(E38);感光材料(E45);光谱(E50);放射现象(E43)
		形变:弹性变形(E85);塑性变形(E78)
		改变电场和磁场:电场(E22);磁场(E13)
		放电:电晕放电(E31);电弧(E25);火花放电(E53)
F6	控制物体位移	磁力(E15);浮力(E44);液体动力(E92);振动(E98);惯性力(E49);热膨胀(E75);热双金属片(E76)
		电子力:安培力(E2);洛伦兹力(E64)
		压强:液体或气体的压力(E91);液体或气体的压强(E93)
F7	控制液体及气体的运动	毛细现象(E65);渗透(E77);电泳现象(E30);Thoms 效应(E79);伯努利定律(E10);惯性力(E49);韦森堡效应(E81)
F8	控制浮质(气体中的悬浮微粒,如烟,雾等)的流动	起电(E68);电场(E22);磁场(E13)
F9	搅拌混合物,形成溶液	弹性波(E19);共振(E47);驻波(E99);振动(E98);气穴现象(E69);扩散(E62);电场(E22);磁场(E13);电泳现象(E30)
F10	分解混合物	在电的或磁场中分离电场(E22);磁场(E13);磁性液体(E17);惯性力(E49);吸附作用(E83);扩散(E62);渗透(E77);电泳现象(E30)
F11	稳定物体位置	电场(E22);磁场(E13);磁性液体(E17)
F12	产生/控制力,形成高的压力	磁力(E15);一级相变(E94);二级相变(E36);热膨胀(E75);惯性力(E49);磁性液体(E17);爆炸(E5);电液压冲压,电水压震扰(E29);渗透(E77)
F13	控制摩擦力	约翰逊—拉别克效应(E96);振动(E98);低摩阻(E21);金属覆层滑润剂(E59)

续表

功能代码	实现的功能	TRIZ推荐的科学效应和现象
F14	解体物体	放电:火花放电(E53);电晕放电(E31);电弧(E25)
		电液压冲压,电水压震扰(E29);弹性波(E19);共振(E47);驻波(E99);振动(E98);气穴现象(E69)
F15	积蓄机械能与热能	弹性变形(E85);惯性力(E49);一级相变(E94);一级相变(E36)
F16	传递能量	对于机械能:形变(E85);弹性波(E19);共振(E47);驻波(E99);振动(E98);爆炸(E5);电液压冲压,电水压震扰(E29)
		对于热能:热电子发射(E72);对流(E34);金热传导(E70)
		对于辐射:反射(E41)
		对于电能:电磁感应(E24);超导性(E12)
F17	建立移动的物体和固定的物体之间的交互作用	电磁场(E23);电磁感应(E24)
F18	测量物体的尺寸	标记:起电(E68);发光(E37);发光体(E38)
		磁性材料(E16);永久磁铁(E95);共振(E47)
F19	改变物体尺寸	热膨胀(E75);形状记忆合金(E87);形变(E85);压电效应(E89);磁弹性(E14);压磁效应(E88)
F20	检查表面状态和性质	放电:电晕放电(E31);电弧(E25);火花放电(E53)
		反射(E41);发光体(E38);感光材料(E45);光谱(E50);放射现象(E43)
F21	改变表面性质	摩擦力(E66);吸附作用(E83);扩散(E62);包辛格效应(E4);弹性波(E19);共振(E47);驻波(E99);振动(E98);光谱(E50)
		放电:电晕放电(E31);电弧(E25);火花放电(E53)
F22	检查物体容量的状态和特征	引人容易探测的标志:标记物(E6);发光(E37);发光体(E38);磁性材料(E16);永久磁铁(E95)
		测量电阻值:电阻(E33)
		反射和放射线:反射(E41);折射(E97);发光体(E38);感光材料(E45);光谱(E50);放射现象(E43);X射线(El)
		电-磁-光现象:电一光和磁一光现象(E27);固体的(场致、电致)发光(E48);热磁效应(居里点)(E60);巴克豪森效应(E3);霍普金森效应(E55);共振(E47);霍耳效应(E54)

续 表

功能代码	实现的功能	TRIZ推荐的科学效应和现象
F23	改变物体空间性质	磁性液体(E17);磁性材料(E16);永久磁铁(E95);冷却(E63);加热(E56);一级相变(E94);二级相变(E36);电离(E28);光谱(E50);放射现象(E43);X射线(E1);形变(E85);扩散(E62);电场(E22);磁场(E13);泊耳帖效应(E67);热电现象(E71);包辛格效应(E4);汤姆逊效应(E80);热电子发射(E72);热磁效应(居里点)(E60);固体的(场致、电致)发光(E48);电-光和磁-光现象(E27);气穴现象(E69);光生伏打效应(E51)
F24	形成要求的结构,稳定物体结构	弹性波(E19);共振(E47);驻波(E99);振动(E98);磁场(E13);一级相变(E94);二级相变(E36);气穴现象(E69)
F25	探视电场和磁场	渗透(E77);压电效应(E89);磁弹性(E11);压磁效应(E88);驻极体,电介体(E100);固体的(场致、电致)发光(E48);电-光和磁-光现象(E27);巴克豪森效应(E3);霍普金森效应(E55);霍耳效应(E54).
F26	探测辐射	带电放电:电晕放电(E31);电弧(E25);火花放电(E53);
		热膨胀(E75);热双金属片(E76);发光体(E38);感光材料(E45);光谱(E50);放射现象(E43);反射(E41);光生伏打效应(E51)
F27	产生辐射	放电:电晕放电(E31);电弧(E25);火花放电(E53).
		发光(E37);发光体(E38);固体的(场致、电致)发光(E48);电-光和磁-光现象(E27);耿氏效应(E46)
F28	控制电磁场	电阻(E33);磁性材料(E16);反射(E41);形状(E86);表面(E7);表面粗糙度(E8)
F29	控制光	反射(E41);折射(E97);吸收(E84);发射聚焦(E39);固体的(场致、电致)发光(E48);电-光和磁-光现象(E27);法拉第效应(E40);克尔现象(E61);耿氏效应(E46)
F30	产生及加强化学变化	弹性波(E19);共振(E47);驻波(E99);振动(E98);气穴现象(E69);光谱(E50);放射现象(E43);X射线(E1);放电(E42);电晕放电(E31);电弧(E25);火花放电(E53);爆炸(E5);电液压冲压,电水压震扰(E29)

科学效应和现象序号目录详见表8-3,TRIZ推荐的100个科学效应和现象的详细解释和说明请见本书附录3。

表 8-3　TRIZ 推荐的 100 个科学效应

E1. X 射线(X-Rays)
E2. 安培力(Ampere's force)
E3. 巴克豪森效应(Barkhsusen effect)
E4. 包辛格效应(Baoshinger effect)
E5. 爆炸效应(explosion)
E6. 标记物(markers)
E7. 表面(surface)
E8. 表面粗糙度(surface roughness)
E9. 波的干涉(wave interference)
E10. 伯努利定律(Bernoulli's Law)
E11. 超导热开关(superconducting heat switch)
E12. 超导性(conductivity)
E13. 磁场(magnetic field)
E14. 磁弹性(magnetostriction)
E15. 磁力(magnetic force)
E16. 磁性材料(magnetic materials)
E17. 磁性液体(magnetic liquid)
E18. 单相系统分离(separation of monophase systems)
E19. 弹性波(elastic waves)
E20. 弹性形变(elastic deformation)
E21. 低摩阻(low friction)
E22. 电场(electric field)
E23. 电磁场(electromagnetic field)
E24. 电磁感应(electromagnetic induction)
E25. 电弧(electric arc)
E26. 电介质(dielectric)
E27. 古登-波尔和 Dashen 效应(Gudden-Pohl and Dashen effects)
E28. 电离(ionization)
E29. 电液压冲压,电水压震扰(electrohy draulic shock)
E30. 电泳现象(phoresis)
E31. 电晕放电(corona discharge)
E32. 电子力(electrical)
E33. 电阻(electrical resistance)
E34. 对流(convection)
E35. 多相系统分离(separation of polyphase systems)
E36. 二级相变(phase transition)
E37. 发光(luminescence)
E38. 发光体(luminophores)
E39. 反射聚焦(radiation focusing)
E40. 法拉第效应(Faraday effect)
E41. 反射(reflection)
E42. 放电(discharge)
E43. 放射现象(radioactivity)
E44. 浮力(buoyancy)
E45. 感光材料(photosensitive material)
E46. 耿氏效应(Gunn effect)
E47. 共振(resonsnce)
E48. 固体的(场致、电致)发光(electroluminescence of solids)
E49. 惯性力(inertial force)
E50. 光谱(radiation spectrum)
E51. 光生伏打效应(photovoltaic effect)
E52. 混合物分离(separation of mixtures)
E53. 火花放电(spark discharge)
E54. 霍耳效应(Hall effect)
E55. 霍普金森效应(Hopkinson effect)
E56. 加热(heating)
E57. 焦耳-楞次定律(Jorle-Lenz law)
E58. 焦耳-汤姆逊效应(Joule-Thomson effect)
E59. 金属覆层润滑剂(metal-cladding lubricants)
E60. 居里效应(Curie effect)
E61. 克尔效应(Kerr effect)
E62. 扩散(diffusion)
E63. 冷却(cooling)
E64. 洛仑兹力(Lorentz force)
E65. 毛细现象(capillary phenomena)
E66. 摩擦力(friction)
E67. 珀耳帖效应(Peltier effect)
E68. 起电(electrification)
E69. 气穴现象(cavitation)
E70. 热传导(thermal conduction)
E71. 热电现象(thermoelectuic phenomena)
E72. 热电子发射(thermodlectric emission)
E73. 热辐射(heat radiation)
E74. 热敏性物质(heat-sensitive substances)
E75. 热膨胀(thermzl expansion)
E76. 热双金属片(thermobimetals)
E77. 渗透(osmosis)
E78. 塑性变形(plastic deformation)
E79. Thoms 效应(Thoms effect)
E80. 汤姆逊效应(Thomson effect)
E81. 韦森堡效应(Weissenberg effect)
E82. 位移(displacement)
E83. 吸附作用(sorption)
E84. 吸收(absorption)
E85. 形变(deformation)
E86. 形状(shape)
E87. 形状记忆合金(shape memory)
E88. 压磁效应(piezomagnitic)
E89. 压电效应(piezodlectric effect)
E90. 压强(pressure)
E91. 液/气体的压力(pressure force of liquid/gas)
E92. 液体动力(hydrodynamic force)
E93. 液/气体压强(liqrid or gas pressure)
E94. 一级相变(phase tuansition-type Ⅰ)
E95. 永久磁铁(permanent magnets)
E96. 约翰逊-拉别克效应(Johnson-Ranbec effect)
E97. 折射(refraction)
E98. 振动(vibration)
E99. 驻波(standing waves)
E100. 驻极体(electrets)

8.3 应用科学效应解决发明问题的案例

案例 1　利用物理效应测定灯泡内部的压力

利用物理效应解决问题:电灯泡厂的厂长将厂里的工程师召集起来开了个会,他让这些工程师们看一叠顾客的批评信,顾客对灯泡质量非常不满意。工程师们对顾客提出的问题进行了分析,发现灯泡里的压力有些问题。压力有时比正常值高,有时比正常值低。灯泡内的气体非常少,只有 0.1g 甚至更少,通过称重的方式不可行。

(1)问题分析:该方案需要实现的功能为测定灯泡内部的压力,因此对问题描述为"探测灯泡内部的气体,以确定灯泡的内部压力"。

(2)确定需求的功能:通过对问题的描述及分析,可将功能抽象为"探测气体"或者"测量压力"等。查询表 8-1,相关的功能也包括"控制液体及气体的运动(F7)"以及"产生/控制力,形成高的压力(F12)"等。如果抽象出来的功能超出了表 8-1 列举的范围,也可以直接在 100 个推荐的效应中寻找与"测量压力""气体压力"或者"控制压力"等相关的科学效应。

(3)查找效应:从 TRIZ 推荐的效应清单中查询与"测量压力""气体压力"或者"控制压力"等相关的物理效应,查询的结果包括压电效应、驻极体、电晕放电、韦森堡效应等。

(4)效应取舍:经过对以上效应逐一分析,发现"电晕"的出现依赖于气体成分和导体周围的气压,所以电晕放电能够适合测量灯泡内部气体的压力。

(5)方案验证:如果灯泡灯口加上额定高电压,气体达到额定压力就会产生电晕放电,发出"皇冠"形状的光,光亮度依赖于灯泡内部的气压,从而测得灯泡内部的压力。

(6)最终解决方案:用电晕放电效应测量灯泡内部气体的压力。

案例 2　应用科学效应提高传统肾结石提取器"碎石"能力

传统的肾结石提取器靠拉动一根"金属线"实现夹钳的闭合并"夹碎"结石,如图 8-3 所示。

图 8-3　传统肾结石提取器

(1)问题分析:由于金属线所能传递的力是有限的,因此无法破碎较大的结石,要实现对较大结石的破碎,必须在较小的空间内产生一个相对较大的力。

(2)确定需求的功能:传递能量(F16)以及改变物体尺寸(F19)。

(3)查找效应:传递能量(F16)推荐的效应:形变,弹性波,共振,驻波,振动,爆炸,电液压冲压,电水压震扰;改变物体尺寸(F19)推荐的效应:热膨胀,形状记忆合金,形变,压电效应,磁弹性,压磁效应。

(4)效应取舍:"形状记忆合金"和"形变"。通过流体加热形状记忆合金使其产生形变,利用形状记忆合金的形变产生力。

(5)方案验证:先用拉力使形状记忆合金产生形变,然后通过向提取器内注入一定温度的热水,热水加热"形状记忆合金线"使其恢复初始状态。在其恢复初始状态的过程中,形状记忆合金线由于相变产生很大的力,从而破碎肾结石。

(6)最终解决方案:如图8-4所示。

图 8-4 采用了形状记忆合金线的提取器

案例 3 运用科学效应发明可测量温度的儿童汤匙

在给婴儿喂饭时,人们一般会吹一吹使食物冷却,然后用嘴尝尝,确认食物不烫后再喂给婴儿。实际上,成人的口中有很多细菌,这样不利于婴儿的健康,但如果不尝食物,一旦食物的温度过高又会烫着婴儿。

(1)问题分析:这个问题的关键是需要准确知道食物的温度。

(2)确定需求的功能:测量温度(F1)。

(3)查找效应:测量温度(F1)对应的效应有:热膨胀(E75)、热双金属片(E76)、汤姆逊效应(E80)、热电现象(E71)、热电子发射(E72)、热辐射(E73)、电阻(E33)、热敏性物质(E74)、居里效应(E60)、巴克豪森效应(E3)以及霍普金森效应(E55)等12个。

(4)效应取舍:详细研究每个效应的解释后选择:E74 热敏性物质,即受热时就会发生明显状态变化的物质。由于热敏性物质可在很窄的温度范围内发生极速的变化,所以常用来显示温度。例如,热敏性油墨是一种能随温度的变化而使颜料颜色发生变化的特种油墨。

(5)方案验证及最终解决方案:用感温变色材料制作可以随温度变换颜色的汤匙,当温度超过40℃时,汤匙红色的边缘会瞬间变成白色,如图8-5所示。

案例 4 运用科学效应解决输电线结冰问题

输电线结冰问题的解决(成思源,2014)。

创新思维与发明问题解决方法

北方冬季高压输电线结冰常常会带来严重后果,需要及时清理电线上的冰块。

(1)问题分析:清除高压电线上的冰块是一件危险而且劳动强度极大的工作,如何有效利用已有的、廉价的资源让冰块自动脱落,这是解决该问题的理想目标。

图8-5 可随温度变化而变色的汤匙

(2)确定需求的功能:提高温度(F3)。

(3)查找效应:能够实现提高温度的效应包括电磁感应(E24),电介质(E26),放电(E42),电弧(E25),吸收(E84),发射聚焦(E39),热辐射(E73),热电子发射(E72),热电现象(E71)。

(4)效应取舍:由电磁感应可知,电线的电阻应该高又不应该高,因为由低电阻材料制成的电线在现存电流下不能自行加热,由高电阻材料制成的电线能够自行加热,但用户不能正常用电。这是一对物理冲突。通过物-场分析,建议提出加入第二种物质。可行的方案是每隔一段距离安上一个铁磁体环,这种环有很高的电阻。环内由于电磁感应产生电流而很快产生热,可为电线加热。

但是铁磁体环会长年累月地为电线加热,浪费很多能量。即使是冬天,也不需要为所有电线加热,只有低于0℃处的电线需要加热。这又引出了一个新任务:如何使铁氧体环在气温低时通电而在气温高时断电?

为解决这个问题,可以进一步提出新的功能需求:稳定温度(F4)。其对应的科学效应包括一级相变(E94),二级相变(E36)以及居里效应(E60)等。

该科学效应指出,铁磁体只有在特定温度之下才有铁磁性,这个温度称为居里点。不同的铁磁体材料有不同的居里点。如果使用居里点在0℃左右的铁磁体,这些环就只有在气温低于0℃时通电并在高于0℃时断电。

(5)方案验证及最终解决方案:在高压电线上每隔一段距离安上一个铁磁体环,同时利用居里效应,将其居里点控制在0℃左右,使这些环就只有在气温低于0℃时通电并在高于0℃时断电。气温一旦低于0℃并通电时,环内由于电磁感应产生电流而很快产生热,可为电线加热并使冰块脱落。

思 考 题

1. 试描述效应的定义。
2. 简述应用科学效应和现象解决问题的步骤。
3. 如何利用 TRIZ 科学效应库?举例说明采用科学效应和现象解决实际问题的方法、过程及结果。
4. 简述科学效应的种类及其相互关系。
5. 从 TRIZ 推荐的科学效应中选择几种较为常见的科学效应,对其原理或现象进行简要说明,并举例说明这些科学效应在日常生活、技术创新或发明中的应用。
6. 请通过网络搜索并了解"纳米效应""蝴蝶效应""木桶效应""声致发光效应""音叉效应"等。
7. 请利用科学效应,提出一种可以实现"自清洁"的衣服的设计构想。

参 考 文 献

[1] 赵敏,张武城,王冠殊. TRIZ 进阶及实战:大道至简的发明方法[M]. 北京:机械工业出版社,2016.

[2] 成思源,周金平. 技术创新方法·TRIZ 理论及应用[M]. 北京:清华大学出版社,2014.

[3] (英)卡伦·加德. TRIZ——众创思维与技法[M]. 罗德明,王灵运,等,译. 北京:国防工业出版社,2015.

[4] 占向辉,等. 面向创新设计的科学效应库研究[J]. 工程设计学报,2005(1).

[5] 仇成,等. 科学效应在创新设计中的应用[J]. 机械设计与制造,2008(3).

附　　录

附录1　奥斯本创新检核表

奥斯本创新检核表

检核项目		含　义
一、能否他用	现有的事物有无其他用途；保持不变能否扩大用途；稍加改变有无其他用途。包括3个问题	1. 有无新的用途？ 2. 是否有新的使用方法？ 3. 可否改变现有的使用方法？
二、能否借用	能否引入其他的创造性设想；能否模仿别的东西；能否从其他领域、产品、方案中引入新的元素、材料、造型、原理、工艺、思路。包括5个问题	4. 有无类似的东西？ 5. 利用类比能否产生新观念？ 6. 过去有无类似的问题？ 7. 可否模仿？ 8. 能否超越？
三、能否改变	现有事物能否做些改变，如颜色、声音、味道、样式、花色、音响、品种、意义、制造方法；改变后效果如何？包括8个问题	9. 可否改变功能？ 10. 可否改变颜色？ 11. 可否改变形状？ 12. 可否改变运动？ 13. 可否改变气味？ 14. 可否改变音响？ 15. 可否改变外形？ 16. 是否还有其他改变的可能性？
四、能否扩大	现有事物可否扩大适用范围；能否增加使用功能；能否添加零部件，延长它的使用寿命，增加长度、厚度、强度、频率、速度、数量、价值	17. 可否增加些什么？ 18. 可否附加些什么？ 19. 可否增加使用时间？ 20. 可否增加频率？ 21. 可否增加尺寸？ 22. 可否增加强度？ 23. 可否提高性能？ 24. 可否增加新成分？ 25. 可否加倍？ 26. 可否扩大若干倍？ 27. 可否放大？ 28. 可否夸大？

续 表

检核项目		含 义
五、能否缩小	现有事物能否体积变小、长度变短、重量变轻、厚度变薄以及拆分或省略某些部分（简单化）？能否浓缩化、省力化、方便化、短路化	29.可否减少些什么？ 30.可否密集？ 31.可否压缩？ 32.可否浓缩？ 33.可否聚合？ 34.可否微型化？ 35.可否缩短？ 36.可否变窄？ 37.可否去掉？ 38.可否分割？ 39.可否减轻？ 40.可否变成流线型？
六、能否代替	现有事物能否用其他材料、元件、结构、力、设备、方法、符号、声音等代替。 包括10个问题	41.可否代替？ 42.用什么代替？ 43.还有什么其他的排列？ 44.还有什么其他的成分？ 45.还有什么其他的材料？ 46.还有什么其他的过程？ 47.还有什么其他的能源？ 48.还有什么其他的颜色？ 49.还有什么其他的音响？ 50.还有什么其他的照明？
七、能否变换	现有事物能否变换排列顺序、位置、时间、速度、计划、型号；内部元件可否交换。 包括8个问题	51.可否变换？ 52.有无可互换的成分？ 53.可否变换模式？ 54.可否变换布置顺序？ 55.可否变换操作工序？ 56.可否变换因果关系？ 57.可否变换速度或频率？ 58.可否变换工作规范？
八、能否颠倒	现有的事物能否从内外、上下、左右、前后、横竖、主次、正负、因果等相反的角度颠倒过来用。 包括7个问题	59.可否颠倒？ 60.可否颠倒正负？ 61.可否颠倒正反？ 62.可否前后颠倒？ 63.可否上下颠倒？ 64.可否颠倒位置？ 65.可否颠倒作用？

续 表

检核项目	含 义
九、能否组合	能否进行原理组合、材料组合、部件组合、形状组合、功能组合、目的组合。包括10个问题	66. 可否重新组合？ 67. 可否尝试混合？ 68. 可否尝试合成？ 69. 可否尝试配合？ 70. 可否尝试协调？ 71. 可否尝试配套？ 72. 可否把物体组合？ 73. 可否把目的组合？ 74. 可否把特性组合？ 75. 可否把观念组合？

附录2 阿奇舒勒矛盾矩阵表

矛盾矩阵表（一）

改善的通用工程参数	恶化的通用工程参数	1 运动物体重量	2 静止物体重量	3 运动物体尺寸	4 静止物体尺寸	5 运动物体面积	6 静止物体面积	7 运动物体体积	8 静止物体体积	9 速度	10 力
1	运动物体的重量			15,08 29,34		29,17 38,34		29,02 40,28		02,08 15,38	08,10 18,37
2	静止物体的重量				10,01 29,35		35,30 13,02		05,35 14,02		08,10 19,35
3	运动物体的尺寸	15,08 29,34				15,17 04		07,17 04,35		13,04 08	17,10 04
4	静止物体的尺寸		35,28 40,29				17,07 10,40		35,08 02,14		28,10
5	运动物体的面积	02,14 29,04		14,15 18,04				07,14 17,04		29,30 04,34	19,30 35,02
6	静止物体的面积		30,02 14,18		26,07 09,39						01,18 35,36
7	运动物体的体积	02,26 29,40		01,07 35,04		01,07 04,17				29,04 38,34	15,35 36,37
8	静止物体的体积		35,10 19,14		19,14		35,08 02,14				02,18 37
9	速度	02,28 13,38		13,14 08		29,30 34		07,29 34			13,28 15,19
10	力	08,01 37,18	18,13 01,28	17,19 09,36	28,10	19,10 15	01,18 36,37	15,09 12,37	02,36 18,37	13,28 15,12	
11	应力，压强	10,36 37,40	13,29 10,18	35,10 36	35,01 14,16	10,15 36,28	10,15 36,24	06,35 10		06,35 36	36,35 21
12	形状	08,10 29,40	15,10 26,03	29,34 05,04	13,14 10,07	05,34 04,10		14,04 15,22	07,02 35	35,15 34,18	35,10 37,40

续表

改善的通用 工程参数		恶化的通用 工程参数 1 运动物 体重量	2 静止物 体重量	3 运动物 体尺寸	4 静止物 体尺寸	5 运动物 体面积	6 静止物 体面积	7 运动物 体体积	8 静止物 体体积	9 速度	10 力
13	稳定性	21,35 02,39	26,39 01,40	13,15 01,28	37	02,11 13	39	28,10 19,39	34,28 35,40	33,15 28,18	10,35 21,16
14	强度	01,08 40,15	40,26 27,01	01,15 08,35	15,14 28,26	03,34 40,29	09,40 28	10,15 14,07	09,14 17,15	08,13 26,14	10,18 03,14
15	运动物体的作用时间	19,05 34,31		02,19 09		03,17 19		10,02 19,30		03,35 05	19,02 16
16	静止物体的作用时间		06,27 19,16		01,40 35				35,34 38		
17	温度	36,22 06,38	22,35 32	15,19 09	15,19 09	03,35 39,18	35,38	34,39 40,18	35,06 04	02,28 36,30	35,10 03,21
18	照度	19,01 32	02,35 32	19,32 16		19,32 26		02,13 10		10,13 19	26,19 06
19	运动物体的能量消耗	12,18 28,31				15,19 25		35,13 18		08,15 35	16,26 21,02
20	静止物体的能量消耗		19,09 06,27								36,37
21	功率	08,36 38,31	19,26 17,27	01,10 35,37		19,38	17,32 13,38	35,06 38	30,06 25	15,35 02	26,02 36,35
22	能量损失	15,06 19,28	19,06 18,09	07,02 06,13	06,38 07	15,26 17,30	17,07 30,18	07,18 23	07	16,35 38	36,38
23	物质损失	35,06 23,40	35,06 22,32	14,29 10,39	10,28 24	35,02 10,31	10,18 39,31	01,29 30,36	03,39 18,31	10,13 28,38	14,15 18,40
24	信息损失	10,24 35	10,35 05	01,26	26	30,26	30,16		02,22	26,32	
25	时间损失	10,20 37,35	10,20 26,05	15,02 29	30,24 14,05	26,04 05,16	10,35 17,04	02,05 34,10	35,16 32,18		10,37 36,05
26	物质的量	35,06 18,31	27,26 18,35	29,14 35,18		15,14 29	02,18 40,04	15,20 29		35,29 34,28	35,14 03
27	可靠性	03,08 10,40	03,10 08,28	15,09 14,04	15,29 28,11	17,10 14,16	32,35 40,04	03,10 14,24	02,35 24	21,35 11,28	08,28 10,03
28	测试精度	32,35 26,28	28,35 25,26	28,26 05,16	32,28 03,16	26,28 32,03	26,28 32,03	32,13 06		28,13 32,24	32,02
29	制造精度	28,32 13,18	28,35 27,09	10,28 29,37	02,32 10	28,33 29,32	02,29 18,36	32,28 02	25,10 35	10,28 32	28,19 34,36
30	作用于物体的有害因素	22,21 27,39	02,22 13,24	17,01 39,04	01,18	22,01 33,28	27,02 39,35	22,23 37,35	34,39 19,27	21,22 35,28	13,35 39,18
31	物体产生的有害因素	19,22 15,39	35,22 01,39	17,15 16,22		17,02 18,39	22,01 40	17,02 40	30,18 35,04	35,28 03,23	35,28 01,40

续 表

改善的通用工程参数 \ 恶化的通用工程参数	1 运动物体重量	2 静止物体重量	3 运动物体尺寸	4 静止物体尺寸	5 运动物体面积	6 静止物体面积	7 运动物体体积	8 静止物体体积	9 速度	10 力
32 可制造性	28,29 15,16	01,27 36,13	01,29 13,17	15,17 27	13,01 26,12	16,40	13,29 01,40	35	35,13 08,01	35,12
33 操作流程的方便性	25,02 13,15	06,13 01,25	01,17 13,12		01,17 13,16	18,16 15,39	01,16 35,15	04,18 31,39	18,13 34	28,13 35
34 可维修性	02,27 35,11	02,27 35,11	01,28 10,25	03,18 31	15,32 13	16,25	25,02 35,11	01	34,09	01,11 10
35 适应性,通用性	01,06 15,08	19,15 29,16	35,01 29,02	01,35 16	35,30 29,07	15,16	15,35 29		35,10 14	15,17 20
36 系统的复杂性	26,30 34,36	02,26 35,39	01,19 26,24	26	14,01 13,16	06,36	34,26 06	01,16	34,10 28	26,16
37 控制与测量的复杂性	27,26 28,13	06,13 28,01	16,17 26,24	26	02,13 18,17	02,39 30,16	29,01 04,16	02,18 26,31	03,04 16,35	36,28 40,19
38 自动化程度	28,26 18,35	28,26 35,10	14,13 28,27	23	17,14 13		35,13 16		28,10	02,35
39 生产率	35,26 24,37	28,27 15,03	18,04 28,38	30,07 14,26	10,26 34,31	10,35 17,07	02,06 34,10	35,37 10,02		28,15 10,36

矛盾矩阵表(二)

改善的通用工程参数 \ 恶化的通用工程参数	11 应力压强	12 形状	13 结构的稳定性	14 强度	15 运动物体作用时间	16 静止物体作用时间	17 温度	18 照度	19 运动物体消耗能量	20 静止物体消耗能量
1 运动物体的重量	10,36 37,40	10,14 35,40	01,35 19,39	28,27 18,40	05,34 31,35		06,29 04,38	19,01 32	35,12 34,31	
2 静止物体的重量	13,29 10,18	13,10 29,14	26,39 01,40	28,02 10,27		02,27 19,06	28,19 32,22	35,19 32		18,19 28,01
3 运动物体的尺寸	01,18 35	01,08 10,29	01,18 15,34	08,35 29,34	19		10,15 19	32	08,35 24	
4 静止物体的尺寸	01,14 35	13,14 15,07	39,37 35	15,14 28,26		01,40 35	03,35 38,18	03,25		

228

续 表

改善的通用工程参数 \ 恶化的通用工程参数		11 应力 压强	12 形状	13 结构的稳定性	14 强度	15 运动物体作用时间	16 静止物体作用时间	17 温度	18 照度	19 运动物体消耗能量	20 静止物体消耗能量
5	运动物体的面积	10,15 36,28	05,34 29,04	11,02 13,39	03,15 40,14	06,03		02,15 16	15,32 19,13	19,32	
6	静止物体的面积	10,15 36,37		02,38	40		02,10 19,30	35,39 38			
7	运动物体的体积	06,35 36,37	01,15 29,04	28,10 01,39	09,14 15,07	06,35 04		34,39 10,18	10,13 02	35	
8	静止物体的体积	24,35	07,02 35	34,28 35,40	09,14 17,15		35,34 38	35,06 04			
9	速度	06,18 38,40	35,15 18,34	28,33 01,18	08,03 26,14	03,19 35,05		28,30 36,02	10,13 19	08,15 35,38	
10	力	18,21 11	10,35 40,34	35,10 21	35,10 14,27	19,02		35,10 21		19,17 10	01,16 36,37
11	应力,压强		35,04 15,10	35,33 02,40	09,18 03,40	19,03 27		35,39 19,02		14,24 10,37	
12	形状	34,15 10,14		33,01 18,04	30,14 10,40	14,26 09,25		22,14 19,32	13,15 32	02,06 34,14	
13	稳定性	02,35 40	22,01 18,04		17,09 15	13,27 10,35	39,03 35,23	35,01 32	32,03 27,15	13,19	27,04 29,18
14	强度	10,03 18,40	10,30 35,40	13,17 35		27,03 26		30,10 40	35,19	19,35 10	35
15	运动物体的作用时间	19,03 27	14,26 28,25	13,03 35	27,03 10			19,35 39	02,19 04,35	28,06 35,18	
16	静止物体的作用时间			39,03 35,23				19,18 36,40			
17	温度	35,39 19,02	14,22 19,32	01,35 32	10,30 22,40	19,13 39	19,18 36,40		32,30 21,16	19,15 03,17	
18	照度		32,30	32,03 27	35,19	02,19 06		32,35 19		32,01 19	32,35 01,15
19	运动物体的能量消耗	23,14 25	12,02 39	19,13 17,24	05,19 09,35	28,35 06,18		19,24 03,14	02,15 19		
20	静止物体的能量消耗			27,04 29,18	35			19,02 35,32			

续表

改善的通用工程参数 \ 恶化的通用工程参数		11 应力压强	12 形状	13 结构的稳定性	14 强度	15 运动物体作用时间	16 静止物体作用时间	17 温度	18 照度	19 运动物体消耗能量	20 静止物体消耗能量
21	功率	22,10 35	29,14 02,40	35,32 15,31	26,10 28	19,35 10,38	16	02,14 17,25	16,06 19	16,06 19,37	
22	能量损失			14,02 39,06	26			19,38 07	01,13 32,15		
23	物质损失	03,36 37,10	29,35 03,05	02,14 30,40	35,28 31,40	28,27 03,18	27,16 18,38	21,36 39,31	01,06 13	35,18 24,05	28,27 12,31
24	信息损失					10	10		19		
25	时间损失	37,36 04	04,10 34,17	35,03 22,05	29,03 28,18	20,10 28,18	28,20 10,16	35,29 21,18	01,19 21,17	35,38 19,18	01
26	物质的量	10,36 14,03	35,14	15,02 17,40	14,35 34,10	03,35 10,40	03,35 31	03,17 39		34,29 16,18	03,35 31
27	可靠性	10,24 35,19	35,01 16,11		11,28	02,35 03,25	34,27 06,40	03,35 10	11,32 13	21,11 27,19	36,23
28	测试精度	06,28 32	06,28 32	32,35 13	28,06 32	28,06 32	10,26 24	06,19 28,24	06,01 32	03,06 32	
29	制造精度	03,35	32,30 40	30,18	03,27	03,27 40		19,26	03,32	32,02	
30	作用于物体的有害因素	22,02 37	22,01 03,35	35,24 30,18	18,35 37,01	22,15 33,28	17,01 40,33	22,33 35,02	01,19 32,13	01,24 06,27	10,02 22,37
31	物体产生的有害因素	02,33 27,18	35,01	35,40 27,39	15,35 22,02	15,22 33,31	21,39 16,22	22,35 02,24	19,24 39,32	02,35 06	19,22 18
32	可制造性	35,19 01,37	01,28 13,27	11,13 01	11,03 10,32	27,01 04	35,16	27,26 18	28,24 27,01	28,26 27,01	01,04
33	操作流程的方便性	02,32 12	15,34 29,28	32,35 30	32,40 03,28	29,03 08,25	01,16 25	26,27 13	13,17 01,24	01,13 24	
34	可维修性	13	01,13 02,04	02,35	01,11 02,39	11,29 28,27	01	04,10	15,01 13	15,01 28,16	
35	适应性,通用性	35,16	15,37 01,08	15,30 14	35,03 32,06	13,01 35	02,16	27,02 03,35	06,22 26,01	19,35 29,13	
36	系统的复杂性	19,01 35	29,13 28,15	02,22 17,19	02,13 28	10,04 28,15		02,17 13	24,17 13	27,02 29,28	

续 表

改善的通用工程参数 \ 恶化的通用工程参数		11 应力压强	12 形状	13 结构的稳定性	14 强度	15 运动物体作用时间	16 静止物体作用时间	17 温度	18 照度	19 运动物体消耗能量	20 静止物体消耗能量
37	控制与测量的复杂性	35,36 37,32	27,13 01,39	11,22 39,30	27,03 15,28	19,29 25,39	25,34 06,35	03,27 35,16	02,24 26	35,38	19,35 16
38	自动化程度	13,35	15,32 01,13	18,01	25,13	06,09		26,02 19	08,32 19	02,32 13	
39	生产率	10,37 14	14,10 34,40	35,03 22,39	29,28 10,18	35,10 02,18	20,10 16,38	35,21 28,10	26,17 19,01	35,10 38,19	01

矛盾矩阵表（三）

改善的通用工程参数 \ 恶化的通用工程参数		21 功率	22 能量损失	23 物质损失	24 信息损失	25 时间损失	26 物质的量	27 可靠性	28 测量精度	29 制造精度	30 作用于物体的有害因素
1	运动物体的重量	12,36 18,31	06,02 34,19	05,35 03,31	10,24 35	10,35 20,28	03,26 18,31	03,11 01,27	28,27 35,26	28,35 26,18	22,21 18,27
2	静止物体的重量	15,19 18,22	18,19 28,15	05,08 13,30	10,15 35	10,20 35,26	19,06 18,26	10,28 08,03	18,26 28	10,01 35,17	02,19 22,37
3	运动物体的尺寸	01,35	07,02 35,39	04,29 23,10	01,24	15,02 29	29,35	10,14 29,40	28,32 04	10,28 29,37	01,15 17,24
4	静止物体的尺寸	12,08	06,28	10,28 24,35	24,26	30,29 14		15,29 28	32,28 03	02,32 10	01,18
5	运动物体的面积	19,10 32,18	15,17 30,26	10,35 02,39	30,26	26,04	29,30 06,13	29,09	26,28 32,03	02,32	22,33 28,01
6	静止物体的面积	17,32	17,07 30	10,14 18,39		30,16	10,35 04,18	02,18 40,04	32,35 40,04	26,28 32,03	02,29 18,36	27,02 39,35
7	运动物体的体积	35,06 13,18	07,15 13,16	36,39 34,10	02,22	02,06 34,10	29,30 07	14,01 40,11	25,26 28	25,28 02,16	22,21 27,35
8	静止物体的体积	30,06		10,39 35,34		35,16 32,18	35,03	02,35 16		35,10 25	34,39 19,27
9	速度	19,35 38,02	14,20 19,35	10,13 28,38	13,26		10,19 29,38	11,35 27,28	28,32 01,24	10,28 32,25	01,28 35,23

续 表

改善的通用工程参数 \ 恶化的通用工程参数	21 功率	22 能量损失	23 物质损失	24 信息损失	25 时间损失	26 物质的量	27 可靠性	28 测量精度	29 制造精度	30 作用于物体的有害因素
10 力	19,35 18,37	14,15	08,35 40,05		10,37 36	14,29 18,36	03,35 13,21	35,10 23,24	28,29 37,36	01,35 40,18
11 应力,压强	10,35 14	02,36 25	10,36 37		37,36 04	10,14 36	10,13 19,35	06,28 25	03,35	22,02 37
12 形状	04,06 02	14	35,29 03,05		14,10 34,17	36,22	10,40 16	28,32 01	32,30 40	22,01 02,35
13 稳定性	32,35 27,31	14,02 39,06	02,14 30,40		35,27	15,32 35		13	18	35,23 18,39
14 强度	10,26 35,28	35	35,28 31,40		29,03 28,10	29,10 27	11,03	03,27 16	03,27	18,35 37,01
15 运动物体的作用时间	19,10 35,38		28,27 03,18	10	20,10 28,18	03,35 10,40	11,02 13	03	03,27 16,40	22,15 33,28
16 静止物体的作用时间	16		27,16 18,38	10	28,20 10,16	03,35 31	34,27 06,40	10,26 24		17,01 40,33
17 温度	02,14 17,25	21,17 35,38	21,36 29,31		35,28 21,18	03,17 30,39	19,35 03,10	32,19 24	24	22,33 35,02
18 照度	32	13,16 01,06	13,01	01,06	19,01 26,17	01,19		11,15 32	03,32	15,19
19 运动物体的能量消耗	06,19 37,18	12,22 15,24	35,24 18,05		35,38 19,18	34,23 16,18	19,21 11,27	03,01 32		01,35 06,27
20 静止物体的能量消耗			28,27 18,31			03,35 31	10,36 23			10,02 22,37
21 功率		10,35 38	28,27 18,38	10,19	35,20 10,06	04,34 19	19,24 26,31	32,15 02	32,02	19,22 31,02
22 能量损失	03,38		35,27 02,37	19,10	10,18 32,07	07,18 25	11,10 35	32	21,22 35,02	
23 物质损失	28,27 18,38	35,27 02,31			15,18 35,10	06,03 10,24	10,29 39,35	16,34 31,28	35,10 24,31	33,22 30,40
24 信息损失	10,19	19,10			24,26 28,32	24,28 35	10,28 23			22,10 01
25 时间损失	35,20 10,06	10,05 18,32	35,18 10,39	24,26 28,32		35,38 18,16	10,30 04	24,34 28,32	24,26 28,18	35,18 34

续表

改善的通用工程参数 \ 恶化的通用工程参数		21 功率	22 能量损失	23 物质损失	24 信息损失	25 时间损失	26 物质的量	27 可靠性	28 测量精度	29 制造精度	30 作用于物体的有害因素
26	物质的量	35	07,18 25	06,03 10,24	24,28 35	35,38 18,16		18,03 28,40	03,02 28	33,30	35,33 29,31
27	可靠性	21,11 26,31	10,11 35	10,35 29,39	10,28	10,30 04	21,28 40,03		32,03 11,23	11,32 01	27,35 02,40
28	测试精度	03,06 32	26,32 27	10,16 31,28		24,34 28,32	02,06 32	05,11 01,23			28,24 22,26
29	制造精度	32,02	13,23 02	35,31 10,24		32,26 28,18	32,30	11,32 01			26,28 10,36
30	作用于物体的有害因素	19,22 31,02	21,22 35,02	33,22 19,40	22,10 02	35,18 34	35,33 29,31	27,24 02,40	28,33 23,26	26,28 10,18	
31	物体产生的有害因素	02,35 18	21,35 22,02	10,01 34	10,21 29	01,22	03,24 39,01	24,02 40,39	03,33 26	04,17 34,26	
32	可制造性	27,01 12,24	19,35	15,34 33	32,24 18,16	35,28 34,04	35,23 01,24		01,35 12,18		24,02
33	操作流程的方便性	35,34 02,10	02,19 13	28,32 02,24	04,10 27,22	04,28 10,34	12,35	17,27 08,40	25,13 02,34	01,32 35,23	02,25 28,39
34	可维修性	15,10 32,02	15,01 32,19	02,35 34,27		32,01 10,25	02,28 10,25	11,10 01,16	10,02 13	25,10	35,10 02,16
35	适应性,通用性	19,01 29	18,15 01	15,10 02,13		35,28	03,35 15	35,13 08,24	35,05 01,10		35,11 32,31
36	系统的复杂性	20,19 30,34	10,35 13,02	35,10 28,29		06,29	13,03 27,10	13,35 01	02,26 10,34	26,24 32	22,19 29,40
37	控制与测量的复杂性	19,01 16,10	35,03 15,19	01,18 10,24	35,33 27,22	18,28 32,09	03,27 29,18	27,40 28,08	26,24 32,28		22,19 29,28
38	自动化程度	28,02 27	23,28	35,10 18,05	35,33	24,28 35,30	35,13	11,27 32	28,26 10,34	28,26 18,23	02,33
39	生产率	35,20 10	28,10 29,35	28,10 35,23	13,15 23		35,38	01,35 10,38	01,10 34,28	32,01 18,10	22,35 13,24

矛盾矩阵表(四)

改善的通用工程参数 \ 恶化的通用工程参数	31 物体产生的有害因素	32 可制造性	33 操作流程的方便性	34 可维修性	35 适应性通用性	36 系统的复杂性	37 控制和测量的复杂性	38 自动化程度	39 生产率
1 运动物体的重量	22,35 31,39	27,28 01,36	35,03 02,24	02,27 28,11	29,05 15,08	26,30 36,34	28,29 26,32	26,35 18,19	35,03 24,37
2 静止物体的重量	35,22 01,39	28,01 09	06,13 01,32	02,27 28,11	19,15 29	01,10 26,39	25,28 17,15	02,26 35	01,28 15,35
3 运动物体的尺寸	17,15	01,29 17	15,29 35,04	01,28 10	14,15 01,16	01,19 26,24	35,01 26,24	17,24 26,16	14,04 28,29
4 静止物体的尺寸		15,17 27	02,25	03	01,35	01,26	26		30,14 27,26
5 运动物体的面积	17,02 18,39	13,01 26,24	15,17 13,16	15,13 10,01	15,30	14,01 13	02,36 26,18	14,30 28,23	10,26 34,02
6 静止物体的面积	22,01 40	40,16	16,04	16	15,16	01,18 36	02,35 30,18	23	10,15 17,07
7 运动物体的体积	17,02 40,01	29,01 40	15,13 30,12	10	15,29	26,01	29,26 04	35,34 16,24	10,06 02,34
8 静止物体的体积	30,18 35,04	35		01		01,31	02,17 26		35,37 10,02
9 速度	02,24 32,21	35,13 08,01	32,28 13,12	34,02 28,27	15,10 26	10,28 04,34	03,34 27,16	10,18	
10 力	13,03 36,24	15,37 18,01	01,28 03,25	15,01 11	15,17 18,20	26,35 10,18	36,37 10,19	02,35	03,28 35,37
11 应力,压强	02,33 27,18	01,35 16	11	02	35	19,01 35	02,36 37	35,24	10,14 35,37
12 形状	35,01	01,32 17,28	32,15 26	02,13 01	01,15 29	16,29 01,28	15,13 39	15,01 32	17,26 34,10
13 稳定性	35,40 27,39	35,19	32,35 30	02,35 10,16	35,30 34,02	02,35 22,26	35,22 39,23	01,08 35	23,35 40,03
14 强度	15,35 22,02	11,03 10,32	32,40 28,02	27,11 03	15,03 32	02,13 28,25	27,03 15,40	15	29,35 10,14
15 运动物体的作用时间	21,39 16,22	27,01 04	12,27	29,10 27	01,35 13	10,04 29,15	19,29 39,35	06,10	35,17 14,19

续 表

改善的通用工程参数 \ 恶化的通用工程参数		31 物体产生的有害因素	32 可制造性	33 操作流程的方便性	34 可维修性	35 适应性通用性	36 系统的复杂性	37 控制和测量的复杂性	38 自动化程度	39 生产率
16	静止物体的作用时间	22	35,10	01	01	02		25,34 06,35	01	20,10 16,38
17	温度	22,35 02,24	26,27	26,27	04,10 16	02,18 27	02,17 16	03,27 35,31	26,02 19,16	15,28 35
18	照度	35,19 32,39	19,35 28,26	28,26 19	15,17 13,16	15,01 19	06,32 13	32,15	02,26 10	02,25 16
19	运动物体的能量消耗	02,35 06	28,26 30	19,35	01,15 17,28	15,17 13,16	02,29 27,28	35,38	32,02	12,28 35
20	静止物体的能量消耗	19,22 18	01,04				19,35 16,25			01,06
21	功率	02,35 18	26,10 34	26,35 10	35,02 10,34	19,17 34	20,19 30,34	19,35 16	28,02 17	28,35 34
22	能量损失	21,35 02,22		35,32 01	02,19		07,23	35,03 15,23	02	28,10 29,35
23	物质损失	10,01 34,29	15,34 33	32,28 02,24	02,35 34,27	15,10 02	35,10 28,24	35,18 10,13	35,10 18	28,35 10,23
24	信息损失	10,21 22	32	27,22				35,33	35	13,23 15
25	时间损失	35,22 18,39	35,28 34,04	04,28 10,34	32,01 10	0 35,28	06,29	18,28 32,10	24,28 35,30	
26	物质的量	03,35 40,39	29,01 35,27	35,29 10,25	02,32 10,25	15,03 29	03,23 27,10	03,27 29,18	08,35	13,29 03,27
27	可靠性	35,02 40,26		27,17 40	01,11	13,35 08,24	13,35 01	27,40 28	11,13 27	01,35 29,38
28	测试精度	03,33 39,10	06,35 25,18	01,13 17,34	01,32 13,11	13,35 02	27,35 10,34	26,24 32,28	28,02 10,34	10,34 28,32
29	制造精度	04,17 34,26		01,32 35,23	25,10		26,02 18		26,28 18,23	10,18 32,39
30	作用于物体的有害因素		24,35 02	02,25 28,39	35,10 02	35,11 22,31	22,19 29,40	22,19 29,40	33,03 34	22,35 13,24
31	物体产生的有害因素						19,01 31	02,21 27,01	02	22,35 18,39

续表

改善的通用工程参数 \ 恶化的通用工程参数	31 物体产生的有害因素	32 可制造性	33 操作流程的方便性	34 可维修性	35 适应性通用性	36 系统的复杂性	37 控制和测量的复杂性	38 自动化程度	39 生产率
32 可制造性			02,05 13,16	35,01 11,09	02,13 15	27,26 01	06,28 11,01	08,28 01	35,01 10,28
33 操作流程的方便性		02,05		12,26 01,32	15,34 01,16	32,26 12,17		01,34 12,03	15,01 28
34 可维修性		01,35 11,10	01,12 26,15		07,01 04,16	35,01 13,11		34,35 07,13	01,32 10
35 适应性,通用性	01,13 31	15,34 01,16	01,16 07,04			15,29 07,28	01	27,34 35	35,28 06,37
36 系统的复杂性	19,01	27,26 01,13	27,09 26,24	29,15 28,37	01,13		15,10 37,28	15,10 24	12,17 28
37 控制与测量的复杂性	02,21	05,28 11,29	02,05	12,26	01,15	15,10 37,28		34,21	35,18
38 自动化程度	02,33	01,26 13	01,12 34,03	01,35 13	27,04 01,35	15,24 10	34,27 25		05,12 35,26
39 生产率	35,22 18,39	35,28 02,24	01,28 07,19	01,32 10,25	01,35 28,37	12,17 28,24	35,18 27,02	05,12 35,26	

附录3 TRIZ 推荐的 100 个科学效应

阿奇舒勒和 TRIZ 理论的研究者将高难度的技术问题和所要实现的功能进行了归纳,总结出 30 个实现技术创新的常用功能,这些功能的实现又经常要用到以下 100 个科学效应和现象。在具体使用时,可通过"功能与科学效应和现象对应表(见表 8-2)"查询功能与 TRIZ 推荐的 100 个科学效应和现象(编号由 E1 到 E100)之间的对应关系,从而提高发明问题解决的效率。这 100 个 TRIZ 推荐的科学效应和现象的详细解释和说明如下。

E1. X 射线(X-Rays)

X 射线是由于原子中的电子在能量相差悬殊的两个能级之间的跃迁而产生的粒子流,是波长介于紫外线和 γ 射线 之间的电磁波。由德国物理学家 W.K. 伦琴于 1895 年发现,故又称伦琴射线。X 射线具有很高的穿透本领,能透过许多对可见光不透明的物质,如墨纸、木料等。这种肉眼看不见的射线可以使很多固体材料发生可见的荧光,使照相底片感光以及空气电离等效应。晶体的点阵结构对 X 射线可产生显著的衍射作用,X 射线衍射法已成为研究晶体结构、形状以及各种缺陷的重要手段。

波长小于 0.1Å（Å，埃：非法定长度计量单位，$1Å=10^{-10}$ m）的称超硬 X 射线，在 0.1～1Å 范围内的称硬 X 射线，1～100Å 范围内的称软 X 射线。

E2. 安培力(Ampere's force)

安培力(Ampere's force)是通电导线在磁场中受到的作用力。由法国物理学家 A. 安培首先通过实验确定。

可表述为：以电流强度为 I 的长度为 L 的直导线，置于磁感应强度为 B 的均匀外磁场中，则导线受到的安培力的大小为 $F=IBL\sin\alpha$，式中 α 为导线中的电流方向与 B 方向之间的夹角。安培力的方向由左手定则判定。

E3. 巴克豪森效应(Barkhsusen effect)

1919 年，巴克豪森发现当铁受到逐渐增强的磁场作用时，它的磁化强度不是平衡地而是以微小跳跃的方式增大的。发生跳跃时，有噪声伴随着出现。如果通过扩音器把它们放大，就会听到一连串的"咔嗒"声。这就是"巴克豪森效应"。

后来，人们认识到铁是由一系列小区域组成的，而在每个小区域内，所有的微小原子磁体都是同向排列的，巴克豪森效应才最后得到说明。每个独立的小区域都是一个很强的磁体，但由于各个磁畴的磁性彼此抵消，所以普通的铁显示不出磁性。但是当这些磁畴受到一个强磁场作用时，它们会同向排列起来，于是铁便成为磁体。在同向排列的过程中，相邻的两个磁畴彼此摩擦并发生振动，噪声就是这样产生的。只有所谓"铁磁物质"具有这种磁畴结构，也就是说，这些物质具有形成强磁体的能力，其中以铁表现得最为显著。

E4. 包辛格效应(Baoshinger effect)

1886 年，包辛格(J. Bauschinger)在金属材料的力学性能实验中发现。当将金属材料先拉伸到塑性变形阶段后卸载至零，再反向加载，即进行压缩变形时，材料的压缩屈服极限(σ_s)比原始态（即未经预先拉伸塑性变形而直接进行压缩）的屈服极限(σ_s)明显要低(指绝对值)。若先进行压缩使材料发生塑性变形，卸载至零后再拉伸时，材料的拉伸屈服极限同样是降低的。

包辛格效应在理论和实际上都有其重要意义。在理论上由于它是金属变形时长程内应力的度量（长程内应力的大小可用 X 光方法测量），包辛格效应可用来研究材料加工硬化的机制。在工程应用上，首先是材料加工成型需要考虑包辛格效应。包辛格效应大的材料，内应力较大。

包辛格效应分直接包辛格效应及包辛格逆效应。直接包辛格效应指拉伸后钢材纵向压缩屈服强度小于纵向拉伸屈服强度；包辛格逆效应在相反的方向产生相反的结果。

E5. 爆炸效应(explosion)

爆炸指一个化学反应能不断地自我加速而在瞬间完成，并伴随有光的发射，系统温度瞬时达极大值和气体的压力急骤变化，以致形成冲击波等现象。爆炸可通过化学反应、放电、激光束效应、核反应等方法获得。

爆炸力学是流体力学、固体力学和物理学、化学之间的一门交叉学科,在武器研制、交通运输和水利建设、矿藏开发、机械加工、安全生产等方面有广泛的应用。

E6. 标记物(markers)

在材料中引入标记物,可以简化混合物中包含成分的辨别工作,而且使有标记物的运动和过程的追踪更加容易。可当作标记物的物质类型有铁磁物质、普通的和发光的油漆、有强烈气味的物质等。

E7. 表面(surface)

表面是指物体表层一个或数个原子层的区域。由于表面粒子(分子或原子)没有邻居粒子,使其物理性和化学性与物体内部明显不同。表面状态确定了物体的大量特性和与其他物体交互作用时所呈现的本性。

E8. 表面粗糙度(surface roughness)

表面粗糙度是指加工表面具有的较小间距和微小峰谷的不平度。零件表面无论加工得多么光滑,在放大镜或显微镜下进行观察,总会看到高低不平的状况,高起的部分称为峰,低凹的部分称为谷。加工表面上具有的较小间距峰谷所组成的微观几何形状特性称为"表面粗糙度",又称表面光洁度。

表面粗糙度反映零件表面的光滑程度。零件各个表面的作用不同,所需的光滑程度也不一样。表面粗糙度是衡量零件质量的标准之一,对零件的配合、耐磨程度、抗疲劳强度、抗腐蚀性等及外观都有影响。最常用的表面粗糙度参数是"轮廓算术平均偏差"(记作 Ra)。

E9. 波的干涉(wave interference)

波的干涉是一种物理学现象。频率相同的两列波叠加,使某些区域的振动加强,某些区域的振动减弱,而且振动加强的区域和振动减弱的区域相互隔开,这种现象叫做波的干涉。波的干涉所形成的图样叫做干涉图样。产生干涉的一个必要条件是,两列波(源)的频率以及振动方向必须相同并且有固定的相位差。

E10. 伯努利定律(Bernoulli's law)

丹尼尔·伯努利在 1726 年提出了"伯努利定律"。这是在流体力学的连续介质理论方程建立之前,水力学所采用的基本原理,其实质是流体的机械能守恒。即动能+重力势能+压力势能=常数,其最为著名的推论是,等高流动时,流速大,压力就小。

伯努利原理往往被表述为 $p+1/2\rho v^2+\rho gh=C$,这个式子被称为伯努利方程。式中,p 为流体中某点的压强,v 为流体该点的流速,ρ 为流体密度,g 为重力加速度,h 为该点所在高度,C 是一个常量。

由于伯努利方程是由机械能守恒推导出的,所以它仅适用于黏度可以忽略、不可被压缩的理想流体。

E11. 超导热开关(superconducting heat switch)

超导热开关是一个用于低温(接近 0K)下的装置,用于断开被冷却物体和冷源之间的连接。当工作温度远低于临界温度的时候,此装置充分发挥了超导体从常态到超导状态的转化过程中热导电率显著减少的特性(高达 10 000 倍)。

热开关由一条连接样本和冷却器的细导线或钽丝组成(参见居里效应)。当电流通过缠绕线螺线管时会产生磁场,使超导性停止,让热流通过导线,就相当于开关处于"打开";当移开磁场的时候,超导性就得到恢复,电线的热阻快速增加,换句话说,相当于开关处于"关闭"。

E12. 超导性(conductivity)

1911 年,荷兰莱顿大学的 H·卡茂林·昂内斯意外地发现,将汞冷却到 −268.98℃ (4.2K)时,汞的电阻突然消失。后来他又发现许多金属和合金都具有与上述汞相类似的低温下失去电阻的特性,由于它的特殊导电性能,H·卡茂林·昂内斯称之为超导态。以后又发现许多其他金属也具有超导电性。

具有超导性的物体叫做"超导体"。超导体的直流电阻率在一定的低温下突然消失,被称为零电阻效应。导体没有了电阻,电流流经超导体时就不发生热损耗,电流可以毫无阻力地在导线中形成强大的电流,从而产生超强磁场。

1933 年,荷兰的迈斯纳和奥森菲尔德共同发现了超导体的另一个极为重要的性质——当金属处在超导状态时,超导体内的磁感应强度为零,却把原来存在于体内的磁场排挤出去。对单晶锡球进行实验发现,锡球过渡到超导态时,锡球周围的磁场突然发生变化,磁力线似乎一下子被排斥到超导体之外去了,人们将这种现象称之为"迈斯纳效应"。迈斯纳效应有着重要的意义,它可以用来判别物质是否具有超导性。

E13. 磁场(magnetic field)

磁场是一种看不见、摸不着的特殊物质,磁场不是由原子或分子组成的,但磁场是客观存在的。在永磁体或电流周围所发生的力场,即凡是磁力所能达到的空间,或磁力作用的范围,叫做磁场。与任何力场一样,磁场是能量的一种形式,它将一个物体的作用传递给另一个物体。磁场的存在表现在它的各个不同的作用中,最容易观察的是对场内所放置磁针的作用,力作用于磁针,使该针向一定方向旋转。磁场的另一个作用便是对运动中的电荷所产生的力,此力始终与电荷的运动方向相垂直,与电荷的电量成正比。

磁场强度:表示磁场强弱和方向的矢量。由于磁场是电流或运动电荷引起的,而磁介质在磁场中发生的磁化对磁场也有影响。

磁力线:描述磁场分布情况的曲线。这些曲线上各点的切线方向,就是该点的磁场方向。曲线越密的地方表示磁场强,曲线稀的地方表示磁场弱。磁力线永远是闭合的曲线,永磁体的磁力线可以认为是由 N 极开始,终止于 S 极。

E14. 磁弹性(magnetoelastic effect)

磁致弹性效应(简称磁弹效应)是铁磁性材料在机械应力(应变)的作用下,材料磁性随着改变的现象。磁弹效应与磁致伸缩效应相反,因此也被称为逆磁致伸缩效应(Inverse Magnetostriction Effect),有时也称压磁效应。又由于该效应是 Villari 于 1865 年发现的,因此也称为 Villari 效应。

E15. 磁力(magnetic force)

磁力是指磁场对电流、运动电荷和磁体的作用力。电流在磁场中所受的力由安培定律确定。运动电荷在磁场中所受的力就是洛仑兹力。但实际上磁体的磁性由分子电流所引起,所以磁极所受的磁力归根结底仍然是磁场对电流的作用力。这是磁力作用的本质。

E16. 磁性材料(magnetic materials)

通常所说的磁性材料是指强磁性物质,是古老而用途十分广泛的功能材料,而物质的磁性早在 3 000 年以前就被人们所认识和应用,例如,中国古代用天然磁铁作为指南针。现代磁性材料已经广泛地用在我们的生活之中,例如将永磁材料用作马达,应用于变压器中的铁心材料,作为存储器使用的磁光盘,计算机用磁记录软盘等。

通常认为,磁性材料是指由过渡元素铁、钴、镍及其合金等能够直接或间接产生磁性的物质。磁性材料按磁化后去磁的难易可分为软磁性材料和硬磁性材料。磁化后容易去掉磁性的物质叫软磁性材料,不容易去磁的物质叫硬磁性材料。软磁性材料的剩磁弱,而且容易去磁。适用于需要反复磁化的场合,可以用来制造半导体收音机的天线磁棒、录音机的磁头、电子计算机中的记忆元件,以及变压器、交流发电机、电磁铁和各种高频元件的铁芯等。常见的金属软磁性材料有软铁、硅钢、镍铁合金等常见的软磁铁氧体有锰锌铁氧体、镍锌铁氧体等。硬磁性材料的剩磁强,而且不易退磁,适合制成永磁体,应用在磁电式仪表、扬声器、话筒、永磁电机等电器设备中。常见的金属硬磁性材料有碳钢、钨钢、铝镍钴合金等,常见的硬磁铁氧体为钡铁氧体和锶铁氧体。

E17. 磁性液体(magnetic liquid)

磁性液体又称磁流体或磁液,是一种新型的功能材料,它既具有液体的流动性又具有固体磁性材料的磁性。是由直径为纳米量级(10 nm 以下)的磁性固体颗粒、基载液(也叫媒体)以及界面活性剂三者混合而成的一种稳定的胶状液体。该流体在静态时无磁性吸引力,当外加磁场作用时,才表现出磁性,正因如此,它才在实际中有着广泛的应用,在理论上具有很高的学术价值。用纳米金属及合金粉末生产的磁流体性能优异,可广泛应用于各种苛刻条件的磁性流体密封、减震、医疗器械、声音调节、光显示、磁流体选矿等领域。

E18. 单相系统分离(separation of monophase systems)

单相系统的分离是建立在化合物中各成分的不同物理-化学特性的基础上的,比如尺寸、电荷、分子活性、挥发性等。

分离通常通过过热作用（蒸馏、精馏、升华、结晶、区域熔化）来获得，也可通过电场作用（电渗和电泳）来获得，或通过与物质一起的多相系统的生成来促进分离，比如熔剂、吸附剂和其他分离法（抽出、分割、色谱法、使用半透膜和分子筛的分离法）。

单相系统主要指的是真溶液和高分子溶液。其中真溶液的特征为，很稳定，扩散快，能通过滤纸和半透膜，对光的散射极弱；其中高分子溶液，很稳定，扩散慢，能通过滤纸，不能通过半透膜，光散射弱，黏度大。

E19. 弹性波（elastic waves）

应力波是应力和应变扰动的传播形式，弹性波是应力波的一种，即扰动或外力作用引起的应力和应变在弹性介质中传递的形式。弹性介质中质点间存在着相互作用的弹性力。某一质点因受到扰动或外力的作用而离开平衡位置后，弹性恢复力使该质点发生振动，从而引起周围质点的位移和振动，于是振动就在弹性介质中传播，并伴随有能量的传递。在振动所到之处应力和应变就会发生变化。弹性波理论已经比较成熟，广泛应用于地震、地质勘探、采矿、材料的无损探伤、工程结构的抗震抗爆、岩土动力学等方面。

E20. 弹性形变（elastic deformation）

固体受外力作用而使各点间相对位置发生改变，当外力撤销后，固体又恢复原状称之为"弹性形变"。若撤去外力后，不能恢复原状，则称为"塑性形变"。因物体受力情况不同，在弹性限度内，弹性形变有4种基本类型：即拉伸和压缩形变；切变；弯曲形变和扭转形变。弹性形变是指外力去除后能够完全恢复的那部分变形，可从原子间结合的角度来了解它的物理本质。

E21. 低摩阻（low friction）

研究者发现，在高度真空状态及暴露在高能量粒子发射下，摩擦力会下降甚至趋近于零。当关掉发射时，摩擦力会逐渐增加。当发射再一次被打开的时候，摩擦力又消失了。这个现象一直困扰着科学家们，直至找到了一种解释才结束。

这个解释是，放射能量引起了固体表面的分子更自由的运动，从而减少了摩擦力。此解释引起了另一个既不需要放射也不需要真空而减少摩擦力的方案，这就是研究如何改变物体表面的成分以减少摩擦力。

E22. 电场（electric field）

电场是电荷及变化磁场周围空间里存在的一种特殊物质。电场这种物质与通常的实物不同，它不是由分子原子所组成，但它是客观存在的，电场具有通常物质所具有的力和能量等客观属性。电场的力的性质表现为：电场对放入其中的电荷有作用力，这种力称为电场力。电场的能的性质表现为：当电荷在电场中移动时，电场力对电荷做功（这说明电场具有能量）。

观察者相当于电荷静止时所观察到的场称为静电场。如果电荷相当于观察者运动时，则除静电场外，同时还有磁场出现。除了电荷可以引起电场外，变化的磁场也可以引起电场，前者为静电场,后者叫做涡旋场或感应电场。变化的磁场引起电场,所以运动电荷或电流之间的作用要通过电磁场来传递。

E23. 电磁场(electromagnetic field)

电磁场是有内在联系、相互依存的电场和磁场的统一体的总称。随时间变化的电场产生磁场,随时间变化的磁场产生电场,两者互为因果,形成电磁场。电磁场可由变速运动的带电粒子引起,也可由强弱变化的电流引起,不论原因如何,电磁场总是以光速向四周传播,形成电磁波。电磁场是电磁作用的媒介,具有能量和动量,是物质的一种存在形式。电磁场的性质、特征及其运动变化规律由麦克斯韦方程组确定。

时变电磁场与静态的电场和磁场有显著的差别,出现一些由于时变而产生的效应。这些效应有重要的应用,并推动了电工技术的发展。

E24. 电磁感应(electromagnetic induction)

1831年,一位叫迈克尔·法拉第的科学家发现了磁与电之间的相互联系和转化关系。只要穿过闭合电路的磁通量发生变化,闭合电路中就会产生感应电流。这种利用磁场产生电流的现象称为电磁感应,产生的电流叫做感应电流。

电磁感应现象的发现,是电磁学领域中最伟大的成就之一。它不仅揭示了电与磁之间的内在联系,而且为电与磁之间的相互转化奠定了实验基础,为人类获取巨大而廉价的电能开辟了道路,在实用上有重大意义。电磁感应现象的发现,标志着一场重大的工业和技术革命的到来。事实证明,电磁感应在电工、电子技术、电气化、自动化方面的广泛应用对推动社会生产力和科学技术的发展发挥了重要的作用。

E25. 电弧(electric arc)

电弧是一种气体放电现象,电流通过某些绝缘介质(例如空气)所产生的瞬间火花。触头金属表面因一次电子发射(热离子发射、场致发射或光电发射)导致电子逸出,间隙中气体原子或分子会因电离(碰撞电离、光电离和热电离)而产生电子和离子。另外,电子或离子轰击发射表面又会引起二次电子发射。当间隙中离子浓度足够大时,间隙被电击穿而发生电弧。

电弧可作为强光源如弧光灯,紫外线源如太阳灯或强热源如电弧炉。电弧具有热效应。

E26. 电介质(dielectric)

不导电的物质称为"电介质",又叫"绝缘体"。组成电介质的原子或分子中的正负电荷束缚得很紧,在一般条件下不能相互分离,因此在电介质内部能作自由运动的电荷(电子)极少,电导率均在 $10 \sim 8$ S/m 以下。

电介质的种类很多,固体的如塑料、橡胶、玻璃、陶瓷等;液体的如各种天然矿物油、硅油、三氯联苯等;气体的如空气、二氧化碳、六氟化硫等。

电介质在某些外界条件,如加热、加高压等影响下,会被"击穿",而转化为导体。在未被击穿之前,电介质也不是绝对不导电的物体。如果在绝缘材料两端加电压,材料中将会出现微弱的电流。

E27. 古登-波尔和 Dashen 效应（Gudden-Pohl and Dashen effects）

实验证实，一个恒定的或交流的强电场，会影响到在紫外线激发下的发光物质（磷光体）的特性，这一种现象也可在随着紫外线移开后的一段衰减期中观察。

用电场预激发晶体磷而生成闪光正是古登-波尔效应的结果，也可在使用电场从金属电极进行磷光体的分解中观察到这种现象。

E28. 电离（ionization）

一种是由带正电的原子核及其周围带负电的电子所组成。由于原子核的正电荷数与电子的负电荷数相等，所以原子是中性的。原子最外层的电子称为价电子。所谓电离，就是原子受到外界的作用，如被加速的电子或离子与原子碰撞时使原子中的外层电子特别是价电子摆脱原子核的束缚而脱离，原子成为带一个（或几个）正电荷的离子，这就是正离子。如果在碰撞中原子得到了电子，就成为离子。

E29. 电水压震扰（electrohy draulic shock）

电水压震扰，或电液压冲压是指高压放电下液体的压力产生急剧升高的现象。

E30. 电泳现象（phoresis）

1809 年，俄国物理学家 Рейсе 首次发现电泳现象。他在湿黏土中插上带玻璃管的正负两个电极，加电压后，发现正极玻璃管中原有的水层变浑浊，即带负电荷的黏土颗粒向正极移动，这就是电泳现象。

影响电泳迁移的因素包括带电粒子的大小、形状；粒子表面电荷的数目；介质中电解质的种类、离子强度、pH 值和黏度；电泳的温度和外加电压等。

E31. 电晕放电（corona discharge）

带电体表面在气体或液体介质中局部放电的现象，常发生在不均匀电场中电场强度很高的区域内（例如高压导线的周围，带电体的尖端附近）。其特点为，出现与日晕相似的光层，发出嘶嘶的声音，产生臭氧、氧化氮等。电晕引起电能的损耗，并对通信和广播发生干扰。

电晕放电在工程技术领域中有多种影响。电力系统中的高压及超高压输电线路导线上发生电晕，会引起电晕功率损失、无线电干扰、电视干扰以及噪声干扰。进行线路设计时，应选择足够的导线截面积，或采用分裂导线降低导线表面电场的方式，以避免发生电晕。对于高低压电气设备，发生电晕放电会逐渐破坏设备绝缘性能。电晕放电的空间电荷在一定条件下又有提高间隙击穿强度的作用。当线路出现雷电或操作过电压时，因电晕损失而能削弱过电压幅值。利用电晕放电可以进行静电除尘、污水处理、空气净化等。地面上的树木等尖端物体在大地电场作用下的电晕放电是参与大气电平衡的重要环节。海洋表面溅射水滴上出现的电晕放电可促进海洋中有机物的生成，还可能是地球远古大气中生物前合成氨基酸的有效放电形式之一。针对不同应用目的的研究,电晕放电是具有重要意义的技术课题。

E32. 电子力(electrical)

按照电场强度的定义,电场中任一点的场强(E)等于单位正电荷在该点所受的电场力。那么,点电荷(q)在电场中某点所受的电场力(F)$=Qe$。电场力(F)的大小为$F=|q|E$,方向取决于电荷的正、负。不难判断,正电荷($q>0$)所受的电场力,其方向与场强方向一致;负电荷($q<$)所受的电场力,其方向与场强方向相反。

磁场对运动电荷的作用力、运动电荷在磁场中所受的洛仑兹力都属于电子力。

E33. 电阻(electrical resistance)

电阻是描述导体制约电流性能的物理量。根据欧姆定律,导体两端的电压(U)和通过导体的电流强度(I)成正比。由U和I的比值定义的$R=U/I$称为导体的电阻,其单位为欧姆(Ω)。电阻的倒数$G=I/U$称为电导,单位是西门子(S)。

电阻率是表征物质导电性能的物理量,也称"体积电阻率"。电阻率越小导电本领越强。用某种材料制成的长 1 cm、横截面积为 1 cm^2 的导体电阻,在数值上等于这种材料的电阻率。也有取长 1 m、横截面积 1 mm^2 的导电体在一定温度下的电阻定义电阻率的。

电阻器是电路中用于限制电流、消耗能量和产生热量的电器元件。

E34. 对流(convection)

流体(液体和气体)热传递的主要方式。热对流指的是液体或气体由于本身的宏观运动而使较热部分和较冷部分之间通过循环流动的方式相互掺和,以达到温度趋于均匀的过程。

对流可分自然对流和强迫对流 2 种。自然对流是由于流体温度不均匀引起流体内部密度或压强变化而形成的自然流动。例如,气压的变化,空气的流动,风的形成,地面空气受热上升,上下层空气产生循环对流等。而强制对流是因外力作用或与高温物体接触,受迫而流动的,叫强制对流。例如,由于人工的搅拌,或机械力的作用(如鼓风机、水泵等)完全受外界因素的促使而形成的对流。

E35. 多相系统分离(separation of polyphase systems)

多相系统的分离是以混合成分的聚合状态的不同为基础的,最常使用连续相的聚合状态来进行判定。

成分间具有不同分散的多相固态系统通过沉积作用或筛分分离法来进行分解,具有连续液体或气体相位的系统通过沉积作用、过滤或离心分离机来进行分离。通过烘干将固态相中的易沸液体进行排除。

E36. 二级相变(phase transition)

在发生相变时,体积不变化的情况下,也不伴随热量的吸收和释放,只是热容量、热膨胀系数和等温压缩系统等的物理量发生变化,这一类变化称为二级相变。正常液态氦(氦I)与超流氦(氦)之间的转变,正常导体与超导体之间的转变,顺磁体与铁磁体之间的转变,合金的有序与无序态之间的转变等都是典型的二级相变的例子。

E37. 发光(luminescence)

发光(冷发光)是冷辐射体的一种形式,光的产生通常发生在低的温度下。可以通过化学反应、电能、亚原子交换或晶体上的应力引起。区别于由高温引起的白热发光。

E38. 发光体(luminophores)

物理学上指发出一定波长范围的电磁波(包括可见光与紫外线、红外线和X光线等不可见光)的物体,通常指能发出可见光的发光体。凡物体自身能发光者,称为光源,又称发光体,如太阳、灯以及燃烧着的物质等都是。但像月亮表面、桌子等依靠它们反射外来光才能使人们看到它们,这样的反射物体不能称为光源。在日常生活中,离不开可见光的光源,可见光以及不可见光的光源还被广泛应用到工农业、医学和国防现代化等方面。

发光体依据其机理的不同,可分为三类——热辐射、原子跃迁、辐射发光。

第1种是热效应产生的光,太阳光就是很好的例子,此外蜡烛等物品也都一样,此类光随着温度的变化会改变颜色。

第2种是原子发光,荧光灯灯管内壁涂抹的荧光物质被电磁波能量激发而产生光,此霓虹灯的原理也一样。原子发光具有独自的基本色彩,所以,进行彩色拍摄时,需要进行相应的补正。

第3种是辐射发光,同时携带有强大的能量,原子炉发的光就是这种,但是我们在日常生活中几乎没有接触到这种光的机会,所以记住前两种就足够了。

E39. 反射聚焦(radiation focusing)

聚焦波阵面成为球形或圆筒形的形状。

光学聚焦(焦点),理想光学系统主光轴上的一对特殊共轭点。主光轴上的无穷远像点共轭的点称为物方焦点(或第1焦点),记作F;主光轴上与无穷远物点共轭的点称为像方焦点(或第2焦点),记作F'。根据上述定义,中心在物方焦点的同心光束经光学系统后成为与主光轴平行的平行光束;沿主光轴入射的平行光束经光学系统后成为中心在像方焦点的同心光束。凸透镜有实焦点,凹透镜有虚焦点。

E40. 法拉第效应(Faraday effect)

法拉第效应(又叫法拉第旋转,磁致旋光)是一种磁光效应(magneto-optic effect),是在介质内光波与磁场的一种相互作用。法拉第效应会造成偏振平面的旋转,这旋转与磁场朝着光波传播方向的分量呈线性正比关系。

1845年,法拉第发现,当一束平面偏振光通过置于磁场中的磁光介质时,平面偏振光的偏振面就会随着平行于光线方向的磁场发生旋转。旋转的这个角度称为法拉第旋转角。

对这一现象的最简单、最直观的解释是,介质就像微小的偏振片,而磁场是电磁以太的转动,电磁以太的转动又带动微小的偏振片的转动,磁场强度越大,偏振能力也越大。由于偏振片转动了一个角度,所以偏振光也转动了一个相同的角度。显然,偏振光转动的角度与磁场强度和光通过介质距离成正比。

E41. 反射(reflection)

波由一种媒质达到与另一种媒质的分界面时,返回原媒质的现象,叫做波的反射。例如声波遇障碍物时的反射,它遵从反射定律。在同类媒质中,由于媒质不均匀亦会使波返回到原来密度的介质中,即产生反射。

光遇到物体或遇到不同介质的交界面(如从空气射入水中)时,光的一部分或全部被表面反射回去,这种现象叫做光的反射。由于反射面的平坦程度,有单向反射及漫反射之分。人能够看到物体正是由于物体能把光"反射"到人的眼睛里,没有光照明物体,人也就无法但到它。

光的反射定律是在光的反射过程中所遵守的规律:①入射光线、反射光线遇法线(即通过入射点且垂直于入射面的线)同在一平面内,且入射的光线和反射光线在法线的两侧;②反射角等于入射角(其中反射角是法线与放射线的夹角,入射角是入射线与法线的夹角)。在同一条件下,如果光沿原来的反射线的逆方向射到界面上,这时的反射线一定沿原来的入射线的反方向射出,这一点称之为"光的可逆性"。

反射率又称"反射本领",是反射光强度与入射强度的比值。不同材料的表面具有不同的反射率,其数值多以百分数表示。同一材料对不同波长的光可有不同的反射率,这个现象称为"选择反射"。所以,凡列举一材料的反射率均应注明其波长。例如玻璃对可见光的反射率约为4%,锗对波长为4微米红外光的反射率为36%,铝从紫外光到红外光的反射率均可达90%左右,金的选择性很强,在绿光附加的反射率为50%,面对红外光的反射率可达96%以上。此外,反射率还与反射材料周围的介质及光的入射角有关。上面谈及的均是指光在个材料与空气分界面上的反射率,并限于正入射的情况。

E42. 放电(discharge)

气体放电的现象又称气体导电。气体通常由中性分子或原子组成,是良好的绝缘体,并不导电。气体的导电性取决于其中电子、离子的产生及其在电场中的运动。加热、照射(紫外线、X射线、放射性射线)等都能使气体电离,这些因素统称电离剂。在气体电离的同时,还有正负离子相遇复合为中性分子以及正负离子被外电场驱赶到达电极与电极上异号电荷中和的过程。这3个过程中,电离、复合二者与外电场无关,后者则与外电场有关。随着外电场的增强,离子定向速度加大,复合逐渐减少以致不起作用,因电离产生的全部离子都被驱赶到电极上,于是电流达到饱和。饱和电流的大小取决于电离剂的强度。一旦撤除电离剂,气体中离子很快消失,电流中止。这种完全靠电离剂维持的气体导电称为被激导电或非自持导电。

当电压增加到某一数值后,气体中电流急剧增加,即使撤去电离剂,导电仍能维持。这种情形称为气体自持导电或自激放电。气体由被激导电过渡到自持导电的过程,通常称为气体被击穿或点燃,相应的电压叫做击穿电压。撤去电离剂后,仍有许多带电粒子参与导电。首先,正负离子特别是电子在电场中已获得相当动能,它们与中性分子碰撞使之电离,这种过程连锁式地发展下去,形成簇射,产生大量带电粒子。其次,获得较大动能的正离子轰击阴极产生二次电子发射。此外,当气体中电流密度很大时,阴极会因温度升高产生热电子发射。

气体自持放电的特征与气体的种类、压强、电极的材料、形状、温度、间距等诸因素有关,而且往往有发声、发光等现象伴随发生。自持放电因条件不同,而采取不同的形式。如辉光放电、弧光放电、火花放电、电晕放电。

E43. 放射现象(radioactivity)

1896 年,法国物理学家贝克勒耳发现铀及含铀矿物发出某种看不见的射线,它可穿透黑纸使照相底片感光。在贝克勒耳工作的启发下,居里夫妇发现放射性更强的元素镭和钋。1903 年,居里夫妇和贝克勒耳同获诺贝尔奖。

放射性:物体向外发射某种看不见的射线的性质叫放射性。

放射性元素:具有放射性的元素。原子序数为 82 的铅后的许多元素都具有放射性,少数位于铅之前的元素也具有放射性。

α 射线:是速度约为光速 1/10D 氦核流,其电离本领大,穿透力小。

β 射线:是速度接近光速的高速电子流,其电离本领较小,穿透力较大。

γ 射线:是波长极短的光子流,其电离作用小,具有极强的穿透能力。

α,β,γ 射线带来了核内信息,揭示了原子核内部还应有更基本的结构。

天然存在的放射性同位素能自发放出射线的特性,称为"天然放射性"。而通过核反应,由人工制造的放射性,称为"人工放射性"。

E44. 浮力(buoyancy)

漂浮于流体表面或浸没于流体之中的物体,受到各方向流体静压力的向上合力,其大小等于被物体排开流体的重力。

浸在液体(或气体)里的物体受到向上的浮力,浮力的大小等于物体排开的液体(或气体)的重力,这就是著名的"阿基米德定律"。该定律是公元前 200 年前阿基米德所发现的,又称阿基米德原理。

气体的浮力:气体和液体一样,对浸在其中的物体也具有浮力的作用。实验证明,阿基米德原理对气体同样适用,即浸在气体里的物体受到垂直向上的浮力,浮力的大小等于被物体排开的气体受到的重力的大小。

E45. 感光材料(photosensitive material)

感光材料是指一种具有光敏特性的半导体材料,因此又称之为光导材料或是光敏半导体。它的特点就是在无光的状态下呈绝缘性,在有光的状态下呈导电性。复印机的工作原理正是利用了这种特性。

E46. 耿氏效应(Gunn effect)

耿氏效应是 1963 年,由耿氏(J. B. Gunn)发现的一种效应。当高于临界值的恒定直流电压加到一小块 N 型砷化镓相对面的接触电极上时,便产生微波振荡。在 N 型砷化镓薄片的二端制作良好的欧姆接触电极,并加上直流电压使产生的电场超过 3kV/cm 时,由于砷化镓的特殊性质就会产生电流振荡,其频率可达 10^9 Hz,这就是耿氏二极管。这种在半导体本体内产生高频电流的现象称为耿氏效应。

E47. 共振(resonsnce)

在物体做受迫振动的过程中,当驱动力的频率与物体的固有频率接近或相等时,物体的振幅增大的现象叫做共振。

在许多情况下要利用共振现象,例如,收音机的调谐就是利用共振来接受某一频率的电台广播,又如弦乐器的琴身和琴筒,就是用来增强声音的共鸣器。但在不少情况下要防止共振的发生,例如,机器在运转中可能会因共振而降低精度。20 世纪中叶,法国昂热市附近一座长 102 m 的桥,因一队士兵在桥上齐步走的步伐周期与桥的固有周期相近,引起桥梁共振,振幅超过桥身的安全限度,而造成桥塌人亡事故,死亡 226 人。

处于恒定磁场中的电子自旋磁矩在射频电磁场的作用下,发生磁能级间的共振跃迁,这种现象称为电子自旋磁矩共振效应。

电子自旋共振效应在物理、化学医学、生物学等多学科领域里有着极其广泛的实际应用。目前电子自旋共振效应对于顺磁性物质的研究已经取得成功。电子自旋共振效应对于半导体中的杂质和缺陷。离子晶体的结构、半导体中电子交换速度、导电电子的性质以及过渡族元素的离子的发现等一系列的研究工作具有很重要的指导意义,此外,利用电子自旋共振效应可以解释许多元素的光谱的精细结构,从而进一步推动了光谱学的发展。

原子核在一个恒定磁场和一个旋转磁场的作用下,当旋转磁场的圆频率与拉莫旋进频率相等时,会引起原子核的磁量子态发生跃迁,这种现象称为核磁共振效应。

核磁共振效应广泛地应用在科学技术的各个领域里。目前核磁共振效应已成功地制成各种测试设备,成为进行物理、化学及其他科学研究的标准实验方法之一。核磁共振技术是直接测定原子核磁矩和研究结构的方法,通过对固体或液体样品核磁共振谱线的研究,可以深入了解物质的结构,从而为新材料的研究提供依据。

E48. 固体的(场致、电致)发光(electroluminescence of solids)

固体吸收外界能量后部分能量以发光形式发射出来的现象。外界能量可来源于电磁波(可见光、紫外线、X 射线和 γ 射线等)或带电粒子束,也可来自电场、机械作用或化学反应。当外界激发源的作用停止后,固体发光仍能维持一段时间,称为余晖。历史上曾根据持续时间的长短把固体发光区分为荧光和磷光两种,发光持续时间小于 10^{-8} s 的称荧光,大于 10^{-8} s 的称磷光,相应的发光体分别称为荧光体和磷光体。

固体发光的种类根据激发方式的不同分为如下几种:

光致发光:发光材料在可见光、紫外线或 X 射线照射下产生的发光。发光波长比所吸收的光波波长要长。这种发光材料常用来使看不见的紫外线或 X 射线转变为可见光,例如日光灯管内壁的荧光物质把紫外线转换为可见光,对 X 射线或 γ 射线也常借助于荧光物质进行探测。另一种具有电子陷阱(由杂质或缺陷形成的类似亚稳态的能级,位于禁带上方)的发光材料在被激发后,只有在受热或红外线照射下才能发光,可利用来制造红外探测器。

场致发光:又称电致发光,是利用直流或交流电场能量来激发发光。场致发光实际上包括几种不同类型的电子过程,一种是物质中的电子从外电场吸收能量,与晶体相碰时使晶格离化,产生电子-空穴对,复合时产生辐射;也可以是外电场使发光中心激发,回到基态时发光,这种发光称为本征场致发光。还有一种类型是在半导体的PN结上加正向电压,P区中的空穴和N区中的电子分别向对方区域注入后成为少数载流子,复合时产生光辐射,此称为载流子注入发光,亦称结型场致发光。用电磁辐射调制场致发光称为光控场致发光。把ZnS,Mn,Cl等发光材料制成薄膜,加直流或交流电场,再用紫外线或X射线照射时可产生显著的光放大。利用场致发光现象可提供特殊照明,制造发光管,用来实现光放大和储存影像等。

E49. 惯性力(inertial force)

牛顿运动定律只适用于惯性系。在非惯性系中为使牛顿运动定律仍然有效,常引入一个假想的力,用以解释物体在非惯性系中的运动。这个由于物体的惯性而引入的假想力称为"惯性力"。它是物体的惯性在非惯性系中的一种表现,并不反映物体之间的相互作用。它也不服从牛顿第三定律,于是惯性力没有施力物,也没有反作用力。例如,前进的汽车突然刹车时,车内乘客就感觉到自己受到一个向前的力,使自己向前倾倒,这个力就是惯性力。又如,汽车在转弯时,乘客也会感到有一个使他离开弯道中心的力,这个力即称为"惯性离心力"。

E50. 光谱(radiation spectrum)

复色光经过色散系统(如棱镜、光栅)分光后,被色散开的单色光按波长(或频率)大小而依次排列的图案。例如,太阳光经过三棱镜后形成红、橙、黄、绿、蓝、靛、紫次序连续分布的彩色光谱。红色到紫色,相应于波长由7 700~3 900Å 的区域,是人眼能感觉的可见部分。红端之外为波长更长的红外光,紫端之外则为波长更短的紫外光,都不能为肉眼所觉察,但能用仪器记录。因此,按波长区域不同,光谱可分为红外光谱、可见光谱和紫外光谱;按产生的本质不同,可分为原子光谱、分子光谱;按产生的方式不同,可分为发射光谱、吸收光谱和散射光谱;按光谱表现形态不同,可分为线光谱、带光谱和连续光谱。光谱的研究已成为一门专门的学科,即光谱学。光谱学是研究原子和分子结构的重要学科。

E51. 光生伏特效应(photovoltaic effect)

1839年,法国物理学家A. E. 贝克勒耳意外地发现,用2片金属浸入溶液构成的伏打电池,受到阳光照射时会产生额外的伏打电势,他把这种现象称为光生伏特效应。1883年,有人在半导体硒和金属接触处发现了固体光伏效应。后来,就把能够产生光生伏打效应的器件称为光伏器件。

光生伏特效应是指半导体在受到光照射时产生电动势的现象。光生伏特效应可制作光电池、光敏二极管、光敏三极管和半导体位置敏感器件传感器;侧向光生伏特效应(殿巴效应)可制作半导体位置敏感器件(反转光敏二极管)传感器;PN结光生伏特效应可制作光电池、光敏二极管和光敏三极管传感器。

E52. 混合物分离(separation of mixtures)

混合物是由两种或多种物质(元素或化合物)没有经化学反应而组成的。将混合物中的物质分开的过程称为分离。常见分离混合物的方法如下：

(1)倾析：从液体中分离密度较大且不溶的固体，如分离沙和水。

(2)过滤：从液体中分离不溶的固体，如净化食用水。

(3)溶解和过滤：分离两种固体，一种能溶于某溶剂，另一种则不溶，如分离盐和沙。

(4)离心分离法：从液体中分离不溶的固体，如分离泥和水。

(5)结晶法：从溶液中分离已溶解的溶质，如从海水中提取食盐。

(6)分液：分离两种不互溶的液体，如分离油和水。

(7)萃取：加入适当溶剂把混合物中某成分溶解及分离，如用庚烷提取水溶液中的碘。

(8)蒸馏：从溶液中分离溶剂和非挥发性溶质，如从海水中取得纯水。

(9)分馏：分离两种互溶而沸点差别较大的液体，从液态空气中分离氧和氮，如石油的精炼。

(10)升华：分离两种固体，其中只有一种可以升华，如分离碘和沙。

(11)吸附：除去混合物中的气态或固态杂质，如用活性炭除去黄糖中的有色杂质。

(12)色层分析法：分离溶液中的溶质，如分离黑色墨水中不同颜色的物质。

E53. 火花放电(spark discharge)

当高压电源的功率不太大时，高电压电极间的气体被击穿，出现闪光和爆裂声的气体放电现象。在通常气压下，当在曲率不太大的冷电极间加高电压时，若电源供给的功率不太大，就会出现火花放电。当产生火花放电时，碰撞电离并不发生在电极间的整个区域内，只是沿着狭窄曲折的发光通道进行，并伴随爆裂声。由于气体击穿后突然由绝缘体变为良导体，电流猛增，而电源功率不够，因此电压下降，放电暂时熄灭，待电压恢复再次放电。所以，火花放电具有间隙性。雷电就是自然界中大规模的火花放电。火花放电可用于金属加工，钻细孔。火花间隙可用来保护电器设备，使之在受雷击时不会被破坏。

E54. 霍耳效应(Hall effect)

霍尔效应是电磁效应的一种，这一现象是美国物理学家霍尔(E. H. Hall，1855—1938年)于1879年在研究金属的导电机制时发现的。当电流垂直于外磁场通过导体时，载流子发生偏转，垂直于电流和磁场的方向会产生一附加电场，从而在导体的两端产生电势差，这一现象就是霍尔效应，这个电势差也被称为霍尔电势差。霍尔效应应使用左手定则判断。

霍耳效应常用来鉴定半导体的导电类型，用半导体材料制成的霍耳元件已应用于许多技术领域，如测定磁场、电流强度和电功率；把直流电流转换成交流电流或对电流进行调制；把各种物理量转换成电流信号后进行运算等。

利用霍耳效应制成的霍耳器件，如磁强计、安培计、瓦特计、磁罗盘等，可以测量各种物理量,如已知试件尺寸、磁场强度和电流,测量霍耳电动势即可求得试件的载流子浓度,这种方法简单迅速。利用霍耳效应还可测量磁场强度、几千安培以上的大电流,制作使信号沿单一方向传输的旋转器、单向器和环行器等。制造霍耳器件的半导体材料主要是锗、硅、砷化镓、砷化铟、锑化铟等。用硅外延或离子注入方法制作的薄膜霍耳器件可以和集成电路工艺相容。将霍耳器件和差分放大器及其他电路做在一个硅片上,可缩小尺寸、提高灵敏度、减小失调电压,便于大量生产。

E55. 霍普金森效应(Hopkinson effect)

霍普金森效应是由霍普金森于1889年发现的。霍普金森效应可在铁和镍的单晶、多晶样本中观察到,也可在很多铁磁合金中观察到。

霍普金森效应由以下三点组成:

(1)将铁磁物质放入弱磁场,导磁性会在居里点附近出现急剧增大。

(2)导磁率对温度的最大依赖关系,是由于处于居里点附近的铁磁物质的磁各向异性的戏剧性减少而导致的。

(3)在居里点附近,因为铁磁物质自然磁化的消失,将使导磁性减小。

E56. 加热(heating)

增加物体温度的过程称为加热,也就是将能量转化为物体或物体系统的热的形式。

E57. 焦耳-楞次定律(Jorle-Lenz law)

1840年,焦耳把环形线圈放入装水的试管内,测量不同电流强度和电阻时的水温。通过这一实验,他发现,导体在一定时间内放出的热量与导体的电阻及电流强度的平方成正比。同年12月,焦耳在英国皇家学会上宣读了关于电流生热的论文,提出电流通过导体产生热量的定律;由于不久之后,俄国物理学家楞次也独立发现了同样的定律,因此,该定律被称为焦耳-楞次定律。

E58. 焦耳-汤姆逊效应(Joule-Thomson effect)

气体经过节流膨胀过程而发生温度变化的现象,称为焦耳-汤姆逊效应。当气流达到稳定状态时,实验指出,对于一切临界温度不太低的气体(如氮、氧、空气等)经节流膨胀后温度都要降低;而对于临界温度很低的气体(如氢)经节流膨胀后温度反而会升高。在通常温度下,许多气体都可以通过节流膨胀使温度降低,冷却而成为液体。工业上就利用这种效应制备液化气体。

正焦耳-汤姆逊效应:当焦耳-汤姆逊系数 $\alpha > 0$ 时,气体通过节流,凡膨胀后温度降低者,称"正焦耳-汤姆逊效应",亦称致冷效应。

负焦耳-汤姆逊效应:当焦耳-汤姆逊系数 $\alpha < 0$ 时,气体通过节流,凡膨胀后温度升高者,称"负焦耳-汤姆逊效应"。

E59. 金属覆层润滑剂（metal-cladding lubricants）

金属有机化合物中的金属会在高温下获得释放。金属覆层润滑剂中含有金属有机化合物，这种润滑剂是依靠零件间的摩擦力来进行加热的，然后，金属有机化合物将产生分解，释放出金属，释放的金属会填充到零件表面的不平整部位，以此来减少零件间的摩擦力。

E60. 居里效应（Curie effect）

比埃尔·居里(1859—1906年)，法国物理学家。早期的主要贡献为确定磁性物质的转变温度（居里点），对于铁磁物质来说，由于有磁畴的存在，在外加的交变磁场的作用下将产生磁滞现象。磁滞回线就是磁滞现象的主要表现。如果将铁磁物质加热到一定温度，由于金属点阵中的热运动加剧，磁畴遭到破坏时，铁磁物质将转变为顺磁物质，磁滞现象消失，铁磁物质这一转变温度称为居里点温度。

不同的铁磁物质，居里点不同。例如铁的居里点为769℃，钴是1 131℃，镍的居里点较低，为358℃，锰锌铁氧体的居里点只有215℃。

E61. 克尔效应（Kerr effect）

1875年，英国物理学家 J. 克尔发现，玻璃板在强电场作用下具有双折射性质，称之为克尔效应。后来发现多种液体和气体都能产生克尔效应。

观察克尔效应。内盛某种液体(如硝基苯)的玻璃盒子称为克尔盒，盒内装有平行板电容器，加电压后产生横向电场。克尔盒放置在两正交偏振片之间。无电场时，液体为各向同性，光不能通过 P_2，存在电场时液体具有了单轴晶体的性质，光轴沿电场方向，此时有光通过 P_2。实验表明，在电场作用下，主折射率之差与电场强度的平方成正比。电场改变时，通过 P_2 的光强跟着变化，故克尔效应可用来对光波进行调制。液体在电场作用下产生极化，这是产生双折射的原因。电场的极化作用非常迅速，在加电场后不到 10^{-9} s 内就可完成极化过程，撤去电场后在同样短的时间内重新变为各向同性。克尔效应的这种迅速动作的性质可用来制造几乎无惯性的光的开关——光闸，在高速摄影、光速测量和激光技术中获得了重要应用。

磁光克尔效应，入射的线偏振光在已磁化的物质表面反射时，振动面发生旋转的现象，1876年由 J. 克尔发现。克尔磁光效应分极向、纵向和横向3种，分别对应物质的磁化强度与反射表面垂直、与表面和入射面平行、与表面平行而与入射面垂直3种情形。极向和纵向克尔磁光效应的磁致旋光都正比于磁化强度，一般极向的效应最强，纵向次之，横向则无明显的磁致旋光。克尔磁光效应的最重要应用是观察铁磁体的磁畴。不同的磁畴有不同的自发磁化方向，引起反射光振动面的不同旋转，通过偏振片观察反射光时，将观察到与各磁畴对应的明暗不同的区域。用此方法还可对磁畴变化作动态观察。

E62. 扩散（diffusion）

由于粒子(原子、分子或分子集团)的热运动自发地产生物质迁移现象叫"扩散"。扩散可以在同一物质的一相或固、液、气多相间进行。也可以在不同的固体、液体和气体间进行。主要由于浓度或温度所引起。一般是从浓度较大的区域向浓度较小的区域扩散,直到相内各部分的浓度达到均匀或两相间的浓度达到平衡时为止。物质直接互相接触时,称自由扩散。若扩散是经过隔离物质进行的,则称为渗透。

在自然界中扩散现象起着很大的作用。它使整个地球表面附近的大气保持相同的成分;土壤里所含有的各种盐类溶液的扩散,便于植物吸收,以利生长。此外,在半导体、冶金等很多行业都应用扩散,以达到一定的目的。扩散、热传导和黏性通称为输运现象,其分别将物质(质量)、热能、动能由一个位置移至另一位置,从而达到浓度或温度的均匀。

E63. 冷却(cooling)

将物体或系统的热量带走,降低物体温度的过程称为冷却。

E64. 洛伦兹力(Lorentz force)

运动电荷在磁场中所受到的力称为洛伦兹力,即磁场对运动电荷的作用力。1895 年,是荷兰物理学家 H. A. 洛伦兹建立经典电子论时,作为基本假设提出来的,现已被大量实验证实。

洛伦兹力的公式是 $f=qvB\sin\theta$。式中 q,v 分别是点电荷的电量和速度;B 是点电荷所在处的磁感应强度;θ 是 v 和 B 的夹角。洛伦兹力的方向循右手螺旋定则,垂直于 v 和 B 构成的平面,为由 v 转向 B 的右手螺旋的前进方向(若 q 为负电荷,则反向)。由于洛伦兹力始终垂直于电荷的运动方向,所以它对电荷不做功,不改变运动电荷的速率和动能,只能改变电荷的运动方向,使之偏转。

E65. 毛细现象(capillary phenomena)

在一些线度小到足以与液体弯月面的曲率半径相比较的毛细管中发生的现象。毛细管中整个液体表面都将变得弯曲,液固分子间的相互作用可扩展到整个液体。日常生活中,常见的毛细现象,如水因能润湿玻璃而会在细玻璃管中升高;反之,水银却因不能润湿玻璃而在其中下降。究其原因,全在于液体表面张力和曲面内外压强差的作用。

E66. 摩擦力(friction)

阻碍物体相对运动(或相对运动趋势)的力叫作摩擦力。摩擦力的方向与物体相对运动(或相对运动趋势)的方向相反。摩擦力分为静摩擦力、滚动摩擦力、滑动摩擦力三种。

E67. 珀耳帖效应(Peltier effect)

1834 年,法国科学家珀耳帖发现,当两种不同属性的金属材料或半导体材料互相紧密联结在一起的时候,在它们的两端通进直流电后,只要变换直流电的方向,在它们的接头处,就会相应出现吸收或者放出热量的现象,于是起到制冷或制热的效果,这就叫作珀耳帖效应。珀耳帖冷却是运用"珀耳帖效应",即组合不同种类的两种金属,通电时一方发热而另一方吸收热量的方式。因此,应用珀耳帖效应制成的半导体制冷器,就能制造出不需要制冷剂、制冷速度快、无噪声、体积小、可靠性高的绿色电冰箱。

E68. 起电(electrification)

起电,就是使物体带电。起电并不是创造了电荷,而是引起了电荷的转移,使物体显电性。起电的方法有三种:摩擦起电、感应起电、接触起电。

摩擦起电:两种不同物体相互摩擦后,分别带有正电和负电的现象。其原因是,当物体相互摩擦时电子由一个物体转移到另一个物体上,因此原来两个不带电的物体因摩擦而带电,它们所带的电量数值上相等,性质上相异。

静电感应:在带电体附加的导体,受带电体的影响在其表面的不同部分出现正负电荷的现象叫作静电感应。

接触起电:将一个带电体与另一个不带电的物体接触,就可以使不带电的物体带电。接触后,两个物体带同种电荷。在带电体附近的导体因静电感应而表面出现电荷的现象称为感生电荷。

E69. 气穴现象(cavitation)

气穴来自拉丁文 cavitus,指空虚、空处的意思。气穴现象是由于机械力,如由船用的旋转机械力产生的致使液体中的低压气泡突然形成并破裂的现象。

水的气穴现象就是指冲击波到达水面后,使水面快速上升,并在一定的水域内产生很多空泡层,最上层的空泡层最厚,向下逐渐变薄。随着静水压力的增加,超过一定的深度后,便不再产生空泡。

气穴现象在水下武器中的应用,比如海底子弹,当子弹由特别的物体发射出去后,在它的前部会形成一种类似于气泡的东西,它的形成会让子弹的阻力减少,以增加威力。

E70. 热传导(thermal conduction)

热传导亦称"导热",是热传递三种基本方式之一。它是固体热传递的主要方式,在不流动的液体或气体层中层层传递,在流动情况下往往与对流同时发生。热传导实质是由大量物质的粒子热运动互相撞击,而使能量从物体的高温部分传至低温部分,或由高温物体传给低温物体的过程。在固体中,热传导的微观过程是,在温度高的部分,晶体中结点上的微粒振动动能较大;在低温部分,微粒振动动能较小。因微粒的振动互相联系,所以在晶体内部就发生微粒的振动,动能由动能大的部分向动能小的部分传递。在固体中热的传导就是能量的迁移。在金属物质中,因存在大量的自由电子,在不停地作无规则的热运动。自由电子在金属晶体中对热的传导起主要作用。在液体中热传导表现为,液体分子在温度高的区域热运动比较强,由于液体分子之间存在着相互作用,热运动的能量将逐渐向周围层层传递,引起了热传导现象。由于热传导系数小,传导得较慢,它与固体相同,而不同于气体;气体依靠分子的无规则热运动以及分子间的碰撞,在气体内部发生能量迁移,从而形成宏观上的热量传递。

E71. 热电现象(thermoelectuic phenomena)

温差电动势即热电动势,用两种金属接成回路,当两接头处温度不同时,回路中会产生电动势,称热电动势(或温差电动势)。热电动势的成因:自由电子热扩散(汤姆逊电动势),自由电子浓度不同(珀耳帖电动势)以及珀耳帖效应(塞贝克效应)。

E72. 热电子发射(thermodlectric emission)

热电子发射又称爱迪生效应,是加热金属使其中大量电子克服表面势垒而逸出的现象。1877年,爱迪生发明碳丝灯之后,应用不久即出现了寿命太短的问题。因为碳丝难耐电火高温,使用不久即告"蒸发",灯泡的寿命也完成了。爱迪生千方百计设法改进,1883年,他忽发奇想,在灯泡内另行封入一根铜线,也许可以阻止碳丝蒸发,延长灯泡寿命。经过反复试验,碳丝虽然蒸发如故,但他却从这次失败的试验中发现了一个现象,即碳丝加热后,铜丝上竟有微弱的电流通过。铜丝与碳丝并不连接,哪里来的电流?难道电流会在真空中飞度不成?在当时,这是一件不可思议的事情,敏感的爱迪生肯定这是一项新的发现,并想到根据这一发现也许可以制成电流计、电压计等实用电器。为此他申请了专利,命名为"爱迪生效应",便不再去进行深入研究了。英国物理学家弗莱明却根据"爱迪生效应"发明了电子管(即二极管)。随后,人们又在弗莱明二极管的基础上制成了三极管,促成了世界上第一座无线电广播电台于1921年在美国匹兹堡市的建立,使无线电通信迅速出现在了世界各地。

除热电子发射外,靠电子流或离子流轰击金属表面产生电子发射的,称为二次电子发射。靠外加强电场引起电子发射的称为场效应发射。靠光照射金属表面引起电子发射的称为光电发射。各种电子发射都有其特殊的应用。

E73. 热辐射(heat radiation)

热的一种传递方式。它不依赖物质的接触,而由热源自身的温度作用向外发射能量,这种传热方式叫"热辐射"。它和热的传导、对流不同,它不依靠媒质而把热直接从一个系统传给另一系统。热辐射是以电磁波辐射的形式发射出能量,温度的高低决定于辐射的强弱。

关于热辐射,其重要规律有4个:基尔霍夫辐射定律、普朗克辐射分布定律、斯蒂藩-玻耳兹曼定律、维恩位移定律。这4个定律有时统称为热辐射定律。

E74. 热敏性物质(heat-sensitive substances)

受热时就会发生明显状态变化的物质,通常是相变,产生一级相变或二级相变。

由于热敏性物质可在很窄温度范围内发生急速的转化,所以常用来显示温度,以代替温度的测量。以下是可用的热敏性物质:

(1)可改变光学性能的液晶;

(2)改变颜色的热涂料;

(3)溶解合金,比如伍德合金;

(4)有沸点、凝固点和转化的临界状态点的水;

(5)有形状记忆能力的材料;

(6)在居里点可改变磁性的铁磁材料。

E75. 热膨胀(thermzl expansion)

物体因温度改变而发生膨胀现象叫热膨胀。通常是指在外压强不变的情况下,大多数物质在温度升高时,其体积增大,温度降低时体积缩小。在相同条件下,气体膨胀最大,液体膨胀次之,固体膨胀最小。也有少数物质在一定的温度范围内,温度升高时,其体积反而减小。因为当物体温度升高时,分子运动的平均动能增大,分子间的距离也增大,物体的体积随之而扩大;温度降低,物体冷却时分子的平均动能变小,使分子间距离缩短,于是物体的体积就要缩小。又由于固体、液体和气体分子运动的平均动能大小不同,因而从热膨胀的宏观现象来看亦有显著的区别。

膨胀系数:为表征物体受热时,其长度、面积、体积变化的程度,而引入的物理量。它是线膨胀系数、面膨胀系数和体膨胀系数的总称。

固体热膨胀:固体热膨胀现象,从微观的观点来分析,它是由于固体中相邻粒子间的平均距离随温度的升高而增大引起的。

液体热膨胀:液体是流体,因而只有一定的体积,而没有一定的形状。它的体膨胀遵循 $V_1 = V_0(1+\gamma_t)$ 的规律,式中 γ_t 是气体的体膨胀系数。

E76. 热双金属片(thermobimetals)

热双金属片是由不同热膨胀系数合金组成的具有特殊功能的复合材料,当升温相同时,它们的膨胀程度不同,一侧膨胀大,一侧膨胀小,从而造成双金属片的弯曲。所以,相同条件下,不同类型的金属热胀冷缩程度不同,受热时发生变形能起到控制和调节温度的作用。

热双金属片作为温度测量、温度控制和温度补偿元件,广泛地用于电器、热工、汽车制造、仪器仪表、医疗器械和家用电器等各行各业。

E77. 渗透(osmosis)

被半透膜所隔开的两种液体,当处于相同的压强时,纯溶剂通过半透膜进入溶液的现象称为渗透。渗透作用不仅发生于纯溶剂和溶液之间,而且还可以在同种不同浓度溶液之间发生。低浓度的溶液通过半透膜进入高浓度的溶液中。砂糖、食盐等结晶体之水溶液,易通过半透膜,而糊状、胶状等非结晶体则不能通过。

渗透现象:在生物机体内发生的许多过程都与此有关。如各物浸于水中则膨胀;植物从其根部吸收养分;动物体内的养分透过薄膜而进入血液中等现象都是渗透作用。

E78. 塑性变形(plastic deformation)

塑性变形是物质,包括流体及固体在一定的条件下,在外力的作用下产生形变,当施加的外力撤除或消失后该物体不能恢复原状的一种物理现象。

所有的固体金属都是晶体,原子在晶体所占的空间内有序排列。在没有外来作用时,金属中原子处于稳定的平衡状态,金属物体具有自己的形状与尺寸。施加外力,会破坏原子间原来的平衡状态,造成原子排列畸变,引起金属形状与尺寸的变化。

假若除去外力,金属中原子立即恢复到原来稳定平衡的位置,原子排列畸变消失,金属完全恢复了自己的原始形状和尺寸,这样的变形称为弹性变形。增加外力,原子排列的畸变程度增加,移动距离有可能大于受力前的原子间距离,这时晶体中一部分原子相对于另一部分产生较大的错动。外力除去后,原子间的距离虽然仍可恢复原状,但错动了的原子并不能再回到其原始位置,金属的形状和尺寸也都发生了永久改变。这种在外力作用下产生不可恢复的永久变形称为塑性变形。

E79. Thoms 效应(Thoms effect)

在管道中流体流动沿径向分为三部分:管道的中心为紊流核心,它包含了管道中的绝大部分流体;紧贴管壁的是层流底层;层流底层与紊流漩涡之间为缓冲区,层流的阻力要比紊流的阻力小。

1948 年,英国科学家 B. Thoms 发现,在液体中添加聚合物可以将管内流动从紊流转变成层流,从而大大降低输送管道的阻力。这就是摩擦减阻技术。然而,Thoms 的发现真正得到重视是在 1979 年,美国大陆石油公司生产的减阻剂首次商业化应用于横贯阿拉斯加的原油管道,获得了令人吃惊的效果:在使用相同油泵的情况下,可以输送的原油量增加了 50% 以上!在取得巨大成功之后,减阻剂被应用于海上和陆上的数百条输油管道。这次应用的成功激发了学术界和工程界对此项技术的研究热潮。

减阻剂的减阻机理。管道中的流体流态大多为紊流,而减阻剂恰恰在紊流时起作用。最新的研究成果表明,缓冲区是紊流最先形成的地方。减阻高聚物主要在缓冲区起作用。减阻高聚物分子可以在流体中伸展,吸收薄间层的能量,干扰薄间层的液体分子从缓冲区进入紊流核心,阻止其形成紊流或减弱紊流的程度。

减阻剂生产的关键技术包括两个方面:一是超高分子量,非结晶性,烃类溶剂可溶的减阻聚合物的合成;二是减阻聚合物的后处理。由于减阻聚合物的生产条件很难控制,国际上只有极少公司垄断了这项技术,其代表是美国的大陆石油公司和贝克休斯公司,他们的产品基本上代表了目前世界上减阻剂生产工艺的最高水平和发展方向。

E80. 汤姆逊效应(Thomson effect)

威廉·汤姆逊(1824—1907 年)亦译为汤姆森,英国物理学家。在他的研究工作中,以热学和电学及它们的应用等方面最有成就。1848 年创立绝对温度(亦称开氏温标);以后,他把热力学第一定律和热力学第二定律具体应用到热学、电学和弹性现象等方面,对热力学的发展起了一定作用。

1856 年,汤姆逊发现第三热电现象:电流通过具有温度梯度的均匀导体时,导体将吸收或放出热量(这将取决于电流的方向),这就是汤姆逊效应。由汤姆逊效应产生的热流量,称汤姆逊热。汤姆逊热是焦耳热之外的一种热。

E81. 韦森堡效应(Weissenberg effect)

当高聚物熔体或溶液在各种旋转黏度计中或在容器中进行电动搅拌时,受到旋转剪切作用,流体会沿着内筒壁或轴上升,发生包轴或爬杆现象,在锥板黏度计中则产生使锥体和板分开的力,如果在锥体或板上有与轴平行的小孔,流体会涌入小孔,并沿孔上所接的管子上升,这类现象统称为韦森堡效应。尽管韦森堡效应有很多的表现形式,但它们都是法向应力效应的反映。

人们利用韦森堡效应让赤裸的电线直接包裹上塑料,从而淘汰了以前过程复杂、成本高昂的沙包线工艺。

E82. 位移(displacement)

质点从空间的一个位置运动到另一个位置,它的位置变化叫做质点在这一运动过程中的位移。它是一个有大小和方向的物理量,是矢量。物体在某一段时间内,如果由初位置移到末位置,则由初位置到末位置的有向线段叫做位移。它的大小是运动物体初位置到末位置的直线距离;方向是从初位置指向末位置。位移只与物体运动的始末位置有关,而与运动的轨迹无关。如果质点在运动过程中经过一段时间后回到原处,那么,路程不为零,而位移则为零。在国际单位制中位移的单位为"米"。

E83. 吸附作用(sorption)

各种气体、蒸汽以及溶液里的溶质被吸在固体或液体物质表面上的现象叫吸附。具有吸附性质的物质叫吸附剂,被吸附的物质叫吸附质。

吸附作用实际是吸附剂对吸附质点的吸附作用。吸附剂所以具有吸附性质,是因为分布在表面的质点同内部的质点所处的情况不同,内部的质点同周围各个方面的相邻的质点都有联系,因而它们之间的一切作用都互相平衡;而在表面上的质点,表面以上的作用力没有达到平衡而保留有自由的力场,借这种力场,物质的表面就能够把同它接触的液体或气体的质点吸住。

吸附分物理吸附和化学吸附。物理吸附是以分子间作用力相吸引的,吸附热少,如活性炭对许多气体的吸附属于这一类,被吸附的气体很容易解脱出来,而不发生性质上的变化。所以,物理吸附是可逆过程。化学吸附则以类似于化学键的力相互吸引,其吸附热较大。例如许多催化剂对气体的吸附(如镍对 H_2 的吸附)属于这一类。被吸附的气体往往吸引在很高的温度下才能解脱,而且在形状上有变化。所以,化学吸附大都是不可逆过程。同一物质,可能在低温下进行物理吸附,而在高温下为化学吸附,或者两者同时进行。

常见的吸附剂有活性炭、硅胶、活性氧化铝、硅藻土等。电解质溶液中生成的许多沉淀,如氢氧化铝、氢氧化铁、氯化银等也具有吸附能量,它们能吸附电解质溶液中的许多离子。

吸附性能的大小由吸附剂的性质、吸附剂表面的大小、吸附质的性质和浓度的大小及温度的高低等而定。由于吸附发生在物体的表面上,所以吸附剂的总面积愈大,吸附的能量愈强。活性炭具有巨大的表面积,所以吸附能力很强。一定的吸附剂,在吸附质的浓度和压强一定时,温度越高,吸附能力越弱,所以低温对吸附作用有利。当温度一定时,吸附质的浓度或压强越大,吸附能力越强。

在生产和科学研究上,常利用吸附和解吸作用来干燥某种气体或分离、提纯物质。吸附作用可以使反应物在吸附剂表面浓集,因而提高化学反应速度。同时,由于吸附作用,反应物分子内部的化学键被减弱，从而降低了反应的活化能，使化学反应速度加快。因此吸附剂在某些化学反应中可作催化剂。

E84. 吸收（absorption）

吸收是指物质吸取其他实物或能量的过程。气体被液体或固体吸收，或液体被固体所吸取。在吸收过程中，一种物质将另一种物质吸进体内与其融合或化合。例如，硫酸或石灰吸收水分；血液吸收营养；毡毯、矿物棉、软质纤维板及膨胀珍珠岩等材料可吸收噪声；吸收气体或液体的固体，往往具有多孔结构。当声波、光波、电磁波的辐射，投射到介质中沿某一方向传播时，随入射深度逐渐被介质吸收。例如玻璃吸收紫外线，水吸收声波，金属吸收 X 射线等。

当物体发出的波长连续分布的光通过物质时，某些波长的光被物质有选择性地吸收，它所产生的光谱是在连续光谱的背景下，分布着一系列暗线或暗带，这种光谱叫作吸收光谱。由于物质所在的状态不同，吸收光谱有不同的形状。如原子状态的吸收光谱中有比较分开的暗线光谱。气体或蒸汽的分子状态的吸收光谱是由密集的暗线组成的暗带光谱。处于固体或液体状态中的物质，则往往将一定波长区域的光线吸收，而表现出逐渐变暗的有效暗带。

在一般情况下，物质吸收光谱的波长与该物质的某些发射光谱波长相对应。因为发射光谱一般必须在高温下获得，而高温下的分子或晶体往往易于分解。因此，吸收光谱最适宜于研究分子的结构。又由于分子的振动和转动光谱均位于红外区域，所以红外吸收光谱是研究分子结构变化的重要手段。

光的吸收：光在介质中传播的部分能量被介质吸收的现象。光的吸收遵守如下规律：

$$I = I_0 e^{-\alpha l}$$

式中：I_0 为入射光强度；I 为透射光强度；l 为光在介质中通过的距离；α 为吸收系数，与介质性质及波长有关。

上述规律先由 P. 布格于 1729 年通过实验得到，后由 J. H. 朗伯利用一个简单假设从理论上推出，故称布格-朗伯定律。

波的吸收：波在实际介质中，由于波动能量总有一部分会被介质吸收，波的机械能不断减少，波强亦逐渐减弱。

E85. 形变（deformation）

物体受到外力而发生形状变化，称之为形变。物体由于外因或内在缺陷，物质颗粒的相对位置发生改变，也可引起形态的变化。形变的种类以下几种：

(1) 纵向形变：物体的两端受到压力或拉力时，长度发生改变。

(2) 体积形变：物体体积大小的改变。

(3) 切变：物体两相对的表面受到在表面内的（切向）力偶作用时，两表面发生相对位移，称为切变。

(4) 扭转：一柱状物体，两端各受方向相反的力矩作用而扭转，称扭转形变。

(5) 弯曲：物体因负荷而弯曲所产生变形，称弯曲形变。

(6) 无论产生什么形变，都可归结为长变与切变。

E86. 形状(shape)

形状是指特定事物或物质的一种存在或表现形式。

物体形状：物体的外部轮廓(外观)。

形状的几何参数：体积、表面积、尺寸。

常用的形状：光滑表面、抛物面、球面、皱褶(波状)、螺旋、窄槽、微孔、穗、环。

E87. 形状记忆合金(Shape Memory Alloys)

一般金属材料受到外力作用后，首先发生弹性变形，达到屈服点，就产生塑性变形，应力消除后留下永久变形。但有些材料，在发生了塑性变形后，经过合适的热过程，能够回复到变形前的形状，这种现象叫作形状记忆效应。形状记忆效应是指发生马氏体相变的合金形变后，被加热到终了温度以上，使低温的马氏体逆变为高温母相而回复到形变前固有形状，或在随后的冷却过程中通过内部弹性能的释放又返回到马氏体形状的现象。具有形状记忆效应的金属一般是两种以上金属组成的合金，称为形状记忆合金。

形状记忆合金可以分为以下三种：

(1)单程记忆效应。形状记忆合金在较低的温度下变形，加热后可恢复到变形前的形状，这种只在加热过程中存在的形状记忆现象称为单程记忆效应。

(2)双程记忆效应。某些合金加热时能恢复高温相形状，冷却时又能恢复低温相形状，称为双程记忆效应。

(3)全程记忆效应。加热时恢复高温相形状，冷却时变为形状相同而取向相反的低温相形状，称为全程记忆效应。

E88. 压磁效应(piezomagnitic)

当铁磁材料受到机械力的作用时，在它的内部产生应变，从而产生应力 σ，导致磁导率 μ 发生变化的现象称为压磁效应。

磁材料被磁化时，如果受到限制而不能伸缩，内部会产生应力。同样在外部施加力也会产生应力。当铁磁材料因磁化而引起伸缩产生应力时，其内部必然存在磁弹性能量。

E89. 压电效应(piezodlectric effect)

由物理学知，一些离子型晶体的电介质(如石英、酒石酸钾钠、钛酸钡等)不仅在电场力作用下，而且在机械力作用下，都会产生极化现象。

(1)在这些电介质的一定方向上施加机械力而产生变形时，就会引起它内部正负电荷中心相对转移而产生电的极化，从而导致其两个相对表明(极化面)上出现符号相反的束缚电荷 Q，且其电位移 D(在MKS单位制中即电荷密度 σ)与外应力张量 T 成正比。当外力消失，又恢复不带电原状；当外力变向，电荷极性随之而变，这种现象称为正压电效应，或简称压电效应。

(2)若对上述电介质施加电场作用时，同样会引起电介质内部正负电荷中心的相对位移而导致电介质产生变形，且其应变 S 与外电场强度 E 成正比，这种现象称为逆压电效应，或称电致伸缩。

E90. 压强(pressure)

垂直作用于物体的单位面积上的压力。对于压强的定义,应当着重领会以下4点:

(1)受力面积一定时,压强随着压力的增大而增大。

(2)同一压力作用在支承物的表面上,若受力面积不同,所产生的压强大小也有所不同。受力面积小时,压强大;受力面积大时,压强小。

(3)压力和压强是截然不同的两个概念。压力是支承面上所受到的并垂直于支承面的作用力,跟支承面积大小无关。压强是物体单位面积受到的压力。

(4)压力、压强的单位是有区别的。压力的单位是牛顿,跟一般力的单位是相同的。压强的单位是一个复合单位,它是由力的单位和面积的单位组成的。在国际单位制中是"帕斯卡",简称"帕"。

E91. 液/气体的压力(pressure force of liquid/gas)

液体的压力:液体受到重力作用而向下流动,因受容器壁及底的阻止,故器壁及器底受到液体压力的作用。液体因为重力的作用和它的流动特性,当液体静止时,液体内以及其接触面上各点所受的压力,都遵守下列各条规律:

(1)静止液体的压力必定与接触面垂直。

(2)静止液体内同一水平面上各点,所受压强完全相等。

(3)静止液体内某一点的压强,对任何方向都相等。

(4)静止液体内上下两点的压强差,等于以两点间的垂直距离为高度,单位面积为底的液柱重量。

地球表面覆盖有一层厚厚的由空气组成的大气层。在大气层中的物体,都要受到空气分子撞击产生的压力,这个压力称为大气压力。也可以认为,大气压力是大气层中的物体受大气层自身重力产生的作用于物体上的压力。

E92. 液体动力(hydrodynamic force)

流体力学,是力学的一个重要分支,研究流体的运动规律以及流体与流体中物体之间的相互作用。在流体力学中一般不考虑流体的分子、原子结构而把它看作连续介质。它处理流体的压强、速度及加速度等问题,包括流体的形变、压缩及膨胀。因此流体力学也是以牛顿运动三定律为基础的,并遵循质量守恒、能量守恒和功能原理等力学规律。流体力学又分为流体静力学和流体动力学。

流体处于不流动的静止状态,称为流体处于平衡状态。研究流体静止条件及关于物体在流动中受力情况的力学称为"流体静力学"。其研究的主要内容有密度、压强、液体内部压强、大气压强、帕斯卡定律、浮力及阿基米德定律等。

流体动力学,是研究运动流体的宏观状态和规律的学科。主要研究对象包括流体的速度、压强、密度等的变化规律,黏滞流体的运动规律及黏滞流体中运动物体所受的阻力以及其他热力学性质。

E93. 液体和气体压强(liqrid or gas pressure)

由于液体有重量,因此在液体的内部就存在由液体本身的重量而引起的压强,这个压强等于液体单位体积的质量和液体所在处的深度的乘积,即 $P=\rho gh$(式中 ρ 为液体密度,$g=9.8$ N/kg,h 为两液面的高度差)。由公式知,液体内部的压强与深度有关,深度增加,压强亦随着增加。

因为液体具有流动性,所以液体内部的压强又表现出另外一些特点:液体对容器的底部和侧壁都有压强,而且压强一定与底部或侧壁垂直;液体内部的压强是向各个方向的,而且在同一深度的地方向各个方向的压强都相等。在解决问题时应注意以下几点:

(1)液体内部某处的深度(h),应当取该处至液面垂直的距离,它与容器的形状无关。

(2)深度与高度是有区别的,深度是从液面向下至某一点的垂直距离,而高度是从容器或液体的底部起向上到液面的竖直高度。

(3)液体内部某处至液面之间有几层密度不同的液体,则该处的压强等于几层液体各自产生的压强之和。在考虑大气压的情况下,还应当加上液面上受到的大气压强。

(4)连通器中的液体在平衡时左管中液体的压强一定与右管中液体的压强相等。单位面积上所受的力称为"大气压强"。大气压强的测量通常以水银气压计的水银柱的高来表示。地面上标准大气压约为 76 cm 高水银柱产生的压强。由于测量地区等条件影响,所测数值不同。根据液体压强的公式 $p=\rho gh$,水银的密度是 13.6×10^3 kg/m^3,因此 76 cm 高水银柱产生的压强是:

$$p=13.6\times10^3 \text{ kg/m}\times9.8 \text{ N/kg}\times0.76 \text{ m}=1.013\ 10^5 \text{ N/m}^2=1.013\times10^5 \text{ Pa}$$

E94. 一级相变(phase tuansition-type Ⅰ)

(物态变化)不同相之间的相互转换,称为"相变"或称"物态变化"。自然界中存在的各种各样的物质,而用"相"来表示物质的固、液、气三种形态的"相貌"。从广义上来说,所谓相,指的是物质系统中具有相同物理性质的均匀物质部分,它和其他部分之间用一定的分界面隔离开来。

例如,在由水和冰组成的系统中,冰是一个相,水是另一个相。α铁、β铁、γ铁和δ铁是铁晶体的 4 个相。不同相之间相互转变一般包括两类,即一级相变和二级相变。相变总是在一定的压强和一定的温度下发生的。相变是很普遍的物理过程,它广泛涉及到生产及科技工作。在物质形态的互相转换过程中必然要有热量的吸入或放出。物质的三种状态的主要区别在于它们分子间的距离,分子间相互作用力的大小和热运动的方式不同。因此在适当的条件下,物体能从一种状态转变为另一种状态,其转换过程是从量变到质变。例如,物质从固态质变到液态的过程中,固态物质不断吸收热量,温度逐渐升高,这是量变的过程;当温度升高到一定程度,即达到熔点时,再继续供给热量,固态就开始向液态转变,这时就发生了质的变化。虽然继续供热,但温度并不升高,而是固液态并存,直至完全溶解。

在发生相变时,有体积的变化,同时有热量的吸收和释放,这类相变称为"一级相变"。例如,在1个大气压0℃的情况下,1 kg质量的冰转变成同温度的水,要吸收333.4 J的热量,与此同时,体积亦伸缩。因此,冰与水之间的转换属一级相变。

E95. 永久磁铁(permanent magnets)

磁铁不是人发明的,有天然的磁铁矿,至于成分,那就是铁、钴、镍等。其原子结构特殊,原子本身具有磁矩。一般的这些矿物分子排列混乱,磁区互相影响就显不出磁性,但是在外力(如磁场)引导下分子排列方向趋向一致,就显出磁性,也就是俗称的磁铁。

磁铁只是一个通称,是泛指具有磁性的东西,实际的成分不一定包含铁。磁铁分永久磁铁与软铁。永久磁铁是加上强磁使磁性物质的自旋与电子角动量成固定方向排列从而能够长时间保持磁性;软磁则是加上电流,利用电磁场使之产生磁力,等电流去除后,就会慢慢失去磁性。

较纯的金属态的铁本身没有永久磁性,只有靠永久磁铁才会感应产生磁性。一般的永久磁铁里面加了其他杂质元素(例如碳)来使磁性稳定下来,但是,这样会使电子的自由性降低而不易导电。铁是常见的带磁性元素,但是许多其他元素具有更强的磁性,像强力磁铁,很多就是钕铁硼混合而成的。

抗磁力(矫顽力),矫顽力是永磁材料抵抗磁的和非磁的干扰而保持其永磁性的量度。

E96. 约翰逊-拉别克效应(Johnson-Ranbec effect)

1920年,约翰逊和拉别克发现,抛光镜面的弱导电物质(玛瑙、石板等)的平板,会被一对连接着220 V电源的、邻接的金属板稳固地拿住。而在断电情况下,金属板可以很轻易地被移开。

对此现象的解释如下:金属和弱导电物质,两者是通过少数的几个点相互接触的,这就导致了过渡区中的大电阻系数、金属板间接触的弱导电物质与金属板自己本身的小电阻系数(由于大的横截面),所以在金属和物质间的如此狭小的一个转换空间内,存在着电场,将会发生巨大的压降,由于金属和物质之间(大约1 mm)的微小距离,此空间就产生了很高的电位差。

E97. 折射(refraction)

波的折射,波在传播过程中,由一种媒质进入另一种媒质时,传播方向偏折的现象,称波的折射。在同类媒质中,由于媒质本身不均匀,亦会使波的传播方向改变,此种现象也叫波的折射。

绝对折射率,任何介质相对于真空的折射率,称为该介质的绝对折射率,简称折射率(index of refraction)。对于一般光学玻璃,可以近似地认为以空气的折射率来代替绝对折射率。

E98. 振动(vibration)

振动是一种很常见的运动形式。在力学中,指一个物体在某一位置附近做周期性的往复运动,常叫机械振动,也称振荡。一个物理量在某一恒定值附近往复变化的过程也称振动,如交流电电压、电流随时间的变化。

物体在某一位置附近来回往复地运动,称为"机械振动"。例如,弹簧振子、摆轮、音叉、琴弦以及蒸汽机活塞的往复运动等。凡是摇摆、晃动、打击、发声的地方都存在机械振动。振动是自然界最常见的一种运动形式,波动是振动的传播过程。振动远不止于机械运动范围,热运动、电磁运动中相应物理量的往复变化也是一种振动。产生振动的必要条件之一是物体离开平衡位置就会受到回复力的作用;另一条件是阻力要足够小。当然物体只有惯性,而物体的惯性使物体经过平衡位置时不会立即停止下来,每经过一定时间后,振动体总是回复到原来的状态(或位置)的振动称为周期性振动。不具有上述周期性规律的振动称为非周期性振动。

E99. 驻波(standing waves)

在同一媒质里,两个频率相同、振幅相等、振动方向相同、沿相反方向传播的波叠加而成的波叫"驻波"。驻波是波的一种干涉现象,在声学和光学中都有重要的应用。

E100. 驻极体(electrets)

将电介质放在电场中就会被极化。许多电介质的极化是与外电场同时存在同时消失的。也有一些电介质,受强外电场作用后其极化现象不随外电场去除而完全消失,出现极化电荷"永久"存在于电介质表面和体内的现象。这种在强外电场等因素作用下,极化并能"永久"保持极化状态的电介质,称为驻极体。

驻极体具有体电荷特性,即它的电荷不同于摩擦起电,既出现在驻极体表面,也存在于其内部。若把驻极体表面去除一层,新表面仍有电荷存在;若把它切成两半,就成为两块驻极体。这一点可与永久磁体相类比,因此驻极体又称永电体。

1922年左右,日本物理学家江口元太郎发现,蜡和松香的混合物在外加强电场中从融熔态固化后,再除去外电场时,混合物固体会长期保持极化状态。驻极体可以在周围空间产生电场,因此可以类比于永磁体的一种带电体。驻极体中存在着大量微观的电偶极子,它们通常混乱取向而显不出宏观的极化。这些偶极子可以在高温及外电场作用下取向,冷却后再去掉电场,取向被冻结下来而保留某个方向上占优势的宏观极化。驻极体的极化强度远小于其中所有偶极子都排列一致时所产生的饱和强度。但是在一些驻极体中还能得到大约$10^{-2}\mu C/m^2$的极化强度。驻极体是弛豫时间较长的处于亚稳态极化了的电介质。当去掉外加电场时,其极化强度会逐渐减小,它的表面电荷就按指数规律或接近指数规律逐渐衰减。室温下驻极体的极化状态可以长期保存,但在高温下则衰减得很快。

驻极体可以提供一个稳定的电压,因此是一个很好的直流电压源,这在制造电子器件和电工测量仪表等方面是大有用处的。随着对驻极体研究的深入和新材料的连续发现,它会像永磁体一样,被广泛应用。高分子聚合物驻极体的发现和使用,是电声换能材料的一次巨大变革,利用它可以制成质量很高、具有很多优点的电声器件。另外,还可制成电机、高压发生器、引爆装置、空气过滤器以及电话拨号盘、逻辑电路中的寻址选择开关、声全息照相用换能器等。

能制成驻极体的有天然蜡、树脂、松香、磁化物、某些陶瓷、有机玻璃及许多高分子聚合物(例如K-1聚碳酸酯、聚四氟乙烯、聚全氟乙烯丙烯、聚丙烯、聚乙烯、聚酯等)。根据驻极体极化时所采用的物理方法,驻极体有热驻极体、光驻极体、电驻极体和磁驻极体等之分。